汽车保险与理赔

主　编　汤　沛　邬志军

副主编　王艳奂　甘志梅　袁新建

参　编　刘建树　林鑫焱　高振刚

中南大学出版社
www.csupress.com.cn

应用型本科院校汽车服务工程专业"十三五"规划教材

学术委员会

主　任
张国方

专　家
（按姓氏笔画排序）

邓宝清　　孙仁云　　张敬东　　李翔晟

苏铁熊　　胡宏伟　　徐立友　　简晓春

鲍　宇　　倪骁骅　　高俊国

应用型本科院校汽车服务工程专业"十三五"规划教材

编委会

主　任

张国方

副主任

（按姓氏笔画排序）

于春鹏	王志洪	邓宝清	付东华
汤　沛	邬志军	李军政	李晓雪
胡　林	赵　伟	高银桥	尉庆国
龚建春	蔡　云		

前　言

随着汽车工业的迅猛发展，汽车保有量逐年增加，汽车的生产、销售与服务相关的人才需求量也逐年递增。与此同时，汽车保险行业也得到了快速发展，提升整个社会的汽车保险知识水平已经迫在眉睫，近年来社会对于汽车保险专业人才需求迅速上升。为了培养应用型本科汽车专业人才，以适应市场对该类人才知识结构的需求，编者在总结近年教学实践经验的基础上结合汽车保险理赔行业发展的新形势和发展趋势，编写了本书。本书为高等院校汽车服务工程、交通运输工程、车辆工程等专业学生的教学用书，也适用于汽车保险与理赔相关工作岗位人员的自学或集中培训。

全书共 11 章，系统地介绍了汽车保险与理赔的相关知识点，从基本理论和基础知识着手，阐述了保险的基础知识、汽车保险的基础知识、汽车交通事故责任强制保险、汽车商业保险、汽车投保与承保实务、汽车保险理赔实务、汽车保险事故的查勘与定损、汽车保险理赔典型案例分析、汽车消费贷款及其保险、汽车保险电子商务、汽车保险欺诈与反欺诈等内容。

本书第 1 章、第 2 章、第 3 章、第 4 章由黑龙江工程学院王艳处和南昌工程学院甘志梅编写；第 5 章、第 6 章、第 7 章由皖西学院邬志军和刘建树编写；第 8 章、第 9 章、第 10 章、第 11 章由盐城工学院汤沛、林鑫焱，南通理工学院袁新建，鄂尔多斯应用技术学院高振刚编写。

在本书的编写过程中参考了大量的著作、发表的专业论文以及网站的相关资料，在此对有关作者、编者以及同行致以衷心的感谢。

限于作者的水平，书中错误疏漏之处在所难免，欢迎各位专家和读者提出宝贵意见和建议，以便丰富、完善和补充本教材。

编　者
2016 年 5 月

目　录

第 1 章　保险的基础知识 ………………………………………………………… （1）

　1.1　风险概述 ………………………………………………………………… （1）

　1.2　风险管理 ………………………………………………………………… （4）

　1.3　保险的概念与特征 ……………………………………………………… （8）

　1.4　保险的对象及分类 ……………………………………………………… （11）

　思考题 ………………………………………………………………………… （14）

第 2 章　汽车保险概述 …………………………………………………………… （15）

　2.1　汽车保险的含义、职能和作用 ………………………………………… （15）

　2.2　汽车保险的产生与发展 ………………………………………………… （16）

　2.3　我国汽车保险业务 ……………………………………………………… （21）

　2.4　汽车保险费率模式 ……………………………………………………… （23）

　2.5　汽车保险合同 …………………………………………………………… （26）

　2.6　汽车保险原则 …………………………………………………………… （39）

　思考题 ………………………………………………………………………… （48）

第 3 章　汽车交通事故责任强制保险 …………………………………………… （49）

　3.1　强制汽车责任保险制度 ………………………………………………… （49）

　3.2　汽车交通事故责任强制保险与商业第三者责任险的区别 …………… （50）

　3.3　机动车交通事故责任强制保险条款 …………………………………… （51）

　3.4　交强险的赔偿规定 ……………………………………………………… （56）

　思考题 ………………………………………………………………………… （57）

第 4 章　汽车商业保险 …………………………………………………………… （58）

　4.1　汽车商业保险概述 ……………………………………………………… （58）

　4.2　机动车损失保险 ………………………………………………………… （63）

　4.3　机动车第三者责任保险 ………………………………………………… （72）

　4.4　车上人员责任保险 ……………………………………………………… （75）

　4.5　机动车盗抢保险 ………………………………………………………… （77）

　4.6　附加险条款 ……………………………………………………………… （80）

　思考题 ………………………………………………………………………… （93）

第 5 章　汽车保险承保实务 ············· （94）

　　5.1　保险展业 ············· （94）

　　5.2　汽车保险投保业务 ············· （96）

　　5.3　汽车保险核保业务 ············· （101）

　　5.4　缮制与签发单证 ············· （106）

　　5.5　批改、续保与退保 ············· （107）

　　思考题 ············· （109）

第 6 章　汽车保险理赔实务 ············· （110）

　　6.1　汽车保险理赔概述 ············· （110）

　　6.2　汽车保险理赔的业务流程 ············· （112）

　　6.3　汽车出险简易案件的快速处理 ············· （129）

　　6.4　汽车保险的索赔 ············· （132）

　　思考题 ············· （138）

第 7 章　汽车保险事故的查勘与定损 ············· （139）

　　7.1　现场查勘概述 ············· （139）

　　7.2　现场查勘程序与方法 ············· （141）

　　7.3　车辆损失的评估 ············· （152）

　　7.4　保险事故非车损的评估 ············· （162）

　　7.5　汽车其他保险事故的损失评估 ············· （168）

　　7.6　保险事故修复费用的确定 ············· （172）

　　思考题 ············· （180）

第 8 章　汽车保险与理赔典型案例分析 ············· （181）

　　8.1　交通事故责任强制保险理赔案例分析 ············· （181）

　　8.2　车辆损失险理赔案例分析 ············· （185）

　　8.3　第三者责任险理赔案例分析 ············· （188）

　　8.4　全车盗抢险理赔案例分析 ············· （191）

　　8.5　自燃损失险理赔案例分析 ············· （194）

　　8.6　驾驶员资格问题理赔案例分析 ············· （197）

　　8.7　保险单证相关理赔案例分析 ············· （201）

　　思考题 ············· （204）

第 9 章　汽车保险相关业务拓展 ············· （206）

　　9.1　汽车消费贷款及其保险 ············· （206）

　　9.2　汽车消费贷款保证保险 ············· （211）

　　9.3　汽车分期付款售车信用保险 ············· （214）

9.4　汽车消费贷款保证保险办理程序 ·· （216）

　　思考题 ·· （222）

第 10 章　汽车保险电子商务 ·· （223）

10.1　保险电子商务发展趋势 ··· （223）

10.2　汽车保险电话营销 ·· （224）

10.3　汽车保险网络营销 ·· （226）

10.4　汽车保险与车联网 ·· （228）

10.5　汽车保险公司信息管理 ··· （231）

　　思考题 ·· （233）

第 11 章　汽车保险欺诈与反欺诈 ·· （234）

11.1　汽车保险欺诈的基本知识 ·· （234）

11.2　汽车保险欺诈的原因分析 ·· （236）

11.3　汽车保险欺诈识别与防范 ·· （240）

11.4　汽车保险欺诈防范与调查 ·· （252）

　　思考题 ·· （255）

参考文献 ·· （256）

第 1 章　保险的基础知识

1.1　风险概述

1. 风险的概念

关于风险的概念，迄今为止，还没有统一的定义。国内的大多数学者认为风险的概念包括三层含义：①风险是肯定能发生的客观存在；②风险必然会造成物质损失或人身伤害，包括财产损失、收入损失、责任损失和额外损失；③风险是一种随机现象，其发生的时间、伤害与损失的大小具有不确定性。

2. 风险的要素

风险因素、风险事故、损失构成了风险存在的基本条件，是风险的三个要素。

（1）风险因素

风险因素是指促使或引起风险事故发生的条件，以及风险事故发生时，致使损失增加、扩大的条件。风险因素是风险事故发生的潜在原因，是造成损失的内在或间接原因。根据风险因素的性质，通常分为实质风险因素、道德风险因素和心理风险因素三种。

实质风险因素是指增加风险事故发生机会或扩大损失程度的物质条件，是一种有形的风险因素，如汽车的制动系统失灵就是实质风险因素。

道德风险因素是指与人的不正当社会行为相联系的一种无形的风险因素，常常表现为由于恶意行为或不良企图，故意促使风险事故发生或损失扩大，如欺诈、纵火骗赔等。

心理风险因素与道德风险同样为无形风险因素，都与人密切相关，但与道德风险因素不同。心理风险因素是指由于人的主观上的疏忽或过失，导致增加风险事故发生机会或扩大损失程度。

道德风险因素与心理风险因素在实际生活中很难区分，故也有人将道德风险因素与心理风险因素合二为一，称为人为风险因素。

（2）风险事故

风险事故也称风险事件，是指造成损失的直接或外在原因，风险只有通过风险事件的发生，才能导致损失。如火灾、地震、高速行驶的车辆突然爆胎等都是风险事故。

（3）损失

广义上损失有物质损失和精神损失。在风险管理中，一般是指物质损失，即非故意、非计划、非预期的经济价值减少的事实。但随着社会进步和人类生活水平的提高，部分精神损失也逐步成为风险管理的对象。

损失按对象可分为直接损失和间接损失。直接损失是指风险事故造成的实质性的损失，主要表现为财产损失；而间接损失则是指由于直接损失所引起的其他费用经济损耗，包括收入损失、责任损失和额外费用损失。如一出租车发生交通事故，造成车辆破损，所需的修复是直接损失，而修复期间不能运营而产生的损失为收入损失，已承揽的客户不能正常接送，所支付的违约赔偿为责任损失。

（4）风险因素、风险事故和损失的关系

风险因素引起风险事故，风险事故导致损失。风险因素和风险事故可以相互转化，风险因素是造成损失的直接原因，风险事故是造成损失的间接原因。如下冰雹使得路滑，导致车祸，造成人员伤亡，这时冰雹是风险因素，车祸是风险事故。但若冰雹直接击伤行人，则冰雹便是风险事故了。

3. 风险的特征

风险的特征主要表现为风险存在的客观性、风险发生的偶然性，以及风险的可变性。正确认识风险的特征，对于建立和完善风险防范机制，加强风险管理，减少风险损失，具有重要的现实意义。

（1）风险的客观性

风险是独立于人们的主观意识之外的客观存在，是由自然现象或社会现象引起的。自然界的洪水、地震、龙卷风等自然界运动的表现形式给人类造成生命财产损失，对人类构成风险；另一方面，战争、失业、交通事故等，是受社会发展规律支配的，人们可以认识和掌握这种规律，在一定的空间和时间内改变风险存在和发生的条件，降低风险发生的概率，减少损失的程度，但不能彻底根除风险。总之，人类的发展历史就是与风险斗争的历史，无论国家、企业还是个人都要面临各种各样的风险。

（2）风险的偶然性

对于特定的个体来说，风险事故的发生是偶然的，这就是风险的偶然性。这种偶然性使得风险本身具有不确定性：①风险事故发生与否不确定；②风险事故何时发生不确定；③风险事故造成的损失大小不确定。如全世界范围内，平均每分钟都可能有火灾发生，但具体到某一城市是否一定有火灾发生则具有不确定性，对某一城市来讲，一年内一定有火灾发生，但何时发生，会造成怎样的损失都具有不确定性。

（3）风险的可变性

风险的变化有量的增减，也有质的改变，有旧风险的消亡与新风险的产生。风险的变化，主要是由风险因素的变化引起的，这种变化主要来自于：①科技进步。随着科学技术水平的提高，人们认识风险、抵御风险的能力增强，不少风险得到有效的控制，使得风险事故概率降低，风险损失的范围缩小，程度减轻，有些风险甚至被消除。如随着医疗水平的提高和卫生状况的改善，人们所面临疾病和死亡的风险大大减小了，人均寿命有了明显提高。然而，科技进步也会导致新风险的产生。如高速公路的修建使行车速度大大提高，但高速公路上发生的交通事故损失越来越大。②经济体制与结构的转变。如我国在计划经济体制下，没有股票市场，因而没有炒股票的投机风险，而在市场经济体制下则有了这种投机风险。③政治与社会结构的改变。政治制度、法律、政策的变化都会使风险发生变化。

4. 风险的分类

为了实施有效的风险分析与管理，更准确地把握风险的本质，需要对风险进行分类。风险按照不同的分类标准可以分为多种。

（1）按照风险是否有获利机会分类

①纯粹风险，是指当风险发生时，只有造成损失而无获利可能性的风险，如火灾、疾病等。

②投机风险，是指当风险发生时，既存在损失机会又存在获利机会的风险。如金融投资、房产开发投资等。

纯粹风险一般可通过大量统计资料进行科学推算，而投机风险则难以做到。

（2）按照风险所涉及的范围分类

①基本风险，是指特定的社会个体所不能控制或预防的风险。如自然灾害、政治变动等。

②特定风险，是指与特定的社会个体有因果关系的风险，如疾病、民事法律责任等。特定风险与基本风险相比风险事故相对较小，一般可以采取措施进行控制和预防。

基本风险可以是纯粹风险，也可以是投机风险，而特定风险多属于纯粹风险。

（3）按照风险的损失形态分类

①人身风险，是指由于人的死亡、疾病、衰老及劳动能力丧失等原因导致损失的风险，人身风险又可分为生命风险和健康风险。

②财产风险，是指财产发生毁损、灭失和贬值的风险，如汽车发生交通事故、火灾、地震破坏等所造成的损失。

③责任风险，是指由于团体或个人的行为违背了法律、合同或道义的规定，给他人造成财产损失或人身伤害。按照法律规定，过失人必须负法律上的损害赔偿责任。

此外，按风险发生的原因分类还可以分为自然风险、社会风险、经济风险、政治风险和技术风险；按承担风险的主体，风险可分为个人风险、家庭风险、企业风险和国家风险；按风险能否预测和控制，风险可分为可管理风险和不可管理风险等。

5. 机动车辆的风险

机动车辆的风险可归纳为道路交通事故风险、自然灾害风险和其他风险。

（1）道路交通事故风险

①车与车的事故：在道路上行驶的各种机动车或非机动车之间相互碰撞的事故。

②车与行人的事故：各种行驶的机动车与在道路上活动的人相撞而形成的事故。

③车辆自身的事故：车辆在行驶过程中失控驶出道路、自行翻车、失火、爆炸等造成的事故。

④其他事故：包括车辆与道路固定设施相撞，撞死、撞伤牲畜家禽，以及驾驶员因疲劳、病痛等原因造成的事故。

（2）自然灾害风险

由于自然界的自然现象引起的机动车的损害和驾乘者的人身伤害，如洪水、大风、泥石流、冰雹、暴雪、大雨、雷击、地震、海啸、塌方滑坡等自然现象引起的车辆碰撞、倾覆、火灾、爆炸等损害继而引发的人身伤害。

（3）其他风险

机动车被盗抢风险、高空坠物、交通事故精神损害风险等为其他风险。

1.2　风险管理

风险管理是指经济单位(个人、家庭或企业等)通过对风险的识别、风险评估，采用合理的经济和技术手段对风险加以处理，以最小的成本获得最大安全保障的决策及行动过程。

风险管理可以分为不同种类，按主体不同可分为：家庭（个人）风险管理、企业风险管理、政府或公共机关风险管理、国际风险管理；按风险事故发生时受损失的形态分为：财产风险管理、人身风险管理、责任风险管理和利润风险管理等。有效的风险管理对于经济单位个体乃至整个社会都有重要作用。

1. 风险管理的作用

（1）增强风险面临者的安全保障程度

风险管理可以保障风险面临者及家庭免于重大灾害损失的影响，解除后顾之忧，敢于承担风险去创业和投资，通过有效的风险管理可以使个人及家庭节省汽车保险费（简称保费）开支而不减少其安全保障。

（2）降低经济组织的经营风险

通过风险管理，选择恰当有效的风险管理技术，可以创造一个安全稳定的生产经营环境，有利于提高经济组织的经济效益。

（3）保障社会稳定

实施风险管理采取风险保障措施，可以在一定程度上补偿风险受害者的损失，使家庭、经济组织在风险事故发生后能够继续维持生存，并有机会减少损失所造成的影响，从而减轻家庭、经济组织受损对整个社会的不利影响，保障社会稳定；风险管理使得各经济组织的资源得到有效的利用，使风险处理的社会成本下降，增加全社会的经济效益。

2. 风险管理的过程

风险管理的过程包括风险识别、风险评估、风险处理、风险管理效果评价等阶段。

（1）风险识别

风险识别是指人们利用各种方法系统地、连续地分析所面临的各种风险及风险事故发生的潜在原因。风险识别包括感知风险和分析风险两个环节。

感知风险是了解客观存在的各种风险，如汽车有碰撞、丢失、火灾等许多种风险。分析风险是分析引起风险事故的各种因素，如具体分析发生汽车火灾的因素，线路短路、碰撞致使油箱漏油、被人纵火等都会引起汽车火灾。感知风险是风险识别的基础，分析风险是风险识别的关键。

（2）风险评估

风险评估是对某种特定的风险，测定其风险事故发生的概率及其损失程度。风险评估是在风险识别的基础上，分析风险识别过程收集的资料和数据，得到关于损失发生概率及其程度的有关信息，为选择风险处理方法，进行正确的风险管理决策提供依据。

风险评估以损失概率和损失强度为主要测算指标，一般需要运用概率论和数理统计方法来完成。风险评估与风险识别过程不能截然分开，是交叉进行的。

（3）风险处理

风险处理是指在风险识别和风险评估的基础上，采取控制措施，降低风险事故发生概率或减小损失程度的过程。

（4）风险管理效果评价

风险管理效果评价是指对风险处理手段的实施结果进行分析、检查、修正和评估，比较与预期目标的差异，对所采取方法的科学性、适应性和受益性作出评价。由于风险的不确定性，随着时间推移，外部条件变化会导致原有风险因素的变化，也会产生新的风险因素。需要在一定时期内对风险识别、风险评估、风险处理等过程进行定期检查、修正，对风险管理的效果进行总结评价，以确保风险管理工作能够适应新情况并达到最佳的管理效果。

在风险管理效果评价中主要看风险管理效益的高低，看能否以最小的成本取得最大的安全保障，效益比值按式（1-1）计算：

$$效益比值 = \frac{因采取某项风险处理措施而减少的风险损失}{采取该措施所支付的费用 + 机会成本} \qquad (1-1)$$

效益比值小于 1，则该风险处理方法不可取，效益比值越大，说明该方法效果越好，但具体实施时，还要考虑该项风险处理方法与整体管理目标的一致性，以及该方法的可操作性。

3. 主要的风险处理技术

风险处理方法主要有两大类：一类是风险控制；另一类是财务处理。风险控制是用来避免、消除或减少意外事故发生的机会，限制已发生的损失继续扩大的一切措施，重点在于改变引发意外事故和扩大损失的各种条件。风险财务处理方法往往是在实施控制风险措施后，对无法控制的风险作出的财务安排，重点是将消除和减少风险的成本平均分摊在一定时期内，以便减少因随机性的巨大损失发生而引起财务上的剧烈波动，通过财务处理可以把风险成本降低到最低程度。这两种风险处理技术中，各自包含了具体方法，如图 1-1 所示。风险控制和风险财务处理既相互区别又相互联系，在具体运用过程中必须将二者有机地结合起来灵活运用。

（1）风险控制处理技术

风险控制处理技术是指避免、消除或减少风险发生频率及控制风险损失扩大的一种风险管理方法。风险控制处理方法包括风险避免、损失控制和控制型非保险转移三种，其中损失控制又分为损失预防和损失抑制。

1）风险避免

风险避免是以放弃或拒绝承担风险作为控制方法，从而回避损失发生的可能性。避免风险是风险处理最彻底的方法，可以在风险事件发生之前，完全、彻底地消除某种风险可能造

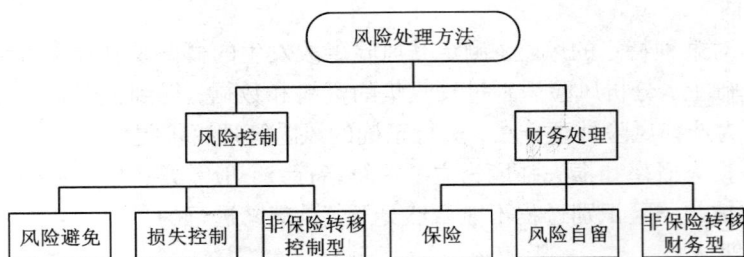

图 1-1 风险处理技术构成图

成的损失。

2）损失控制

风险损失控制是指通过降低风险事故发生的概率，缩小损失程度来达到控制目的的各种控制技术和方法。依照目的不同可以划分为损失预防和损失抑制两种方法。

风险损失预防是指风险事故发生前，为了消除或减少可能引起损失的各项因素所采取的具体措施。通过消除或减少风险因素，达到降低风险频率、减少风险发生的次数的目的。如在长途行车前，认真检查车辆状况，尤其是车辆的转向系、制动系、轮胎、传动系，一旦发现故障隐患，及时修理，可保证降低长途行车中由于车辆本身而产生事故的可能性。损失预防与风险避免的区别在于，损失预防不消除损失发生的可能性，只是减少发生频次，而风险避免则使损失发生的概率为零。

风险损失抑制是指风险事故发生时或风险事故发生后，采取各种防止损失范围或损失程度扩大的措施。如汽车中设置被动安全装置如安全气囊、防翻车加强杆、柔性内饰等，其目的是控制事故发生时损失扩大。抑制通常在损失可能性高并且风险又无法避免和转嫁的情况下采用，这是处理风险的有效方法。

3）控制型非保险转移

控制型非保险转移是指借助于合同，将风险损失的法律责任转移给非保业的个人或群体。如某单位租用办公车辆，由车辆出租人开车，将本单位车辆事故的风险转移给车辆出租人。在控制型非保险风险转移过程中，风险由一方转移到另一方，但是，风险本身并没有因此而消失，只是间接地达到了降低风险损失的概率、减少损失程度的目的，同时风险转移并不等于不承担风险成本，因为风险转移本身也会产生成本费用支出。

（2）财务型风险处理方法

财务型风险处理方法是通过事先的财务计划，筹措资金，以便对风险事故所造成的经济损失进行及时而充分的补偿，降低风险成本的一种风险管理方法。财务型风险处理方法包括风险自留和财务型非保险型风险转移和保险型风险转移三种。

1）风险自留

风险自留是指风险承担不借助其他力量，完全由自己承担风险事故所造成的损失，是处理风险的最普通的方法，可以是主动的，也可以是被动的，可以是有计划的，也可以是无计划的。

所谓被动的风险自留，或非计划的风险自留，是指风险当事人因为主观或客观原因，对于风险的存在性或严重性认识不足，没有对风险进行处理，而最终由自己来承担风险损失。

主动的风险自留，或称为计划风险自留，是指风险当事人或经济单位在识别和评估的基础上，对各种可能的风险处理方式进行比较，权衡利弊，决定将风险留置内部，即由自己承担风险损失的全部或部分。主动风险自留是一种有周密计划、有充分准备的风险处理方法。

2）财务型非保险型风险转移

财务型非保险型风险转移是指风险当事人，利用经济合同把自己不能承担或不愿承担的风险转移给其他单位或个人的一种风险处理方法。前述的控制型风险转移主要强调损失法律责任的转移，而财务型风险转移主要依赖合同条款的约束力，通过寻求外来资金补偿风险损失来实现风险转移的目的。如公司通过发行股票，将经营风险转移给多数股东来承担。

3）保险型风险转移

保险型风险转移是指缴纳保险费给保险承担机构，把自己可能遭受的风险损失，转嫁给保险机构承担的风险处理方法。保险机构接受大量风险面临者的投保，为实际发生损失的少数风险遭受者承担损失。

4. 风险管理与保险

风险管理与保险在理论上关系密切，在实践上也有联系，风险管理与保险所研究的对象一致。风险管理源于保险，从理论起源看，保险作为一门学科，先于风险管理而产生，在风险管理的发展过程中，很大程度上得益于对保险理论与实务研究的深入；保险作为风险管理的一种重要方法，也由于风险管理理论的发展促进了自身的发展。

但是，不是所有的风险都是可保的，保险一般只承担纯粹风险，对有可能获利的投机风险一般是不承保的。当然，也并不是所有的纯粹风险都是可以承保的，作为可保风险，需要满足有关条件才能构成可保风险。

（1）可保风险应具备的条件

1）风险是纯粹风险而非投机风险

由于投机风险有获利的可能，因此风险损失预测困难，而且投机风险所造成的损失有时并非意外，这与保险的宗旨有区别；投机风险的风险事故对某人来说是损失，对他人来说则可能是获利，对全社会而言，可能没有损失。

2）风险事故损失发生的意外性及可预测性

风险的发生超出了投保人的可控范围，并且对投保人来说是意外的而非故意的，否则违背保险的初衷。

风险损失的可预测性是指损失发生的原因、时间、地点都可以被确定，损失金额也是可以衡量的。这样，在风险损失发生时，可以正确确定风险损失是否发生在保险期限内，是否发生在保险责任范围内，保险人是否给付赔偿以及赔偿多少等。

3）风险损失幅度在一定范围内

风险造成的损失幅度过小，通常可采用风险自留方式处理，如开设此类保险，则对投保人来说，支出保费比发生风险事故所获赔偿还高，得不偿失，一般保险公司都有最低保费的规定。

风险损失幅度太大，即巨灾风险不可保。整个保险市场在一定时期所能提供的总保险金额是有限的，通常地震、洪水、台风等自然灾害是不承保的，因为往往超出保险公司的承受能力，即使有承保的，也都有特约条款进行特别规定。

4）存在大量独立的同质风险单位

根据大数法则，只有保险单位数量足够大，各风险单位遭遇风险事故从而造成损失的概率和损失程度大体接近，才会使风险发生的次数及损失值在预期的较小的范围波动，才能够归集足够的保险基金，建立起保险基金来实施补偿和给付职能，实现多数人负担少数人损失的共济行为，使风险损失者能够获得充足的保障。

（2）可保风险与不可保风险的转化

可保风险与不可保风险按上述原则划分，也是从商业保险的角度出发，要考虑保险公司自身的经营和发展。但可保风险与不可保风险的范围与内容的划分不是固定不变的。风险无处不在，但完全满足上述原则的风险并不多，对于不满足这些条件的风险可以通过采取一定的技术手段，使之满足可保风险的条件；再者随着保险公司资本的扩大，保险新技术不断出现，以及再保险市场规模的扩大，可保风险的范围不断扩大，许多原来不可保风险转化为可保风险。

1.3 保险的概念与特征

1. 保险的概念

（1）保险

保险有广义和狭义之分。广义的保险是指保险人向投保人收取保险费，建立专门用途的保险基金，并对被保险人负有法律或合同规定范围内的赔偿和给付责任的一种经济保障制度。保险一般包括由国家政府部门经办的社会保险、由专门的保险公司按商业原则经营的商业保险和由被保险人集资合办、体现自保互助精神的合作保险。狭义的保险特指商业保险，即通过合同的形式，运用商业化管理原则，由专门机构向投保人收取保险金，建立保险基金，用于对被保险人在合同范围内的财产损失进行补偿、人身伤亡以及年老丧失劳动能力者经济损失给付的一种经济保障制度。

《中华人民共和国保险法》（以下简称《保险法》）第二条规定："本法所称保险，是指投保人根据合同约定，向保险人支付保险费，保险人对于合同约定的可能发生的事故因其发生所造成的财产损失承担赔偿保险金责任，或者当被保险人死亡、伤残、疾病或者达到合同约定的年龄、期限等条件时承担给付保险金责任的商业保险行为。"

保险既是一种经济制度，又是一种法律关系。作为一种经济制度，保险是为了确保经济生活的安定，针对特定风险事故或特定事件的发生所导致的损失，运用多数经济单位的集体力量，根据合理的计算，共同建立基金，进行补偿或给付的经济保障制度；作为一种法律关系，是因为保险这一经济制度对于国民经济有着重要作用，所以，世界上许多国家均将调整这种保险经济关系的准则用法律形式固定下来，借以巩固这一经济补偿制度。

从法律角度看，保险是根据法律规定或由当事人约定，一方承担支付保险费的义务，当意外事故或者特定事件的出现造成经济损失时，换取另一方为损失补偿的法律关系。保险关系作为法律关系，其成立有两种形式：一是国家用法律规定某一特定的意外事故一定要投保这时保险双方当事人所建立的权利和义务关系是强制的,如大多数国家实行的强制汽车责任保险;二是由双方当事人协商通过保险合同确定法律关系,这种自愿建立的保险合同关系,也要根据国家规定的法定程序并符合相应的法律规定。

保险的法律关系与一般损害赔偿的民事法律关系不同,它是一种有一定代价的权利与义务关系。一方面,保险事故的发生不是保险人的行为所致。这样,保险人不是因侵权或违约行为而承担损害赔偿责任,而是因为法律规定或保险合同约定需要其承担补偿损失的义务。同时,保险人承担的仅是损失补偿的责任。它有两层含义:一是保险事故造成了损失就补偿,没有造成损失就不补偿;二是在约定的范围内,损失多少补偿多少。另一方面,保险法律关系的另一方是以支付保险费来换取风险保障的权利,所以保险费的支付是取得风险保障的代价。

(2)保险标的

保险标的是保险保障的目标和实体,指保险合同双方当事人权利和义务所指向的对象。保险标的可以是财产、与财产有关的利益或责任,也可以是人的生命或身体。

(3)保险人

保险人又称承保人,是经营保险业务收取保险费和在保险事故发生后负责给付保险金的人。保险人以法人经营为主,通常称为保险公司。

(4)投保人

投保人是对保险标的具有可保利益,向保险人申请订立保险合同,并负有交付保险费义务的人。投保人可以是自然人,也可以是法人。当投保人为自己的利益投保,且保险人接受其投保时,投保人就变成了被保险人。

(5)被保险人

被保险人是受保险合同保障的人,以其财产、生命或身体为保险标的,在保险事故发生后,被保险人享有保险金请求权。被保险人与投保人是否为同一人要视保险的具体情况而定。

(6)保险中介人

保险中介人是指活动于保险人和投保人之间,通过保险服务,把保险人和投保人联系起来并建立保险合同关系的人,包括保险代理人、保险经纪人、保险公估人等。

(7)保险代理人

保险代理人是根据保险人的委托,收取代理手续费,并在保险人授权的范围内办理保险业务的单位或者个人。

(8)保险经纪人

保险经纪人是被保险人的代理人,是受投保人或被保险人的委托,代其办理风险评估、投保、索赔、诉讼等服务的公司或个人。虽代表被保险人的利益,但以自己的名义开展业务。

(9)保险公估人

保险公估人是独立的事故鉴定与损失理算人,既可接受保险公司的委托,也可接受投保人或被保险人的委托,但不代表任何一方,而是在独立的立场上,对委托事件作出客观公正的评价,为保险当事人提供服务。

(10)保险费

保险费,简称保费,是投保人为转嫁风险支付给保险人的与保险责任相应的价值。一般情况下，保险费按保险金额与保险费率的乘积来计收，也可按固定金额收取。

（11）保险密度

保险密度是指按照一个国家的全国人口计算的人均保费收入，它反映了一个国家保险的普及程度和保险业的发展水平。

（12）保险深度

保险深度是指保险费收入占国内生产总值（GDP）的比例，是反映一个国家的保险业在其国民经济中的地位的一个重要指标。

2. 保险的特征

任何事物的特征都是在与其他事物的比较中表现出来的，保险也不例外。下面通过保险与赌博、储蓄、保证，以及慈善事业的对比，来分析保险的特征。

（1）保险与赌博

保险与赌博同属于由偶然事件所引起的经济行为，表面上都是以少量的支出获取多倍于支出的收入。两者之间的本质区别在于：保险以经济互助互济来求得社会经济生活的安定，而赌博则以贪图暴利为目的；保险是利人利己，以分散风险为原则，计算风险损失有科学依据，而赌博是以冒险获利，完全以偶然性为前提；保险是变偶然事件为必然事件，变风险为安全，是风险的转移或减少，而赌博则是变存在为偶然，变安全为风险，是危险的增加。

（2）保险与储蓄

保险与储蓄都是用现在的资金作为将来的储备，在后备基金的形成上，两者一致。其区别在于：保险的风险事故发生后，不管已经交付了多少保险费，也不管交付时间的长短，只要符合合同规定的条件，就可以领取保险补偿金，而储蓄只能获得本金和按照储蓄时间的长短计算的利息；保险是众多投保人在互助互济的关系下，通过集中保险费的形式建立的结合，目的在于共同分担风险所造成的损失，风险金计算有科学的依据，而储蓄则是用个人积攒的货币和利息，负担将来的需要，无须特殊的计算技术；保险基金由保险人统一运用，投保人或被保险人一般无权干涉，而储蓄存款的所有权归储蓄者，储蓄者可以任意提取使用；保险是在相互权利和利益对等的基础上所有被保险人的经济结合，不存在给付和反给付关系，也不存在个别的均等关系，而储蓄则完全是个人的经济行为，在给付和反给付之间，以个别的均等关系为前提，不与他人发生经济关系。

（3）保险与保证

保险是对被保险人偶然事件所致的损失负赔偿责任，而保证则是当债权人的权利不能实现时，保证人代替债务人履行债务。在保证关系中，保证人代偿他人债务，享有求偿权和代位追偿权，而保险人的补偿损失是履行合同义务。只有当事故发生是由于第三者的责任时，保险人才会有代位追偿权。

（4）保险与慈善事业

保险与慈善事业都是对社会经济的一种救助行为，都是致力于解决社会问题，确保社会生活的正常和稳定。两者的区别在于：保险机构是具有互助合作性质的经济实体，而慈善机构是完全靠社会资助的事业机构；保险对于被保险人的保障，是在投保人缴纳保险费以后开始的，是有偿的，而慈善事业对于所救济的单位或个人不收取任何费用，属于经济赠与行为，是无偿的；保险对于被保险人在保险责任范围内的损失，按照合同约定给予经济赔偿，而慈善事业不一定对所有的受害人都进行救济，且救济程度也具有一定的局限性。

1.4　保险的对象及分类

1. 保险的对象

保险的对象是保险人在观察统计大量风险现象的基础上，敢于承担保险责任的，如房屋、车辆、货物、船舶、飞机、农作物、信用、责任、债权甚至生命和身体机能等各类风险客体。保险的对象归结起来主要有两类标的物。

（1）物质标的物

被保险人享有绝对所有权与支配权的物质标的经济价值是物质标的物保险的保障对象。物质标的物分为有形标的物和无形标的物两种。如房屋、车辆、货物、船舶、飞机、农作物等为有形标的物；如信用、责任、债权和预期利润等为无形标的物。

在现代商品经济社会中，各种形态的物质标的物都可以用货币单位来衡量。因此，保险人所承保的被保险人的各类物质标的物，是承保其用货币所表现的经济价值。在国际上，主要有火灾保险、海上保险、内陆运输保险、航空保险、盗窃保险、玻璃保险、机械保险、农业保险、责任保险、保证保险、信用保险等。

（2）人身标的物

被保险人的生命和身体机能是人身标的物的保险对象。在保险期内，保险人要对被保险人的死亡、伤残、丧失劳动能力等承担给付保险金的经济责任。

就保险对象而言，物质标的物与人身标的物的区别在于：

①人的生命和身体机能无法像物质标的物一样估价，因此，人身标的物的保险金额没有具体的限度。

②人的死亡和身体机能的伤残、衰老无法恢复，而物质标的物的损失是可以复原的。

③人的生命和身体机能不能转让和出卖，而大多数物质标的物则可以转让和出卖。

人身保险的保险业务种类很多，国际上主要有人寿保险、健康保险、生育保险、伤害保险、残废保险、婚姻保险、教育保险等。

2. 保险的分类

（1）按保险性质分类

根据保险的性质不同，可以将保险分为商业保险、政策保险和社会保险三大类。

1）商业保险

商业保险是指以盈利为目的开办的保险险种，即投保人根据合同约定，向保险人支付保险费，保险人对于合同约定的可能发生的事故及其所造成的财产损失承担赔偿保险金责任，或者当被保险人死亡、伤残、疾病或者达到合同约定的年龄、期限时承担给付保险金责任的保险行为，主要有财产保险、人身保险等。

财产保险是以各类物质财产以及与之有关的利益、责任和信用为保险标的的一种保险。德国、法国和日本的学者称之为物保险，我国习惯上也称之为物保险。

狭义的财产保险是以有形的财产，以及与之有关的利益为保险标的的一种保险。其保险标的仅为有形的、处于静止状态的财产，如企业的厂房设备，居民的住房、家具等。广义的财产保险，其保险标的除包括有形的和处于静止状态的财产外，还包括运动中的财产，如运输中的货物，运动中的船舶、车辆等，以及其他无形财产，如预期的利润、债权、信用、责任等。广义上的财产保险，其保险业务上的种类甚多，在国际上，主要有火灾保险、海上保险、内陆运输保险、航空保险、盗窃保险、玻璃保险、机械保险、农业保险、责任保险、保证保险、信用保险等。

人身保险是以人的身体机能和寿命作为保险标的的一种保险。当被保险人在保险期间内因发生保险事故而造成伤残、死亡或者生存到保险期满，按照合同约定的条件，保险人给付被保险人保险金。由于人身保险的保险标的的价值无法用货币衡量，因此，其保险金额可根据投保人的经济生活需要和交付保险费的能力，由双方协商确定。在人身保险中，只有被保险人自己或者征得被保险人同意的人，如被保险人的配偶、父母、子女，以及法律允许的其他人才具有保险利益。

目前人身保险主要有三种类型：人寿保险、伤害保险及健康保险。人身保险的保险业务种类很多，国际上主要有人寿保险、健康保险、生育保险、伤害保险、残废保险、婚姻保险、教育保险等。国内主要有简易人身保险、团体人身意外伤害保险、团体人身保险、养老金保险、医疗保险、学生平安保险，以及涉外人身保险等。

2）政策保险

政策保险是指政府为实现其政治、经济、社会和伦理等方面的政策目的，利用保险形式实施的措施。这类保险涉及的危害预测困难、损害面大、损失金额巨大、一般商业保险难以经营，它具有全面性、强制性和赔偿金额固定性等特点。

3）社会保险

社会保险实质上是一种社会保障制度，是公民在暂时或永久丧失劳动能力以及发生其他生活困难时，由国家、政府、社会依法给予其基本生活物质保障的制度，包括老年（养老）保险、伤残保险、死亡保险、生育保险、失业保险和家属津贴保险等。世界各国由于政治制度、经济发展水平和文化传统的差异，社会保险所包含的内容不相同，但基本原则是一致的。

（2）按实施方式分类

根据实施的方式不同，保险可分为自愿保险和强制保险。

1）自愿保险

自愿保险，又称约定保险，是指保险双方采取自愿协商所进行的保险。通过签订保险合同，自主决定保险期限、保险金额等，任何人不得强制。目前，国际上和我国的大多数保险业务都采取自愿保险的方式。

2）法定保险

法定保险也称强制保险，是指保险人与投保人以法律和政府的有关法规为依据而建立保险关系的保险。这类保险不是自愿的，当事人必须投保和承保，而且保险对象、保险标的、保险责任、保险金额皆依法律规定，当事人不能另行约定。我国对火车、轮船、飞机等旅客的意外伤害保险都是采用强制保险方式实施的；新的道路交通法规定汽车第三者保险也是强制实施的。法定保险具有强制性和法律性的特点，通常是为了满足政府一些经济政策、社会政策和公共安全方面的需要而设立的。

（3）按业务承保方式分类

按照业务承保方式保险可分为原保险、再保险、重复保险、共同保险。

1）原保险

原保险是保险人与被保险人之间直接签订合同所形成的保险。

2）再保险

再保险又称分保，是指保险人将其承保的部分或者全部保险业务转让给另外其他保险人。最初承保业务的公司成为分出公司或者原承保人，接受分出保险的公司成为再保险人。由于有些国家保险公司为数甚多，形成了相当大的再保险市场。不仅保险公司设立再保险子公司或部门，也有专门经营再保险业务的公司。伦敦劳合社和纽约保险交易所是经营国际再保险的重要场所。

3）重复保险

重复保险指数家保险公司承保了同一被保险人的相同标的的保险，即同一保险责任有几份保险单来承保。这种保险在西方国家比较常见，如企业购买了火灾保险，又购买了包括火灾的企业综合保险。

4）共同保险

共同保险是指保险人和被保险人共同分担损失的一种保险。

（4）按保险保障的主体分类

按保险保障的主体，保险分为个人保险、企业保险、团队保险。

1）个人保险

个人保险是以家庭和个人为保障主体的保险。家庭财产保险、私有汽车保险和个人养老保险都属于个人保险。

2）企业保险

企业保险是以企业作为保障主体的保险。企业除了面临生产和经营风险外，还面临着各种财产损失、营业中断、责任和人员伤亡风险，需要各种保险来保障。企业保险包括企业财产保险、公众责任保险、产品责任保险等。

3）团体保险

团体保险是保险的一种方式，一般用于人身保险。团体保险是用一份总合同向一个团体的许多成员提供保险，费率低于个人保险的费率。团体人身保险通常不要求体检，发给每个成员一份保险证。团体人身保险的种类包括团体人寿保险、团体养老保险、团体健康保险、团体年金等。

目前我国开办的保险种类主要有：①财产保险（狭义），包括火灾保险、海上保险、工程保险、内陆运输保险、车辆保险、航空保险、盗窃保险、机器损坏保险、营运中断保险（即利润损失险）；②责任保险，包括公众责任保险、雇主责任保险（即劳工险）、产品责任保险、职业责任保险、保赔保险；③保证保险；④信用保险；⑤人身保险，包括人寿保险、健康保险（疾病保险）、伤害保险。

思考题

1. 风险的要素包括哪些？各要素之间的关系是怎样的？
2. 可保风险应具备的条件是什么？

第 2 章　汽车保险概述

2.1　汽车保险的含义、职能和作用

1. 汽车保险的含义

汽车保险是以汽车本身及其相关利益为保险标的的一种不定值财产保险，也称为机动车辆保险。这里的机动车辆是指汽车、电车、电瓶车、摩托车、拖拉机、专用机械车、特种车。

2. 汽车保险的职能作用

（1）汽车保险的职能

保险的基本职能是组织经济补偿和实现保险金的给付，这些同样也是机动车辆保险的基本职能。

机动车辆使用过程中的各种风险及风险损失是难以通过对风险的避免、预防、分散、抑制以及风险自留就能解决得了的，必须或最好通过保险转嫁方式将其中的风险及风险损失在全社会范围内分散和转移，以最大限度地抵御风险。汽车用户以缴纳保险费为条件，将自己可能遭受的风险成本全部或部分转嫁给保险人。汽车保险是一种重要的风险转嫁方式，在大量的风险单位集合的基础上，将少数被保险人可能遭受的损失后果转嫁到全体被保险人身上，而保险人作为被保险人之间的中介对其实行经济补偿。通过汽车保险，将拥有机动车辆的企业、家庭和个人所面临的种种风险及其损失后果得以在全社会范围内分散与转嫁。

汽车保险是现代社会处理风险的一种非常重要的手段，是风险转嫁中一种最重要、最有效的技术，是不可缺少的经济补偿制度。

（2）汽车保险的作用

我国自 1980 年国内财产保险业务恢复以来，汽车保险业务已经取得了长足的进步。伴随着汽车进入百姓的日常生活，汽车保险正逐步成为与人们生活密切相关的经济活动，其重要性和社会性也正逐步突现，作用越加明显。

1）促进汽车工业的发展，扩大了对汽车的需求

从目前经济的发展情况看，汽车工业已成为我国经济健康、稳定发展的重要动力之一。汽车产业政策在国家产业政策中的地位越来越重要，汽车产业政策要产生社会效益和经济效益，要成为中国经济发展的原动力，便离不开汽车保险和其配套服务。汽车保险业务自身的

发展对于汽车工业的发展起到了有力的推动作用，汽车保险的出现，解除了企业与个人对使用汽车过程中可能出现的风险的担心，一定程度上提高了消费者购买汽车的欲望，扩大了对汽车的需求。

2）稳定了社会公共秩序

随着我国经济的发展和人民生活水平的提高，汽车作为重要的生产运输和代步的工具，成为社会经济及人民生活中不可缺少的一部分。汽车作为一种保险标的，虽然单位保险金不是很高，但数量多而分散，车辆所有者为了转嫁使用汽车带来的风险，愿意支付一定的保险费投保，在汽车出险后，从保险公司获得经济补偿。由此可以看出，开展汽车保险既有利于社会稳定，又有利于保障保险合同当事人的合法权益。

3）促进了汽车安全性能的提高

在汽车保险业务中，经营管理与汽车维修行业及其价格水平密切相关。原因是在汽车保险的经营成本中，事故车辆的维修费用是其中重要的组成部分，同时车辆的维修质量在一定程度上体现了汽车保险产品的质量。保险公司出于有效控制经营成本和风险的需要，除了加强自身的经营业务管理外，必然会加大事故车辆修复工作的管理，一定程度上提高了汽车维修质量管理的水平。同时，汽车保险的保险人从自身和社会效益的角度出发，联合汽车生产厂家、汽车维修企业开展汽车事故原因的统计分析，研究汽车安全设计新技术，并为此投入大量的人力和财力，从而促进了汽车安全性能方面的提高。

4）汽车保险业务在财产保险中占有重要的地位

目前，大多数发达国家的汽车保险业务在整个财产保险业务中占有十分重要的地位。美国汽车保险保费收入占财产保险总保费的45%左右，占全部保费的20%左右。亚洲地区的日本汽车保险的保费占整个财产保险总保费的比例高达58%左右。

从我国情况来看，随着积极的财政政策的实施，道路交通建设的投入越来越多，汽车保有量逐年递增。在过去的20年，汽车保险业务保费收入每年都以较快的速度增长。在国内各保险公司中，汽车保险业务保费收入占其财产保险业务总保费收入的50%以上，部分公司的汽车保险业务保费收入占其财产保险业务总保费收入的60%以上。汽车保险业务的经营的盈亏，直接关系到整个财产保险行业的经济效益。可以说，汽车保险业务的效益已成为财产保险公司效益的"晴雨表"。

2.2　汽车保险的产生与发展

汽车保险最早起源于英国，随后在英国、美国得到快速发展。目前美国是世界上汽车保险费收入最多、汽车保险市场发育最完善的国家。日本的汽车工业在国际市场占有领先地位，车辆保有量仅次于美国，汽车保险保费收入居世界第二。虽然我国汽车保险起步晚，但随着我国经济实力的不断攀升，机动车辆数量激增，机动车辆保险已成为国内保险发展最快的险种之一。

1. 英国的汽车保险

1895年，英国的法律意外保险有限公司签发了保险费为10～100英镑的汽车责任险保单，这是世界上最早签发的汽车保险单。到 1899 年，英国的汽车保险范围迅速扩大到与其他车辆碰撞所造成的损失。1901 年，保险公司提供的汽车保险除了汽车责任险以外，还有碰撞、盗窃和火灾险等，已经具备了现在汽车综合责任险的内容。1903 年，英国成立了第一家专门经营汽车保险的公司——汽车综合保险联合社。1906 年，英国成立了汽车保险有限公司，每年由公司的工程技术人员免费检查一次被保险汽车，成为确保保险顺利开展的技术手段，其运作经验对汽车保险的发展起到了积极的推动作用。

第一次世界大战后，机动车辆数量开始猛增，机动车辆事故也开始大幅增加。机动车辆事故的受害人常常无法得到赔偿，所造成的社会问题日益严重。1930 年，英国颁布了《道路交通法—1930》，1931 年开始强制实施汽车责任保险。同时，英国又制定了《第三者直接向保险人求偿法》，将被保险人由于破产、合并或死亡等原因引起的求偿权利转移到第三者，受害的第三者可直接向保险人请求赔偿。由于推行强制保险政策以后，出现了保险人对于受害人的赔偿无法支付的案例，英国国会于 1936 年 2 月成立了专门的强制保险调查小组，由卡斯奥担任主席负责调查工作。该小组于 1937 年提交了著名的"卡斯奥报告"。但由于第二次世界大战爆发，致使"卡斯奥报告"的建议当时没有付诸实施。但据此，英国于 1945 年底成立了汽车保险人赔偿局，规定当事故受害人因加害人未依法投保责任险或者保险单失效而无法得到赔偿时，由该局承担赔偿责任，受害人获得其赔偿后须将向加害人的追偿权转移给汽车保险人赔偿局。对于加害人逃逸所造成的受害人无法得到事故损失补偿的情况，也由该局负责赔偿。

《道路交通法—1972》将在交通事故中受到人身伤害的乘客划入投保人和保险人外受害的第三者范畴。《道路交通法—1988》将法定的第三者责任保障范围由单纯的人身伤亡扩大到包括一定限额的财产损失（25 万英镑）。

为了监督开展汽车保险业务的保险公司的运营，英国于 1958 年通过并实施了《保险公司法》，并于 1967 年进行了修订。该法对年度保险费收入、资产总值、新公司的资本、设立特别准备金，以及评估管理人员的资历等进行了具体的规定，以确保保险公司的偿付能力。

英国机动车辆保险通过许多因素综合加权的方式确定保费，采用的数据多，因此英国特别重视信息采集的自动化。早在 1985 年，英国 Direct Line 便开始利用电话进行汽车投保，20 世纪末随着互联网的普及，车险产品网上直销被越来越多的客户接受，电话销售和网上车险产品销售已超过车险总业务量的一半。

2. 美国的汽车保险

1898 年，美国的旅行者保险公司（The Travelers Insurance Company）签发了美国历史上第一份汽车人身伤害责任保险，被保险人是水牛市（Buffalo）的一名医生。随后，其他的保险人也以提供统一的保险费（每年高达 125 美元）而进入汽车保险市场。1902 年美国第一张汽车损失保险单问世。1927 年，美国的马萨诸塞州公布实施了汽车强制保险法，成为世界上第一个将汽车的第三者责任规定为强制责任保险的地区。

1936 年，全美灾害与担保承保人局、美国相互保险联盟和美国律师协会联合制订了美国第一张标准化的汽车责任保险保单。此后，标准化保险单又被多次修订。在 1939 年的第二次修订中，被保险汽车扩大到"商业上偶尔使用的汽车"；在 1940 年的修订中，增加了"被保险人使用他人汽车"的条款；到 1941 年的第四次修订，汽车保险不仅提供责任保险，也同时提供了人身伤害保险，开始出现闻名的"标准化综合保单"，同时增加了新购买车的自动保险，要求提前 30 天通知保险人；1943 年的第五次修订，进一步解释了各种条款，增加了保单中指名的被保险人可以起诉同一保单的另一名被保险人，并要求其赔偿损失，这种放宽的限制政策引起了诉讼的大幅增加；最后一次修订是在 1955 年，在让投保人自由选择的基础上，提供了更具有吸引力的医疗费用保险，包括牙科医疗费和修复整容费的补偿。此外还规定，如果被保险人的配偶与被保险人同居一处，则其自然被列为被保险人。甚至将被保险人的汽车造成被保险人的住所或车库引起的损失，也包括在补偿范围之内。

1940 年，美国首次使用综合汽车保险（Comprehensive Auto Policy，CAP），主要承保营业汽车因意外事故所产生的赔付责任，承保汽车包括商用车辆、拖车、租赁车和公共汽车等，在承保危险事故方面，比其他汽车保险更广泛。

直到 1956 年出现标准的"家庭汽车保险"等其他汽车险种，基本汽车保险才逐渐被其他险种所取代。家庭汽车保险主要保障个人及其家庭成员驾车引起的交通事故的责任和汽车受损的损失。承保的汽车包括私用客车、农业用车和私用小货车。

1959 年，特惠汽车保险（Special Package Automobile Policy，SPAP）问世。它的承保范围采用一揽子方式，投保人不得任意选择投保。投保人购买该种保险后，即可获得人身伤害和财产损失责任保障、医疗费用补偿、死亡金和未保险驾车人保险等四项保障。它比家庭汽车保险的承保条件更严格，但保险费率较低。

1977 年，美国的保险服务办公室将私人汽车保险（the Personal Automobile Policy，PAP）引入美国保险市场。该保险单从 1980 年开始进行了多次修订。目前该保险在美国被广为使用，成为美国私人汽车投保的首选，执行的标准是 1998 年的《ISO 1998 Personal Auto Policy》。

在 CAP 和基本汽车保险（Basic Auto in Policy，BAP）的基础上，产生了商用汽车保险（Business Auto Policy，BAP），它是美国以商业营利为目的的汽车保险的首选，目前执行的标准是《ISO 1997 Business Auto Policy》。它包括责任险、人身伤害险、财产损失险、医疗费用补偿、未保险驾车人保险和车辆损失险等险种。另有车库险（the Garage Coverage）和卡车险（the Truckers Coverage）供选择。

此外，美国还有车行责任保险（Garage Liability Auto Policy，GLAP），主要提供给汽车经销代理商、汽车零件经销商、汽车修理厂、汽车制造商等使用。美国的保险业归州政府行政管辖，因交通事故而引起的损害赔偿问题均由各州立法予以规范。在销售渠道方面，美国近些年发展了大量的保险网络销售，通过互联网和呼叫中心销售的保单占美国家庭用车保险销售的 60% 以上。根据保险网站的不同定位，美国市场有提供三种不同类型保险的汽车保险网站：第一种是"经纪人代理"，可上网购买保险的汽车保险公司网站，如 StateFarm（www.statefarm.com）网站上提供各类车款的保险费率比较；第二种是直接在网上卖保险给消费者的保险网站（Direct Seller），如 Esurance（www.esurance.com）等；第三种是帮你收集多家保险公司估价单，供你选择的保险网站，如 Insweb（www.insweb.com）等。

3. 日本的汽车保险

日本的汽车保险始于 1914 年，当时日本的汽车保有量仅为 1058 辆。在 1956 年以前，日本的汽车事故处理依据一般民法的过失责任，没有强制实行汽车责任保险。鉴于日益严峻的第三者受害无法有效地得到补偿的社会问题，日本于 1955 年 7 月立法通过了《自动车损害赔偿责任保障法》，并于 1956 年 2 月正式实施。该法明确规定，未参加责任保险的驾车者，处 6 个月以下有期徒刑或 5 万元以下罚款，以保障第三者的利益不受侵害。该法为日本第一部强制汽车责任保险法，在 40 多年的实施过程中被多次完善和修订。

1956 年实施强制汽车保险后，由保险业者与政府实施共保联营制度，通过分散风险，以避免保险人无法承担该项业务的赔偿责任，以及保险公司承担过多的"劣质业务"导致亏损，从而促进保险公司的稳健经营。在这个制度下，运输省接受强制保险业务的 60%，其余 40% 由保险业者组成的联营组织承包，按协议共同分配。

从 1947 年起，日本各保险公司开始统一使用火险及海险费率厘定协会(后为独立的机动车辆保险算定会)厘定的车险条款和费率，这一做法延续到半个世纪以后，于 1998 年得到修改。1998 年 7 月，修订后的日本《保险法》规定，原来执行统一车险条款费率的制度改为由保险公司自主设计制订。日本的汽车保险分为两大体系，即强制汽车责任险 (Compulsory Automobile Liability Insurance，CALI) 和任意汽车保险 (Voluntary Automobile Insurance，VAI)。

CALI 的险别是依据日本 1956 年实施的《汽车责任保障法》设立的。该险种仅仅适用身体伤害责任，并对死亡、终身残疾级别和身体伤害级别的保险责任作出了限制性规定。自愿保险包括第三方责任险(身体伤害责任险和财产损坏责任险)、自发性人身意外伤害险、未投保车辆保护险、乘客人身意外伤害险以及自有车辆损坏险。在身体伤害责任方面，自愿保险为强制性保险之外的补充性保险。

VAI 的险别是由五种类型保险组成的，即第三方责任、自行招致的个人事故、禁止未保险的汽车、旅客个人事故和自有车辆损坏保险险别。在费率市场化改革之前，上述两种汽车保险的保险费率均由日本汽车保险算定会(简称 AIRO，AIRO 是一家非盈利性组织，于 1948 年成立)根据其会员保险公司提供的数据计算。

实行费率自由化后，日本大藏省指南中的差别保险费率规定了九个风险构成，即驾驶员年龄、性别、驾龄、车况、使用类型、地理、车型、多车所有权、汽车安全状况。各家保险公司纷纷开发出在保险费率和商品内容上存在差异的保险商品，出现了机动车保险商品多样化的新局面。如 AIG 属下的 American Home 保险公司于 1997 年设计开发出的风险细分型机动车保险，根据每个驾驶员的危险度调整保费，降低了危险度较低的驾驶人员的保险费，最多的可以降低 30%；日本安田火灾、东京海上保险公司则以顾客需求为中心，在 1999 年开发出具有创新意义的保险商品——需求细分型机动车综合保险。目前，机动车保险市场 70% 的业务集中在安田火灾、东京海上、住友、三井等四大保险公司。

4. 中国的汽车保险

汽车保险进入我国是在鸦片战争以后，但在外国保险公司垄断控制之下，加上旧中国没有汽车工业，当时的汽车保险实质上处于萌芽状态，其作用与地位十分有限。

新中国成立以后，创建不久的中国人民保险公司于 1950 年就开办了汽车保险。但是因宣传不够和认识的偏颇，存在很大的争议，许多人认为汽车保险以及第三者责任保险对于肇事者予以经济补偿会导致交通事故的增加，对社会产生负面影响。因此，中国人民保险有限公司于 1955 年停止了汽车保险业务。直到 20 世纪 70 年代中期为了满足各国驻华使领馆等外国人对汽车保险的需要，开始办理以涉外业务为主的汽车保险业务。

1980 年，中国人民保险公司逐步全面恢复中断了近 25 年之久的汽车保险业务，以适应国内企业和单位对于汽车保险的需要，适应公路交通运输业迅速发展、事故日益频繁的客观需要。但当时汽车保险仅占财产保险市场份额的2%，1983年将汽车保险改为机动车辆保险，使其具有更广泛的适应性。1988年，汽车保险的保费收入超过了20亿元，占财产保险份额的37.6%，第一次超过了企业财产险（35.9%）。从此以后，汽车保险一直是财产保险的第一大险种，随着机动车辆保险条款、费率以及管理的日趋完善，尤其是1998年11月18日中国保监会成立后，机动车辆保险的条款得到了进一步完善，加大了对于费率、保险单证以及保险人经营活动的监管力度，加速建设并完善了机动车辆保险中介市场，我国的汽车保险业务进入了高速发展的时期。

1985年，中国首次制订了机动车辆保险条款，后经过多次修改与完善。1995年6月30日第八届全国人民代表大会常务委员会第十四次会议通过了《保险法》，确立了保险的法律地位；2002年10月28日第九届全国人民代表大会常务委员会第三十次会议对《保险法》进行了修订；2009年2月28日第十一届全国人民代表大会常务委员会第七次会议对《保险法》再次修订，于2009年10月1日开始实施。

2003年10月28日，第十届全国人大常委会第五次会议通过《中华人民共和国道路交通安全法》，并自2004年5月1日起开始实施，这是在我国第一次以立法形式明确实施机动车辆的第三者责任强制保险。

2006年3月1日，国务院第127次常务会议通过了《机动车交通事故责任强制保险条例》，自2006年7月1日起施行。实行交强险制度是通过国家法规强制机动车所有人或管理人购买相应的责任保险，以提高第三者责任保险的投保面，在最大程度上为交通事故受害人提供及时和基本的保障。2008年1月，保监会会同有关部门确定了交强险保险责任限额调整方案，从2008年2月1日零时起实行。新责任限额方案内容如下：

被保险机动车在道路交通事故中有责任的赔偿限额为：死亡伤残赔偿限额110000元；医疗费用赔偿限额10000元；财产损失赔偿限额2000元。被保险机动车在道路交通事故中无责任的赔偿限额为：死亡伤残赔偿限额11000元；医疗费用赔偿限额1000元；财产损失赔偿限额100元。

自2009年2月1日起，我国保险行业在全国范围正式实施"交强险财产损失互碰自赔处理机制"。"交强险财产损失互碰自赔处理机制"是建立在交通事故快速处理基础上的一种快速理赔方式。此次保险行业推出的"交强险财产损失互碰自赔处理机制"，与2008年2月推出的"交强险财产损失无责赔付简化处理机制"、"交强险重大人伤事故提前结案处理机制"一同构成覆盖全国的交强险财产损失及人身伤亡快速理赔的体系。所谓"互碰自赔"，简单说就是当机动车之间发生轻微互碰的交通事故时，如果满足一定条件，各方车主可以直接到自己的保险公司办理索赔手续，无须再到对方的保险公司奔波。据保监会介绍，"一定条件"包括互碰车辆均有交强险（尚未到期）；仅有不超过2000元车损（不含人身损失）；事故各方都有责任（同等或主次责任均可）；事故各方均同意采用"互碰自赔"。保监会将继续从维护广大被保险人和交通事故受害人合法权益的角度出发，指导保险行业进一步改进交强险理赔服务，更好地发挥交强险的保障功能。下一步，保监会将指导中国保险行业协会组织各保险公司尽快研究实施交强险理赔单证标准化，规范并统一交强险理赔单证要求，从而进一步简化理赔手续，更好地服务广大被保险人。

2014年我国成为全球第二大车险市场，车险保费收入达到5516亿元，同比增长

16.84%；在财产保险业务中的占比为 73.12%。2015 年我国车险保费收入 6199 亿元，较 2010 年增长 53%。

2.3　我国汽车保险业务

1. 我国汽车保险的种类

汽车保险的设计随各国国情与社会需要的不同而不同，但无外乎包括汽车损失险和汽车责任险两大类。随着汽车保险业的发展，其保险标的除了最初的汽车以外，已经扩大到所有的机动车辆。

对于汽车损失保险，不同国家之间的承保范围有所不同。对于汽车责任保险，保险业发达的国家均在承保内容上力求扩张，以便所有交通事故受害人均能得到合理的赔偿，这是现代保险业发展的必然趋势。我国的汽车保险种类主要包括汽车损失保险和汽车责任保险两大主险，以及对应的附加险。

（1）汽车损失保险

汽车损失保险是保险人对于被保险人承保的汽车，因保险责任范围内的事故所致的毁损、灭失予以赔偿的保险。由于涉及保险汽车的意外事故很多，各国为扩大对被保险人的保障，一般提供综合保险。针对一些损失概率很高的危险事故，有时会被列为独立险种。我国由于机动车辆盗抢现象较为严重，发生频率很高，所以将全车盗抢险作为汽车损失险的附加险单独列出。

（2）汽车责任保险

汽车责任保险也称第三者责任保险，是指被保险人或其允许的合格驾驶员，在使用保险汽车过程中，发生意外事故，致使第三者遭受人身伤亡或财产的直接损毁，依法应当由被保险人支付的赔偿金额，保险人依法给予赔偿的一种保险。由于汽车的第三者损失对象既有人身伤亡又有财产损失，所以汽车责任保险又分为第三者伤害责任保险和第三者财产损失责任保险。汽车责任险有代替被保险人承担经济赔偿责任的特点，是为无辜的受害者提供经济保障的一种有效手段。对于以过失主义为基础的汽车保险制度，一般遵循"无过失就无责任，无损害就无赔偿"的原则，所以当被保险人负有过失责任，或者第三者有由过失直接造成的损害发生时，保险人才能依据保险合同予以赔偿。在保险实施的方式上，汽车责任保险又分为强制汽车责任保险和自愿汽车责任保险。强制汽车责任保险就是将汽车责任保险列为法定保险，强制执行。目的是使得汽车事故的受害人能获得合理的基本保障，是一种政策性保险。目前，世界上许多国家和地区都实行强制汽车责任保险。

（3）附加险

为了满足被保险人对与汽车有关的其他风险的保障要求，保险人常提供附加险供被保险人选择。附加险不能单独承保，必须在汽车损失险或汽车责任险的基础上，根据被保险人的意愿选择性地投保。我国现行的汽车保险条款规定，在投保汽车损失险的基础上，可以投保全车盗抢险、玻璃单独破碎险、车辆停驶损失险、自燃损失险和新增加设备损失险等附加险；在投保第三者责任险的基础上，可以投保车上责任险、无过失责任险和车载货物掉落责任险等附加责任险；在同时投保汽车损失险和第三者责任险的基础上，才可以投保附加的不计免赔特约险这一附加险。

2. 我国汽车保险市场现状

近年来，我国保险市场发展迅速。保险公司、保险评估公司等数量明显增多，增长速度也非常快。同时保险险种和保险类别也丰富发展起来了，使得保险越来越细化，越来越符合广大消费者的需求。虽然我国的保险市场受到起步晚、保险法律法规不健全等因素的制约，与国外的保险市场存在一定的差距，但我国的保险市场已经开始步入繁荣时期。主要表现在：保险市场主体不断增加，有竞争的市场格局已经形成；保险业务持续发展，市场潜力巨大；保险法规体系逐步完善，保险监管不断创新；保险市场全面对外开放，国际交流与合作不断加强。

目前我国承担汽车保险的公司有几十家，其中中国人民保险集团股份有限公司、中国平安保险（集团）股份有限公司和中国太平洋保险（集团）股份有限公司三家占据大部分市场份额，反映着我国保险业发展动态。

（1）中国人民保险集团股份有限公司

中国人民保险集团股份有限公司是新中国成立后建立的首家国有保险公司，是我国目前最大的财产保险公司及机动车险承保公司。为了配合新保险法的实施，中国人民保险集团股份有限公司在2002年初组织进行了大规模的车险业务调查及数据采集工作，共采集信息4500万条，并全面导入了非寿险精算技术，建立了全国最大的车险数据库。同时，对国内外市场进行了广泛调研，利用自身强大的网络系统及客户群优势，收集并采纳了大量建议，在借鉴并吸收国内外先进经验，紧密结合公司实际的基础上，科学开发了新的车险条款和价格体系，2002年12月6日中国人民保险集团股份有限公司改革方案率先获得了保监会的批准。

新的车险条款体系有主险条款和附加险条款，包括：按照客户种类分的家庭自用车、非营业用车、营业用车条款；按车辆类型划分特种车辆、拖拉机、摩托车专用条款；不分客户群体和车辆类型机动车辆保险条款；单独设立的第三者责任险。新的附加险条款增加了车身划痕损失险等险种。

中国人民保险集团股份有限公司在条款和费率改革的同时，对其经营管理模式也进行了重大变革，以期提高服务水平：其一，率先在全国开通了"95518"24小时热线服务电话；其二，率先在全国范围内实施事故车辆定损系统；其三，从2003年起在全国范围内推行事故车辆互碰赔案快速定损办法，加快理赔速度；其四，从2003年起在全国率先推出"异地出险，就地理赔"服务网络。中国人民保险集团股份有限公司在车辆防灾防损服务等方面加大力度，力争为客户提供全方位的优质保险服务。

（2）中国太平洋保险（集团）股份有限公司

中国太平洋保险（集团）股份有限公司是中国第二大财产保险公司，总部设在上海，分支机构遍及全国各省、市。该公司的车险改革经过一年的努力工作，本着"以客为尊"的理念，为车主们设计了新车险条款——"神行车保"，2003年1月1日起推出。

"神行车保"包括机动车辆综合险、机动车辆传统险、摩托车定额保险3大系列45个条款，形成了目前国内车险市场最丰富的车险产品库。

（3）中国平安保险（集团）股份有限公司

中国平安保险（集团）股份有限公司（简称平安保险公司）总部设在深圳市，分支机构遍及全国各省、市。近几年，平安保险公司在机动车辆保险业务方面有显著发展。

平安保险公司的机动车辆保险条款分为车辆损失险、第三者责任险、附加险三部分。

平安保险公司在服务模式上也有独特之处：

①平安保险公司一直致力于开发与推行网上销售、电话销售等新型销售模式。在国内保险公司中率先开通保险服务网站——PA18.COM 新概念。适用于中介、代理人进行业务投保的车险网上投保系统（机构版）（家庭版）投入运营。

②在车险理赔方面，全年每天 24 小时接待报案、查勘定损、车辆紧急救援、人伤救助等传统服务外，平安保险公司网上车险理赔系统，已经通过互联网完全实现了全国车险理赔联网的实时处理。依托遍布全国的连锁服务店及特约查勘服务点，为客户提供实时的、一站式服务。

③平安保险公司具有网上支付系统，与银行实时赔付赔款，更加完善车险服务。

2.4　汽车保险费率模式

汽车保险具有风险单位差异较小、风险单位具有一定的数量集合的特殊性，目前主要采用精算的方法确定保险费率。

首先确定汽车保险平均金额损失率，按式（2-1）计算：

$$汽车保险平均金额损失率 = \frac{一定时期保险赔款总和}{一定时期保险金额总和} \qquad (2-1)$$

再对损失情况作进一步的细化分析，即对特定类型的风险事故的损失率进行分析，如具体分析玻璃破碎或车辆被盗抢的损失率；对于特定的被保险人进行分析，如被保险人的经历、家庭状况不同所造成的损失率的不同等。通过细化分析使保险费率与具体风险因素形成合理的等价关系，即费率或者保险费与风险因素形成科学的函数关系。

保险人通过对损失情况进行统计和细化分析，制定不同的保费标准，具有积极的现实意义。一方面从经济利益上促进被保险人注意防范风险事故；另一方面有针对性地对经营的风险进行选择，以确保经营的稳定和利润的最大化。

车辆主要的风险因素有：车辆的状况、地理环境风险、经营管理风险、驾驶员素质及相关的损失记录等，因此经营机动车辆保险的保险人在费率厘定上主要考虑车辆和驾驶员的影响，各国机动车辆保险的费率模式基本上可划分为从车费率模式和从人费率模式两种。

1. 从车费率模式

（1）从车费率模式及其费率影响因素

从车费率模式是指在确定保险费率的过程中，考虑车辆本身因素为主，而考虑人的因素为辅的一种模式。这种车辆保险费率的影响因素主要包括以下几个方面。

1）车辆的使用性质

车辆的使用性质不同，对其行驶里程、使用频率、耗损程度以及技术状况都有不同程度的影响。车辆的使用性质一般分为私用和商用，我国则以营业和非营业划分。对于非营业车辆，一般使用频率较低，风险相应小一些，而营业性车辆使用频率显然很高，事故率也较高。

2）车辆的种类

车辆的种类与发生事故的危险性有直接关系，车辆的种类不同，经常行驶的路况不同、行驶的速度不同，装载的人员或货物不同，发生保险事故的危害不同。如我国对特种车辆、载货吨位不同、载客人数不同的机动车辆都有不同的保险金收费标准；英国采用由保险机构成立的专门机构负责对各种车辆的安全性进行综合分类，车辆分为个人社交和家用车；与业务有关的私用车；公司、监管员和检验员业务用车；商业旅行者用车和驾驶学校用车等；按照车辆发动机马力、加速性能和速度分为 7 个等级来确定保费。

3）车辆的生产地

因车辆的种类繁多，各种车辆的构造、性能差异很大，零配件的价格、维修费用差异很大，因此我国保险费率在收费上主要考虑进口车辆和国产车辆的差异。

4）车龄或车辆的实际价格

车龄或车辆的实际价格是对车辆已使用时间长短的评价指标，直接影响保险金额，也会影响车辆的修理成本和使用的危险性。车龄较长的车辆，其技术性能会明显不如新车，危险性比新车要大。因此，车龄或车辆的实际价格是从车费率模式确定保险金额和厘订保险费率的重要依据之一。

5）家庭或车主拥有的车辆数

如果一个家庭或一个家族拥有的车辆数少，车辆的使用频率就较高，由于家庭成员的驾驶习惯不同，往往事故频率较大。如果一个家庭有多辆汽车在同一个保险公司投保，第一辆之后的汽车可以享受保险费优惠，因为车多，平均每辆车出行的时间相对减少，发生交通事故的概率也相应降低了。

6）车辆使用的不同地区

我国现行的机动车辆保险费率还按照车辆使用的不同区域，实行不同的费率，如深圳、大庆、大连地区与其他地区费率不同。大都市地区由于车辆多，交通堵塞严重，发生交通事故的概率要高一些；而在一些中小城市，特别是在郊区和农村地区，车稀人少，交通事故发生率要低得多。因此，大都会地区的汽车保险费率相对较高，而在郊区和农村地区保险费率较低。

7）车辆的安全装备

美国一些州规定，如果车主的车上有安全气囊、自动安全带等安全装置，保费可部分减免。我国的一些保险公司条款中也开始考虑车辆安全装备的影响。

（2）从车费率模式的缺点

随着现代保险技术的发展，从车费率模式的缺点越来越明显。

1）无法限制安全性能差的车辆使用

从车费率模式主要根据车辆的价格确定保险费，所以一些价格低廉、安全性能较差的车辆所交纳的保险费较低，虽然这些车辆的赔偿金额不高，但出险频率比其他车辆高得多，保险人的负担很重。被保险人理赔的多少并不能和保险费直接挂钩，从另一个角度来看，会放任安全性能差的车辆在社会上的使用，将引发更多的社会问题。

2）保险费用的负担不合理，无法调动驾车人的积极性从车费率模式由于主要考察的是车辆的因素，保险费率制订主要依据车辆的车况和使用性质，对于拥有同样保险车辆的不同投保人来说，驾驶经验丰富的投保人和无任何驾驶经验的投保人所承担的保险费没有明显差别，显然无法调动投保人的积极性。

2. 从人费率模式

（1）从人费率模式及其费率影响因素

从人费率模式是指在确定保险费率时，考虑驾驶人因素为主、考虑车的因素为辅的一种车辆保险费率模式。这种车辆保险费率的影响因素主要包括以下几个方面。

1）驾驶员的事故记录

如果车辆驾驶员过去频繁发生交通事故，表明其驾驶技术水平较低，会影响到今后的发生事故频率。因此，驾驶员如果有事故记录，其保险费率会相应增加。如在美国上一年既没有出应承担责任的交通事故也没有由于违章驾驶而被交通法庭罚款的驾驶者，在延长保险合同时，保险费率会在原来的基础上下降 10% ~ 15%；反之，保险费率会上升。上升的幅度依事故的大小，投保人应承担责任的轻重、被罚款的多少而定，对经常承担交通事故责任的驾驶者，以及造成人身伤亡和重大经济损失的驾驶者，保险公司往往不愿再延长其保险合同。

2）驾驶员的年龄

驾驶员的年龄是影响交通事故率的重要因素之一。交通事故数据分析表明：16 ~ 25 岁的青年人，特别是未婚青年，出交通事故的概率最高，60 岁以上的老人出交通事故的概率次之；概率最低的是 26 ~ 59 岁的中年人（特别是 44 ~ 55 岁的中年人）。这主要是因为中年人有强烈的家庭责任感，驾驶时特别小心谨慎的缘故。因此，美国保险公司在其他条件完全相同的情况下，对中年人收取的保险费最低，对老年人收取的保险费稍高一点，对未婚的青年人，特别是十七八岁的男青年收取的保险费最高。如美国保险服务社将年轻驾驶员划分为三类：① 20 岁（含 20 岁）以下；② 21 ~ 22 岁；③ 23 ~ 29 岁。将非年轻驾驶员也分为三类：①唯一的驾驶员为 30 ~ 64 岁的女性驾驶员；②主要驾驶人为 65 岁（含 65 岁）以上者；③不属于以上两项的其他非年轻驾驶员。

3）驾驶员的性别

车辆驾驶员的性别与交通事故率也有很大的关系。由于男性驾驶员驾驶车辆时较女性更易受干扰，所以事故率较女性为高。研究表明，女性驾驶员发生事故的概率比男性略低，其差别相差 3 ~ 5 岁。如 22 岁的女性驾驶员的危险因素与 25 ~ 27 岁的男性驾驶员的危险因素相当。但当女性驾驶员超过 60 岁时，其发生事故的概率比男性略高。所以，一般地，女性驾驶员的保险费率应比男性驾驶员略低一些。而在我国在这方面的研究相对较少，只有平安保险公司等少数保险公司考虑了驾驶员的性别因素。

4）驾驶员的驾龄

驾驶员的驾龄直接影响到发生交通事故的概率。如果驾驶员技术熟练，对车辆结构熟悉，对道路交通规则和道路结构熟悉，必然导致其驾车时操作熟练，遇到紧急情况应付自如。一般地，驾龄长的驾驶员事故概率低，驾龄短的驾驶员事故概率高。因此，在确定保险费率时，驾驶员驾龄因素是重要依据之一。

5）驾驶员的吸烟、酗酒等生活习性

车辆驾驶员是否有吸烟的生活习惯对交通事故也有影响。如果驾驶员在车辆行驶途中吸烟，必然妨碍其驾驶操作，影响车辆行驶的安全性。而酒精对驾驶员的神经系统的影响尤为明显，会导致其反应迟钝、判断错误，酒后开车一直是交通事故的主要原因之一，因此，大多数国家都明令禁止酒后驾车。

6）驾驶员的婚姻状况

一般来讲，已婚车辆驾驶员由于家庭的影响，责任心更强，发生事故的比例较低。

7）附加驾驶员数量

由于附加驾驶员个人情况差异较大，会增加事故概率。附加驾驶员越多，事故危险性越大。因此，每附加一个驾驶员，保险人就要增收一部分保费。投保人附加的驾驶员越多，所交保费就越多。在美国，成年人几乎人人开车，用一个家庭成员的名字投保的汽车，其他的家庭成员不可能完全不开，因此保险公司对家庭成员多的车主收取的保险费高，对家庭成员中有 16～25 岁未婚青年的车主收取的保险费尤其高。

除了主要考虑上述因素以外，从人费率模式也考虑必要的车辆因素。

（2）从人费率模式的特点

从人费率模式具有明显的特点。

1）充分考虑了人的因素

从人费率模式充分考虑了人的因素，易于调动被保险人或驾驶员的积极性，对防止交通事故的发生作用明显。一般采用从人费率模式的无赔款优待折扣都很大，如英国可以达到70%，这无疑可以鼓励驾驶员安全行驶；另一方面，有事故记录的又以增加保险费为代价受到惩罚。显然，从人费率模式的奖优罚劣作用明显。

2）保险费的负担较为合理

从人费率模式将驾驶员的年龄、性别、职业、婚姻状况、事故记录、生活习性以及车辆的附加驾驶员等因素都纳入到保险费率厘订的考虑范围，根据有关统计资料科学计算，使得投保人的保险费负担比从车费率模式车辆保险合理。

3）可以限制安全性能差的车辆泛滥

采用从人费率模式，保险费主要取决于驾驶员，车辆的价格变成保险费率厘订的次要因素。发生过交通事故，赔付的多，就要多交保险费，使得被保险人在谨慎驾车的同时，首先愿意选择性能较好、故障率较低的车辆驾驶，无疑可以有效限制安全性能差的车辆泛滥。

2.5　汽车保险合同

2003 年我国新《保险法》颁布实施，保险立法逐渐完善，使我国保险业的发展进入了一个有法可依的阶段。但是，随着我国汽车保险业务的逐步扩大，汽车保险合同纠纷的案例越来越多，纷争的焦点多集中在保险人与投保人或被保险人的责任及责任大小问题、保险合同是否成立与生效以及保险人是否应承担责任和承担多少责任等问题。而且在保险纠纷诉讼中，许多同种类型、同样性质的诉讼案件，只是由于司法管辖在地域上的差别，而使诉讼结果大相径庭，这种情况进一步导致了保险合同纠纷的增多，引起了保险人和被保险人的困惑，还严重影响了司法的统一，这既有立法上的原因，也有司法上的问题。因此加强保险合同法理特性的研究，掌握汽车保险合同特点和订立与履行过程中涉及的原则问题，对解决围绕汽车保险合同的纠纷具有十分重要的理论意义。

1. 汽车保险合同的特征

合同是当事人之间确定民事权利义务关系的意思表示一致的法律行为，是调整民事活动范围内财产关系和人事关系的工具。保险合同是指投保人支付保险费给保险人，保险人在保险标的发生保险事故或当约定的期限到达时，给予被保险人经济补偿或给付保险金的协议。因此，保险合同是经济合同的一种，是关于保险人与被保险人接受与转移风险契约行为的结果，所以又称保险契约；保险合同也可以看成是一种在约定事件发生时立即生效的债权凭证。由于汽车保险合同的客体不同于一般经济合同，它既具有经济合同的一般特点，也有自身的独特之处。

(1) 汽车保险合同是保障合同

经济合同一般分为交换性合同和保障性合同两类。交换性合同是指合同一方给予另一方的报偿都假定有相等或相近的价值，如买卖合同、租赁合同等。汽车保险合同是保障性合同，在合同的有效期内，当保险标的一旦发生保险事故而造成损失时，被保险人所得到的赔付金额远远超过其所付的保险费。而当无损失发生时，被保险人只付出保险费而没有任何收入。

从保险汽车的个体上来看，发生保险事故具有偶然性，因此保险合同的保障性是相对的；而从保险人所承保的所有保险汽车而言，汽车保险事故发生和支付被保险人的赔款又是不可避免的，其所持有的由保险人签发的保险单，在约定的事件发生后，立即成为向保险人索赔的债权凭证，而这既是被保险人在保险合同中的最根本权利，也是保险人提供的经济保障。保险合同的保障性又是绝对的。保障性是汽车保险合同的最基本特征，也是最本质的特征。

(2) 汽车保险合同是有名合同

法律尚未确定名称和规范的合同是无名合同。有名合同是法律直接赋予某种合同以名称并规定了调整规范的合同。保险合同是有名合同，汽车保险合同当然也是有名合同。

(3) 汽车保险合同是射悻合同

射悻合同是一种机会性的合同，它是指合同的履行内容在订立合同时并不能确定的合同。汽车保险合同的射悻性表现为投保人以支付保险费为代价，买到了一个将来的可能补偿的机会。如果在保险期内保险汽车发生保险责任事故造成了损失，被保险人在保险人处得到的赔偿就可能远远超过投保人所支付的保险费；如果在保险期内没有保险事故发生，被保险人只支付保险费而没有任何收入。而对于保险人来说，情况正好相反。

(4) 汽车保险合同是诚信合同

保险合同是最大诚信合同。诚信是对签订任何协议行为人的基本要求，采取欺诈手段签订的协议无效。但相对一般合同，保险合同对诚信具有更特殊的要求，因此，亦称"绝对诚信合同"。

(5) 汽车保险合同是双务合同

任何合同对双方当事人都是法律行为，都有义务履行合同，所以是双务合同。当事人双方的义务与享有的权利是互为联系、互为因果的，交纳保险费是保险合同生效的先决条件。投保人在承担支付保险费的义务以后，汽车保险合同生效，被保险人在保险汽车发生保险事故时，依据保险合同享有请求保险人支付保险金或补偿损失的权利。同样，保险人在收取投保人保险费以后，就必须履行保险合同所规定的赔偿损失的义务。

（6）汽车保险合同是有偿合同

订立保险合同是双方当事人有偿的法律行为，保险合同是有偿合同。保险合同的一方享有合同的权利，必须为对方付出一定的代价，这种相互的报偿关系称为对价。汽车保险合同以投保人支付保险费作为对价换取保险人来承担风险。投保人的对价是支付保险费，保险人的对价是承担保险事故风险并在保险事故发生时承担给付保险金或赔偿损失的义务，这种对价是相互的和有偿的。

（7）汽车保险合同是非要式合同

要式合同是指法律要求必须具备一定形式和手续的合同；非要式合同是指法律不要求必须具备一定形式和手续的合同。非要式合同可由当事人自由决定合同形式，无论采用何种形式都不影响合同的成立和生效。

为了兼顾交易的灵活和安全性，法律要求保险合同必须有书面形式，因为当事人内心的意愿如果不以某种外部形式表现出来，就无法被他人知晓并难以评价。在保险活动中，各国保险立法和惯例均要求将汽车保险合同制成保险单证，采用证据要件的书面形式。因此，作为非要式合同，虽然汽车保险合同不以书面形式作为成立的条件，但采用证据要件的书面形式有利于保障交易的稳定与安全。

（8）汽车保险合同是附合合同

保险合同的附合性特征有两个方面的含义：其一，保险合同的条款是由保险人按标的、危险种类及经营习惯制定的基本型或标准型条款，即使被保险人对合同条款有附加要求的，不同的附加内容也是事先拟制的，届时需要在主合同上加贴或注明即可，每一种保单仅对符合条款要求的标的，承担责任内的保障，这是保险合同的附合性特征的最重要含义；其二，对保险合同条款发生争议时，对有争议条款除按规范的文义进行解释外，必须尊重双方签约时的意图，其中保险人先于纠纷之前即拟备的、并经国家保险监督管理机关与条款同时批准的条款解释，可为了解双方本来意图作一定参考；但对确由语词不清而产生的条款歧义理解，在争议发生时，则应作出有利于被保险人的解释。

作为附合性合同，并非说保险合同的签订不要议商过程。保险合同的签订，同样要经过要约、承诺，但一般地说，保险合同要约人都为被保险人一方，被保险人按需对保险人提供的不同类型、不同费率、责任、赔偿给付方式的险种进行选择，并提出要保请求（故投保人又称"要保人"），保险人则根据标的、危险等情况决定是否承保（即承诺提供保障）。保险合同一经成立，同一保险合同的差异只在标的名称、地点、保期及保额等方面有所反映。

汽车保险合同的定型化和标准化也是为了满足保险手续办理的简洁快速，同时汽车保险合同内容的技术性较强，投保人很难把握其内容。因此，汽车保险合同的基本条款和保险费率等主要内容都是由各国金融监管部门制订或由保险人事先拟订后经金融监管部门备案，投保人无法提出自己所要求的条款或修改保险合同中的某一条款。

（9）汽车保险合同是补偿性合同

所谓补偿合同是指保险人对于被保险人所承担的义务仅限于损失部分的补偿，补偿金额不能高于损失的数额。它体现了保险的一个最主要的目的，是为了满足被保险人合理的安全和稳定的需求，能够通过保险制度，让保险标的恢复到损失发生前的水平，而不是改善被保险人的经济状况。但是，应当明确这种例外是建立在补偿原则的基础和主导地位上的，不能片面地引用这种例外而置补偿性的基础和原则于不顾。因为，确立财产保险合同的补偿性更重要的意义在于确保财产保险制度能够在稳定人们生活的同时，避免引发危害社会的负面作用。

（10）汽车保险合同属于不定值保险合同

在汽车保险合同中，车辆损失的保险金额可以按照投保时保险标的的实际价值确定，也可以由投保人或被保险人与保险人协商确定，并将投保金额作为保险补偿的最高限额，属于补偿性合同。第三者责任险将投保人选择的投保限额作为保险责任的最高赔偿限额。而人身保险合同的投保金额是投保人根据被保险人的身体条件、经济状况等与保险人协商确定的，并以此作为给付的最高限额。因此，汽车保险合同是给付性的保险合同，其保险金额的确定具有不定值的特点，在我国现行的汽车保险条款中明确规定了汽车保险合同是不定值保险合同。

2. 汽车保险合同的订立与生效

（1）汽车保险合同的订立

汽车保险合同在订立时必须基于保险人和投保人的意见一致，才能成立生效，所以汽车保险合同采取要约与承诺的方式订立。

要约是指一方当事人向另一方当事人提出订立合同建议的法律行为，是签订保险合同的一个重要程序。要约的内容包括要约人意愿、受要约人订立合同的决心以及合同的主要条款，条款内容有：合同的标的、数量、价款、履行期限和地点、双方的义务以及违约的责任等。

承诺又称为"接受订约提议"，是承诺人向要约人表示同意与其缔结合同的意思表示。承诺人对于要约人提出的主要条款赞同后，合同即告成立，当事双方开始承担履行合同的义务。如果承诺人对要约人提出的要约不是完全赞同，而是有修改、部分同意或有条件接受的，就不能认为是承诺，而是拒绝原要约，提出新要约。

在初次订立汽车保险合同的过程中，要约通常由投保人提出，而由保险人承诺给予保险。按照我国现行的法律规定，汽车保险的保险期限通常是一年。在保险期满续保时，保险人向被保险人发出续保通知书和保险合同的主要内容，这可以看作保险人向被保险人发出要约。如果被保险人愿意继续在同一保险人处投保并同意交纳保险费，就视作被保险人承诺，新的保险合同成立。

由于汽车保险合同是一种非要式合同，同时汽车保险合同也是格式合同。在保险实务中，保险人为了开展保险业务印制了多种汽车保险投保单及相应的附件，供投保人来选择，投保人认可投保单上的保险费率和保险条款，将填好的投保单交付给保险人，这就构成了要约。保险人经逐项审核后，认为符合投保条件而接受了要约，同意承保，就构成了承诺，标志着合同成立。所以此过程也是双方当事人对保险条款的认可过程，无须进行其他的协商。只要投保人通过签字、盖章，认可了保险合同条款的内容，保险合同就成立。这些书面文件可以统称为"凭证"。除了保险单外，还包括正式订立合同之前的辅助性文件，如投保单等。

（2）汽车保险合同的凭证及其附件

1）投保单

投保单是保险经营过程中的一份重要单证，是投保人要约的证明，是保险人承诺的对象，是确定保险合同内容的基础。投保单由保险人缮制，经投保人如实填写后交给保险人。投保单应载明订立保险合同所涉及的主要内容，如：投保人的姓名或单位全称、汽车型号、车牌号、发动机号、使用性质、行驶区域、保险价值、保险期限、附加险的保险金额、责任免除、保险费等，其中的保险费条款最关键，如果投保人填写的投保单上没有保险费和保险费率记载，就不是一个完整的要约。投保单经过保险人的核保以后，就成为保险合同的组成部分。

2）保险单

保险单是保险人与投保人订立保险合同的正式凭证。汽车保险单类型主要分定期保单和提车保单两类。我国目前的保险单形式仍以纸质保险单为主，但随着电子商务技术的不断发展和网上投保在我国的实施，部分保险公司在填写纸质保险单的同时，已开始配发电子（IC卡）保险单。

保险单的主要内容一般包括：保险单明细部分、保险条款部分、特别约定、附加条款和批单等。保险单是保险合同的重要组成部分，是被保险人索赔和保险理赔的重要凭证。

3）保险证

汽车由于流动性较大，而且相对出险几率较高，一旦出险就需要出示保险合同，但被保险人不便随车携带保险单。为此保险公司在承保后，除向投保人签发保险单之外，还向投保人签发汽车保险证。保险证的作用主要是为了便于被保险人或驾驶人员随身携带，替代保险单作为简单的证明保险合同的保险凭证。

4）抢救卡

抢救卡，即保险汽车交通事故伤员抢救卡，其实质是一种担保凭证。交通事故中常出现人身伤亡，需要紧急到医院救治，但医院一般都需要伤者家属在治疗前先支付押金，以避免拖欠医疗费用，而这往往耽误了抢救时间。针对这种情况，为了向被保险人提供更全面的服务，保险公司在与有关医院协商的基础上，设置了抢救卡。对于在保险公司投保了相应险种的被保险人，由保险公司提供一张抢救卡，一旦发生交通事故，需要紧急抢救时，伤员可以凭借抢救卡要求医院先行抢救，相关的抢救费用（一定数额内）由保险公司垫付。

（3）汽车保险合同的生效

1）生效的要件

汽车保险合同是否生效，取决于合同是否符合法律规定的签订合同的要件，包括合同主体资格、合同内容合法、当事人意思表示真实以及合同当事双方约定的其他生效条件等。

①主体资格。

汽车保险合同的主体资格是指合同当事人即保险人、投保人和被保险人的资格是否合乎规定。

保险人资格：保险人必须是按照《中华人民共和国保险法》规定设立的保险公司或其他保险组织，且保险人从事汽车保险业务必须经金融管理部门批准，才能开展汽车保险业务。

投保人资格：投保人在订立汽车保险合同时必须对保险标的具有保险利益，必须具有完全的民事行为能力和承担交付保险费的义务，限制行为能力和无行为能力的人订立的汽车保险合同无效。

被保险人资格：汽车保险的投保人是投保时对保险标的具有保险利益的人，可以是汽车的所有人、使用人，也可以是汽车的管理人、租赁人。当他们为自己的利益而订立汽车保险合同时，他们既是投保人，也是被保险人。在签订合同时，其身份是投保人，合同成立后，才能称为被保险人。此时，投保人和被保险人是同一人，所以不会影响其行使自己权益。但是，如果投保人就与自己有利害关系的汽车为他人利益投保，投保人与被保险人就是分离的不同对象了，投保人承担交纳保险费的义务，而被保险人对保险金具有独立的请求权，他们的法律地位完全不同。

②合同内容的合法性。

合同内容的合法性是指合同条款必须符合相关法律规定，如《合同法》、《民法通则》等，才能确保合同的有效性。首先，作为保险标的的汽车必须是合法的，必须有交通管理部门核发的行驶证和牌号并经检验合格，不能为走私车辆、报废车辆、盗窃车辆等投保。其次，保险金额必须合法，不能超过保险车辆本身的价值，否则，超过部分无效。

③约定的其他生效条件。

双方应履行的告知义务、保险期限、如何交纳保险费等汽车保险合同的其他生效条件要在签订保险合同时约定。

2）生效的时间

汽车保险合同生效的时间是保险人开始履行保险责任的时间。我国的《中华人民共和国保险法》第十四条规定："保险合同成立后，投保人按照约定交付保险费；保险人按照约定的时间开始承担保险责任。"

在汽车保险的实务中，保险合同成立的时间与其生效的时间有同一时间和非同一时间两种可能。

投保人提出投保申请，保险人经过核保签章，投保人交纳保险费，保险期限的约定与交纳保险费的时间是统一的，对于这样依法成立的汽车保险合同，合同生效与成立的时间相同，属于第一种情况。此时，履行保险合同不易发生因合同效力引起的纠纷。

汽车保险合同的成立与生效为非同一时间的情形多发生在附生效条件或附生效期间的汽车保险合同的履行过程中。此类保险合同一般约定投保人应按时如数交纳保险费，作为生效的条件或者约定一个合同的生效期限，保险人开始承担保险责任。虽然投保人办理了有关保险手续，但如果没有按照约定的时间、金额交纳保险费，汽车保险合同也没有法律效力，即使发生了保险责任事故，保险人也不付赔偿责任。在保险时间中常遇到这样的情况：投保人在违反约定条件而发生保险责任事故后，试图通过补缴保险费的方式获得保险赔偿或从保险赔偿中扣除保险费，这种违反保险经营原则的行为没有法律依据，因为：保险属于承担不确定性的风险，汽车事故一旦发生就是确定性的风险，不是可保风险的范畴；保险通过收取保险费建立保险基金实施补偿的，没交保险费而取得补偿无疑会损害其他被保险人的利益；再者，投保人不履行所附的生效条件，保险合同就不生效，也更谈不上履行合同。同样，对于约定合同生效期限的保险合同，只有在生效期限届满时，合同才开始生效。此时，合同履行与否取决于约定的生效期是否届满，与保险合同成立的时间无关。

（4）汽车保险合同的无效

保险合同的无效，又叫作无效的保险合同，所谓保险合同的无效是指因法定原因或约定原因使业已成立的保险合同在法律上全部或部分不产生法律效力。

1）保险合同的无效的特点

①保险合同的无效具有违法性。这种违法性包含两个方面的内容：一是保险合同违法不仅仅是违反保险法，而且违反国家其他有关法律和行政法规；二是所谓违法是指违反了法律和行政法规的强行性规定。

②保险合同的无效从一开始就不具有法律效力。由于保险合同在本质上违法，当事人一方或双方在订立合同中违反了法律的强行性规定或者社会公共利益，国家就不承认此类合同的法律效力，而且保险合同一旦被确认为无效，就产生法律溯及力，使保险合同从订立时起就不具有法律效力，以后也不能转化为有效合同。

③保险合同的无效的请求权和宣告机关具有特定性。一般而言，有权提起保险合同无效的主体只限于保险合同当事人，即投保人、保险人和被保险人。受益人不得提起保险合同的无效的请求，因为受益人在保险合同中是"局外人"，是由投保人或被保险人指定享有保险金请求权的人。有权宣告保险合同无效的机关只限于法院和仲裁机关，保险公司和保险监管组织不得宣告保险合同无效。

2）保险合同的无效与保险合同解除的区别

保险合同的无效与保险合同的解除虽然都使当事人失去拘束力，但两者的区别是十分明显的，不能混为一谈，其区别主要体现在：①从发生的原因看，无效保险合同根本违反法律规定的生效要件，其效力从未在当事人之间发生；而解除所针对的是已经生效的保险合同，解除的目的是为了使已经生效的保险合同的效力提前结束。②从权利的行使来看，保险合同无效的确认权是人民法院和仲裁机关；而保险合同的解除因法律规定或合同约定产生解除权，由权利人自己行使。③从法律后果来看，保险合同双方当事人因故意违法而导致合同无效的，依法应追缴当事人所获得的非法财产；而保险合同的解除则不存在追缴财产的问题。

3）保险合同的无效与保险合同不成立的区别

保险合同的无效与保险合同的不成立也是两个不同的概念，其主要区别在于：①构成要件不同。保险合同的无效在内容上违反了法律和行政法规的强行性规定以及社会公共利益。保险合同的不成立是合同当事人未就合同的主要条款达成合意，即投保人和保险人根本没有签订合同。②产生的法律后果不同。保险合同的无效因其具有违法性，其法律后果不仅表现为当事人要承担民事责任而且可能承担行政责任和刑事责任。而保险合同的不成立因其只涉及投保人和保险人的合意问题，其法律后果只产生民事责任而不可能产生行政责任和刑事责任。③保险合同的无效具有违法性，因此对保险合同的无效实行国家干预原则，无须经当事人主张无效，法院和仲裁机关可以主动审查保险合同的效力。在保险合同不成立的情况下，如果没有当事人主动提起合同不成立的诉讼请求且又自愿接受合同的约束，法院和仲裁机关一般不审查保险合同是否成立。

4）保险合同的无效原因

保险合同的无效的原因分为两类：一类是保险合同的法定无效；一类是保险合同的约定无效。

保险合同的法定无效：

①无保险利益的保险合同。保险利益构成保险合同的效力要件，对于保险合同的效力具有基础性评价意义。保险利益是产生于投保人与保险标的之间的经济联系，并为法律所承认

的一种法定权利。各国法律都把保险利益作为保险合同生效的条件，投保人或被保险人对保险标的应当具有保险利益，不具有保险利益的，保险合同无效。

②风险不存在的保险合同。风险是保险的第一要素。"无风险即无保险。"保险的功能在于保险人通过承保风险，填补投保人或被保险人的损害，如果风险不存在，保险也就失去了存在的意义。所以，对于保险事故已发生或已经消灭的情况，或者风险依一般人的理解不可能发生，也就是说投保人或被保险人根本没有遭受损失的可能，保险合同无效。对此，世界各国保险立法均有明确规定。

③恶意复保险的保险合同。复保险又叫重复保险，是指投保人对同一保险标的、同一保险利益、同一保险事故与数个保险人分别订立数个保险合同的行为。从复保险的概念可以看出，在复保险里，一方为"同一投保人"，另一方为"数个保险人"，同一投保人与数个保险人之间，并存着数个保险合同，在危险发生时，分别向数个保险人请求理赔，因此，极易发生道德风险，也极有可能产生超额理赔现象。世界各国保险法对复保险都有严格规定，要求投保人应将复保险的有关情况通知各保险人，如投保人故意不通知，则构成恶意复保险，保险合同无效。

④恶意超额保险的保险合同。所谓超额保险，就是保险合同所约定的保险金额大于保险价值的保险。

保险合同的约定无效：

保险合同为最大诚信合同，除了以上的法定无效的原因外，允许合同当事人约定保险合同无效的原因，以保障当事人和关系人的利益。约定保险合同无效的原因，是指当事人在订立保险合同时，在保险条款上载明保险合同无效的事项，在保险合同效力期间，一旦有此事项的出现，则保险合同无效。在保险合同中进行无效的约定，是当事人的一种任意行为，法律一般不予干涉。但这种约定必须不违背保险法和其他法律和行政法规的强行性规定及社会公序良俗，并清楚明白地记载在保险合同内。

5）保险合同的无效导致以下法律后果

①保险合同无效的，如发生保险合同约定的保险事故且保险人不存在任何过错，保险人不承担保险责任。

②保险合同被确认无效的，当事人因为无效合同取得的财产应当返还给受损失的一方。如果投保人已经交付保险费，保险人已经给付保险金，应当以民法的不当得利的规定，投保人和保险人均负返还的责任。但这只是一般原则，如果当事人有过错，还要负担损害赔偿的责任。

（5）汽车保险当事人的权利与义务

由于汽车保险合同是双务合同，一方当事人的权利往往是另一方当事人的义务。现仅从当事人双方的义务角度论述。

1）投保人和被保险人的义务

①告知义务。

在世界各国的保险法中，如实告知被作为一项重要内容加以规定。为保证保险活动的正常开展，保险人对保险标的的了解十分重要。在保险合同订立时，投保人或被保险人应当将保险标的的有关重要事项如实告知保险人，这就是告知义务。《中华人民共和国保险法》第十七条对此有详细的规定。

a. 告知的范围和方式。告知的范围为重要事项，是指投保人或被保险人在法律上必须告知的事项。告知的方式分为无限告知和询问告知两种。采用无限告知的方式时，只要事实上与保险标的有关的任何重要事项，不论保险人是否询问，投保人都有义务告知，在德国、日本、美国和英国都有类似规定；而询问方式投保人只需就保险人所询问的事项如实回答。这种方式明确推定保险人所询问的事项为重要事项，对询问以外的事项，投保人或被保险人不必告知，瑞士和我国的台湾地区等也有类似的立法规定。至于询问的方式，可以是口头询问，也可以是书面询问。但保险人通常制定一定格式的包含投保人应告知事项的询问表，需要投保人逐项填写，就表上的问题如实告知。汽车保险合同的告知内容通常包括车辆情况、使用情况、驾驶员情况等。

b. 违反告知义务的处理。在保险实务中，常遇到下列情形：故意为不实告知；故意隐匿有关事项；过失造成不实告知；因过失遗漏有关事项；无过失的不实告知；无过失地遗漏需告知的事项等。

上述情况是否违反告知义务，保险人是否有解约权，各国立法不同。我国的《中华人民共和国保险法》第十七条规定："投保人故意隐瞒事实，不履行如实告知义务的，或者因过失未履行如实告知义务，足以影响保险人决定是否同意承保或者提高保险费率的，保险人有权解除保险合同；投保人故意不履行如实告知义务的，保险人对于保险合同解除前发生的保险事故，不承担赔偿或者给付保险金的责任，并不退还保险费；投保人因过失未履行如实告知义务，对保险事故的发生有严重影响的，保险人对于保险合同解除前发生的保险事故，不承担赔偿或者给付保险金的责任，但可以退还保险费。"可见，我国的保险法对于告知义务的违反是根据投保人的主观心理状态和所造成的实际后果做出了不同的处理规定，但由于主观心理往往不好把握，在实际工作中可操作性差。

②交纳保险费的义务。

《中华人民共和国保险法》第十四条规定："保险合同成立后，投保人按照约定交付保险费，保险人按照约定的时间开始承担保险责任。"中国人民保险集团股份有限公司《非营业用汽车损失保险条款》第十六条规定："除另有约定外，投保人应当在保险合同成立时一次足额支付保险费；保险费付清前发生的保险事故，保险人不承担赔偿责任。"投保人交纳保险费根据合同的约定可一次交清或分期支付。在汽车保险的实务中，如果投保人没有按照汽车保险合同的约定期限交付保险费，通常采用下述办法处理：

a. 保险人可以要求投保人限期缴纳并补交利息。如果在限期内发生保险责任事故，保险人负责赔付，但应交保险费及利息应从赔款中扣除。

b. 保险人可以决定终止合同并正式通知投保人或被保险人，有权要求其支付合同终止前应该负担的保险费及其利息。

c. 当投保人与被保险人非同一人时，投保人不履行交纳保险费义务时，保险人有权要求被保险人支付。如果被保险人拒绝支付或者表示放弃合同权利时，合同终止。此时，被保险人并不直接承担交纳保险费的义务。

d. 汽车保险合同生效前，当投保人决定退保时，保险人应退还其已经交纳的保险费，但可以收取手续费。保险合同生效以后至保险期满之前，投保人也可以退保。此时，保险人按照短期费率收取已满期限的保险费并退还未满期限的保险费。

e. 在保险合同期限内，当保险汽车的危险增加时，投保人必须增交保险费。否则，保险人可以终止合同。

③出险的施救、通知和协助义务。

汽车保险合同生效以后，如果发生了保险责任事故，投保人和被保险人都负有施救、报案和及时通知保险人的义务。中国人民保险集团股份有限公司的《非营业用汽车损失保险条款》第十七条规定："发生保险事故时，被保险人应当及时采取合理的、必要的施救和保护措施，防止或者减少损失，并在保险事故发生后48小时内通知保险人。否则，造成损失无法确定或扩大的部分，保险人不承担赔偿责任。"规定这一义务可以确保：

a.保险人和被保险人在出险时，可以采取适当的方法施救，以防损失扩大。中国人民保险集团股份有限公司的《非营业用汽车损失保险条款》第五条规定："发生保险事故时，被保险人为防止或者减少保险车辆的损失所支付的必要的、合理的施救费用，由保险人承担，最高不超过保险金额的数额。"这个规定，对保险当事人双方和整个社会的积极意义不言而喻，也确定了合理施救的法律地位。

b.出险后交通管理部门和保险人能及时展开对于事故和损失的调查，以防因延误调查而丧失证据，影响责任的确定；如中国人民保险集团股份有限公司的《非营业用汽车损失保险条款》第十八条规定："发生保险事故后，被保险人应当积极协助保险人进行现场查勘。被保险人在索赔时应当提供有关证明和资料。"

c.为了防止保险欺诈行为，发生保险事故在尽可能短时间内上报保险人。

d.当涉及第三者的诉讼时，保险人和被保险人可以积极准备抗辩。

中国人民保险集团股份有限公司还设定了《求助特约条款》，内容涵盖了保险车辆出现保险事故施救，车辆缺油、水、电及简单故障的施救等，使保险公司的服务更全面。

④协助追偿义务。

如果存在第三者责任人，被保险人还有协助保险人向第三者追偿的义务。如我国中国人民保险集团股份有限公司的《非营业用汽车损失保险条款》规定："因第三方对保险车辆的损害而造成保险事故的，保险人自向被保险人赔偿保险金之日起，在赔偿金额范围内代位行使被保险人对第三方请求赔偿的权利，但被保险人必须协助保险人向第三方追偿。由于被保险人放弃对第三方的请求赔偿的权利或过错致使保险人不能行使代位追偿权利的，保险人不承担赔偿责任或相应扣减保险赔偿金。"

实际上，此条款规定了保险事故损失应由第三方赔偿的案件处理程序和代位追偿原则。

a.保险车辆发生车辆损失险的保险责任范围内的损失是第三方造成的，应由第三方负责赔偿时，被保险人必须向第三方索赔。被保险人在索赔过程中，如遇第三方不予支付的情况，应向人民法院提起诉讼。经人民法院立案后，被保险人书面请求保险人先予赔偿的，同时应向保险人提供人民法院的立案证明。保险人可按保险条款有关规定和保险合同载明的条件先行赔付。

b.保险人先行赔付后，被保险人必须签具权益转让书，将向第三方追偿权部分或全部转让给保险人，并积极协助保险人向第三方进行追偿。

c.如果被保险人放弃向第三方索赔的权利，而直接向保险人提出索赔，保险人不予受理。因为被保险人放弃了向第三方追偿的权利，同时也就放弃了向保险人要求赔偿的权利。

d.由于被保险人的故意或过失行为导致保险人不能正常向第三方行使代位追偿权利的，保险人将视被保险人过错大小，全部扣除或部分扣除保险赔偿金额。

⑤其他义务。

投保人和被保险人除了需要履行上述义务以外，还需要履行申请批改义务、安全防损义务、守法义务、遵守诚信原则的义务、协助追偿义务、提交证明义务等。

2）保险人的义务

①说明义务。

说明义务是指保险人向投保人说明保险合同条款内容的义务。保险人的说明义务与投保人的告知义务一样，都是法律规定的当事人在订立合同前需要履行的义务，它不仅是诚信原则的基本要求，也是形成保险当事人合意的基础。以中国人民保险集团股份有限公司《非营业用汽车损失保险条款》为例，第十一条规定："保险人在承保时，应向投保人说明投保险种的保险责任、责任免除、保险期间、保险费及支付办法、投保人和被保险人义务等内容。"

关于保险人采用什么方式履行其说明义务，现行的保险法没有明确规定，通常采用投保人签字视为同意的规则来处理。保险人在事先准备的标准投保单上印有"请您详细阅读下列投保须知后，再填写投保单"、"请认真阅读所附条款"等类似字句，投保人只要在印有其已了解并同意保险条款内容的签字栏内签字，就视同保险人履行了其说明义务和投保人同意保险条款内容。

②赔偿义务。

在汽车保险事故发生后，按照保险合同的约定，保险人有义务负责赔偿保险事故所造成的实际损失或支付约定的保险金。赔偿的数额要按照责任界限来确定，车辆损失险以保险金额为限，第三者责任险以赔偿限额为限。中国人民保险集团股份有限公司条款第十二条规定："保险人应及时受理被保险人的事故报案，并尽快进行查勘。保险人接到报案后48小时内未进行查勘且未给予受理意见，造成财产损失无法确定的，以被保险人提供的财产损毁照片、损失清单、事故证明和修理发票作为赔付理算依据。"第十三条规定保险人收到被保险人的索赔请求后，应当及时作出核定，并将核定结果及时通知被保险人，对属于保险责任的，保险人应在与被保险人达成赔偿协议后10日内支付赔款。

③保密义务。

由于被保险人告知及在办理保险业务时，保险人会了解投保人的一些个人隐私，保险人有保密的义务。中国人民保险集团股份有限公司《非营业用汽车损失保险条款》第十四条规定："保险人对在办理保险业务中知道的投保人、被保险人的业务和财产情况及个人隐私，负有保密的义务。"

3. 汽车保险合同的变更与解除

（1）汽车保险合同的变更

在汽车保险合同的有效期内，如果保险合同的内容发生了变化，投保人或被保险人要及时向保险人提出书面申请，办理变更手续。如果投保人或被保险人口头申请，在办理批改时必须签字确认。如中国人民保险集团股份有限公司《非营业用汽车损失保险条款》第三十二条规定："保险合同的内容如需变更，须经保险人与投保人书面协商一致。"

可能的变更事项包括：保险车辆转让需要变更被保险人；保险车辆增加或减少危险程度；保险车辆变更使用性质；保险标的的保险价值明显减少；增减投保的车辆数目；增加或减少保险金额或赔偿限额；增加某种附加险的投保；保险期限的变更等。

（2）汽车保险合同的终止

除了汽车保险合同在约定的有效期结束时的自然终止外，保险合同当事双方都可以提出解除合同的要求。合同非自然终止时，保险人应该发出书面通知或出具批单。

投保人或被保险人可以在保险责任开始前和保险责任开始后提出提前解除合同。中国人民保险集团股份有限公司的新保险条款规定："保险责任开始前，投保人要求解除保险合同的，应当向保险人支付应交保险费5%的退保手续费，保险人应当退还保险费；保险责任开始后，投保人要求解除保险合同的，自通知保险人之日起，保险合同解除。保险人按短期月费率收取自保险责任开始之日起至合同解除之日止期间的保险费，并退还剩余部分保险费。"

引起保险合同终止的原因主要有以下几个方面。

①自然终止。自然终止也称为届期终止，即保险合同的有效期限届满，保险人承担的保险责任即告终止，这是保险合同终止的最普遍、最基本的原因。期满后的续保，不是原合同的继续，而是一个新合同的成立。

②因保险义务已履行而终止。保险车辆若一次事故全部毁损或推定全损，赔足保险金额后，合同终止。

③协议终止。协议终止是指在保险合同的有效期限内，经过合同双方当事人协商一致直接终止合同的行为。协议终止必须出于当事人的自愿，并经过双方协商一致，才产生终止合同的后果。

④合同解除而终止。合同解除则双方不再有利益关系，是导致合同终止的重要原因之一。

4. 汽车保险合同的解释原则和争议处理

（1）保险合同的解释原则

由于对保险合同的理解不同，双方当事人在主张权利、履行义务时常会发生争议。这种争议一方面是对合同条款的解释互异造成，另一方面是合同条款内容的不完备所造成。采用适当的原则对合同内容及其用词进行解释就很重要。我国《合同法》第四十一条规定："对格式条款的理解发生争议的，应当按照通常理解予以解释。对格式条款有两种以上解释的，应当做出不利于提供格式条款一方的解释。格式条款与非格式条款不一致的，应当采用非格式条款。"我国《合同法》第一百二十五条规定："当事人对合同的条款有争议的，应当按照合同所使用的词句、合同的有关条款、合同的目的、交易习惯以及诚实信用原则，确定该条款的真实意思。合同文本采用两种以上文字订立并约定具有同等效力的，对各文本使用的词句推定具有相同含义。各文本使用的词句不一致的，应当根据合同的目的予以解释。"

根据以上规定，汽车保险合同的解释应当依据以下几个原则：

①合法解释原则。保险合同当事人对保险合同条款的理解有分歧，需要对有分歧的条款进行解释时，不得违反法律、行政法规的强制规定，对汽车保险合同解释应遵守《保险法》《民法通则》《中华人民共和国道路交通安全法》等。

②文义解释原则。文义解释原则即按照保险条款文字的含义进行解释的原则。保险条款文字的含义包括两部分：一是文字的普通含义；一是文字的专门含义，即专业术语。在一般情况下，保险合同条款中的用语是以普通含义来解释的，但是如果涉及专业术语，应按所属的该行业的通用含义进行解释。

③意图解释原则。保险合同是双方当事人自由意志表示一致的结果。因此，在对合同进行解释时，必须尊重双方订立合同的真实意图。当事人在订约时的真实意图不能由当事人在发生争议时任意改动，而要根据合同的文字、订约时的背景等，按客观实际情况进行逻辑分析、演绎来确定。意图解释原则只适用于文意不清、用语模糊的情况。如果文字写得准确，应按照文义原则进行解释。

④整体解释原则。对保险合同的解释，不论采用以上的哪一个原则，都不能只拘泥于合同的某一个条款，或某一条款的只言片语，不能断章取义，而应把整个合同作为一个整体来看，根据双方订立合同的目的，结合合同其他条款的内容来确定具体合同条款的含义。

⑤诚实信用解释原则。诚实信用原则是当事人在订立合同以及履行合同过程中必须遵守的基本原则，要求当事人讲诚实、守信用，以善意的方式行使自己的权利，并以合同约定全面履行自己的义务。

⑥有利于被保险人的解释原则。保险合同是附合合同，保险合同条款是由保险人或主管机关事先拟订的，投保人在订立合同时，对合同条款只能表示是否接受，在法律地位上处于相对弱势。为此，为了平衡合同双方当事人的地位，我国保险法第三十一条规定："对于保险合同的条款，保险人与投保人、被保险人或者受益人有争议时，人民法院或者仲裁机关应当作有利于被保险人和受益人的解释。"

（2）保险合同的争议处理

合同争议是指保险人与投保人（包括被保险人和受益人）双方关于保险责任的归属问题，赔偿或给付保险金额的确定等，对保险条款的解释产生异议而发生的纠纷。合同产生争议的原因一般有：合同条款文字的含义模糊，对条款的解释产生分歧；或者由于保险事故情况复杂，特别是发生事故造成损失后，对于引起损失的多种原因的确定，有的属于保险责任，有的不属于保险责任，或兼有两者并存的状态，因此，对于责任归属的判断，保险人和投保人或被保险人容易产生分歧，争议就不可避免。

保险合同争议可以采用以下方式解决：

①和解，是指当事人双方在互谅互让的基础上，通过进一步协商达成协议，从而自行解决争议的一种方式。

②调解，是指在第三人的主持下，合同当事人双方依据自愿合法的原则，在明辨是非、分清责任的基础上达成协议，从而解决争议的方法。根据第三人的身份不同，调解可以分为自愿调解和司法调解。自愿调解是指双方当事人共同选择在第三人的主持下达成和解的协议；司法调解则是在仲裁机关或人民法院的主持下，双方当事人达成和解的协议。从解决效果来看，自愿达成的协议不具备强制执行的效力，当事人不履行调解协议的，对方当事人只能将争议提交仲裁机关或人民法院起诉，而无权向法院请求强制执行；司法调解达成的已经生效的和解协议具有强制执行的效力，一方不执行的，对方有权向法院请求强制执行。

③仲裁，是指双方当事人在争议发生之前或者争议发生之后，达成协议，自愿将争议交给仲裁机关做出裁决，争议双方有义务执行该裁决。仲裁是解决保险合同争议的重要方法，我国已制定和颁布了统一的仲裁法。仲裁以自愿为基本原则，以仲裁协议为基础。只有双方当事人订立有仲裁协议时，才可以将双方的争议提交仲裁，一旦当事人选择仲裁作为解决双方争议的方式，就不能再向法院提起诉讼。仲裁采取一裁终局制度，仲裁机关做出仲裁裁决后，当事人就合同纠纷不能再申请仲裁或者向人民法院起诉。生效的仲裁裁决对双方当事人

具有法律约束力，当事人必须执行，一方不执行仲裁裁决，另一方可以申请法院强制其执行。国内保险合同纠纷的仲裁机关为仲裁委员会，涉外保险合同纠纷，可以提交对外经济贸易促进委员会下设的对外经济贸易仲裁委员会或海事仲裁委员会仲裁。

④诉讼，双方当事人对保险合同的争议，可以通过诉讼方式，请求法院予以解决。法院处理保险合同争议，应当以事实为根据，以法律为准绳，实事求是地分辨是非、明确责任，使争议得到及时、准确地解决，维护合同当事人的合法权益。

保险合同诉讼属于民事诉讼的范畴，法院在审理合同纠纷的过程中，必须坚持以调解为主的原则，尽量通过调解促使双方协商解决，调解不成的，及时做出判决。

我国现行诉讼制度，实行合议、回避、公开审判和两审终审制度。对于一审人民法院的判决不服的，当事人可以在收到判决书 15 日内向上一级人民法院提起上诉，由上一级人民法院进行二审审理，二审法院做出的判决为终审判决。生效的判决对当事人具有法律约束力，当事人必须执行，任何一方不执行生效判决的，对方当事人可以申请人民法院予以强制执行。

2.6　汽车保险原则

保险业务运行过程中必须遵循一些基本原则，这些原则是指对保险法律关系的本质和规定进行集中抽象和反映，其效力贯穿于始终并用以指导人们活动的根本准则；它本身具有抽象性，并不是某些具体的法律规定，而是通过一系列具体规定来体现它的存在。汽车保险也不例外。

通过对这些基本原则的了解，有助于人们正确理解各方的权利义务，并迅速、准确解决保险实践中出现的一些问题。保险主体在保险活动中必须遵循的根本性准则主要有：

1. 保险利益原则

（1）保险利益原则的含义

保险利益是指投保人对保险标的所具有的法律上承认的利益，它体现了投保人或被保险人与保险标的之间存在的利害关系。如果保险标的安全，投保人或被保险人可以从中获益；而一旦保险标的受损，被保险人必然会蒙受损失。正是由于保险标的与被保险人的经济利益息息相关，投保人才会为保险标的投保以转嫁各种可能发生的风险，而保险公司通过风险分摊来保障被保险人的经济利益。

（2）构成保险利益的要素

一个有效的保险合同，其保险利益必须符合下列条件：

①必须为法律上所认可的利益，即产生原因合法、存在形式合法及受法律保护的利益。法律上不予承认或不予保护的利益也不构成保险利益，所签订的保险合同均无效。例如投保人以盗窃的汽车或购买来的赃车投保，该保险合同无效。

②必须为经济上的利益，是指可以用货币计算和估价的利益。保险的实质是对被保险人遭受的损失给予经济上的补偿。如果不能用金钱来计算保险标的的价值，就无法计算其损害程度的大小，也就无法通过保险方式来补偿。例如，政治利益的损失、竞争失败、精神创伤

等可能与当事人有利害关系，但这种利害关系不是经济上的，就不构成可保利益；如果因上述原因导致当事人的经济损失，则可以构成保险利益。行政处分、刑事处罚等虽也可造成当事人经济损失，但从公共利益出发，对于此类经济损失，保险不予保障。

③必须是确定的利益，是指已确定或能够确定的利益。它包括两层含义：其一是能够用货币估价的，对于无价之宝，没有办法确定其价格，保险人就无法承保。其二是这种确定的利益是指事实上或客观上的利益，而不是当事人主观估计的利益。所谓事实利益包括现有利益和期待利益。现有利益比较容易确定，期待利益就容易引起争议。过去，像法国海事条例就对期待利益的保险明文禁止。随着保险技术的发展与完善，期待利益也可以准确地计算出来，如运费保险、利润损失保险就是直接以期待利益作为保险标的的保险。

对于汽车保险，其保险利益多偏重于现有利益。

（3）保险利益原则的意义

①防止道德风险因素。道德风险是指投保人、被保险人或受益人为了诈取保险赔款而违背法律或合同，故意促使保险事故的发生或者在发生保险事故时放任损失的扩大。如果投保人对于保险标的不具有保险利益而与保险人订立保险合同，就极容易发生道德风险。以汽车保险为例，如果投保人在无保险利益的情况下订立了汽车保险合同，则保险汽车随时有被破坏和焚毁的可能。反之，如果保险在签订保险合同时具有保险利益，即使保险标的因保险事故受损，被保险人最多也只能获得原有的利益。因此，保险利益原则可有效地防止发生道德风险。

②消除赌博行为，避免不当得利。在保险业初始期，有人以其毫无利益关系的远洋货船和货物投保，若船货平安，则只付少许保险费，若船货发生事故，便可获得大量赔偿，使保险变成赌博。而保险利益原则体现保险人对投保人或被保险人已拥有的经济利益的保障，投保人不可能额外获利。这就可以有效地避免保险成为赌博和类似赌博的行为。同时保险基金是通过大数法则由广大投保人分担，不会导致投保人负担很重。

③保障经营稳定。保险利益原则排除了赌博行为和道德风险，有利于保持保险经营的稳定。根据保险利益原则，确定保险金额，即保险金额不超过保险利益；此外，在保险事故发生后，赔偿和给付保险金均受保险利益限制，即只对具有保险利益的损失给予赔偿或给付。

（4）保险利益的转移与消失

1）保险利益的转移

保险利益的转移是指在保险合同的有效期内，投保人将保险利益转移给受让人。例如汽车的所有人对其所拥有的汽车有保险利益，如果在其投保的合同有效期内，汽车的所有权被转让给他人，对于原所有权人来说，由于其丧失了对保险标的的所有权，就没有了保险利益。对于新的汽车所有权人，其与保险人并没有合同关系，原保险合同应该终止，新的所有权人应就转让来的汽车重新投保。但在保险业务习惯中，法律往往承认新的所有权人可以取代原投保人的地位，但需要办理相应手续，使得保险合同继续生效，这就是保险利益的转移。

2）保险利益的消失

对于财产保险，一旦保险标的灭失，保险利益就消失。对于人身保险，被保险人因规定的除外责任而死亡，如自杀、因被判死刑而枪决等均构成保险利益的消失。

（5）汽车的保险利益关系

从保险利益角度，汽车主要有下列的保险利益关系：

①所有关系：汽车的所有人拥有保险利益。

②租赁关系：汽车的承租人对于所租赁的车辆拥有保险利益。

③借贷关系：以汽车作为担保物，债权人拥有保险利益。

④雇佣关系：受雇人对于其使用的汽车拥有保险利益。

⑤委托关系：汽车运输人对于所承运的汽车拥有保险利益。

2. 最大诚信原则

（1）最大诚信原则的含义

所谓诚信是指诚实可靠、坚守信誉，这是制定各种保险合同的基础。鉴于保险关系的特殊性，法律对于诚实信用的要求超过其他民事活动。所谓的最大诚信原则是指保险合同双方当事人对于与保险标的有关的重要事实，应本着最大诚信的态度如实告知，不得有任何隐瞒、虚报、漏报或欺诈。这是任何当事人在保险合同有效期内履行自己的义务所应遵循的基本原则之一。

所谓的重要事实是指那些足以影响保险人判别风险大小、确定保险费率或影响其决定承保与否及承保条件的每一项事实。对保险人而言，它可以使保险人有效地选择风险和控制风险，有利于维护保险活动的经营秩序；对于被保险人而言，最大诚信原则可以确保其承担的保险费率合理。在汽车保险中，车辆的结构、技术状况以及驾驶员的习惯等事实，被保险人最清楚，而对于保险合同的条款内容，保险人也最清楚。因此，只有如实告知，诚实信用，双方当事人才能互相清楚。

（2）最大诚信原则的内容

最大诚信原则在投保人一方体现为投保人的告知、保证义务；在保险人一方体现在弃权、禁止反言等方面。

1）告知

告知分为狭义的和广义的告知两种。所谓狭义的告知仅指合同当事人双方在订约前与订约时，互相据实申报与陈述。广义的告知是指合同订立之前、订立时和合同有效期内，投保人应对已知的或应知的和保险标的有关的实质性重要事实向保险人做口头的或书面的申报，保险人也应将与投保人利害直接相关的实质性重要事实据实通告投保人。最大诚信原则所指的告知是广义的告知。在财产保险中，告知义务人是投保人；在人身保险中，告知义务人是投保人和被保险人，但受益人一般不负告知义务。

告知的内容包括：

①合同订立时，保险人应当主动向投保人说明保险合同条款内容以及费率和其他可能会影响投保人做出投保决定的事实；

②合同订立时，根据保险人的询问，投保人或被保险人对于已知的与保险标的及其危险有关的重要事实做如实回答；

③保险合同订立后，对于保险标的的危险增加，被保险人应当及时通知保险人；

④保险事故发生后，被保险人应及时通知保险人；

⑤重复保险的投保人应将重复保险的相关情况通知保险人；

⑥保险标的的转让，投保人应及时通知保险人，经保险人同意继续承保后，方可变更合同。

但以下事项无须告知：

①人人皆知的常识。

②保险理应知道的事实。

③危险减少的情况。

④保险单条款中已包括的情况。

⑤保险人能够从投保人提供的情况中发现的事实。

⑥不会影响到保险人判断是否承保或保险费多少的事项。

关于告知方式，各国法律无特别规定，可以采用书面形式，也可以采用口头形式；可以是明示，也可以是默示。明示是指投保人或被保险人用文字或语言形式明确告知保险人。默示是指通过作为或不作为等行为默认保险人所询问的重要事项。在实际保险业务中，通常采用书面询问回答方式，即由保险人在投保书中附加询问表，由投保人逐项据实填写说明。

2）保证

所谓保证是指投保人或被保险人在保险期内担保对某一投保事项的作为和不作为，或担保某一事项的真实性。投保人或被保险人违反保证条款，无论是否给保险人造成损害，保险人均有权解除合同，并不承担赔偿或给付保险金的责任。

保证分为明示保证和默示保证。明示保证是指在保险合同中明确记载的、成为合同组成部分的保证条款和其他保证事项。明示保证又可分为认定事项保证和约定事项保证。所谓认定事项保证，是指投保人对过去或现在某一特定事项存在或不存在的保证，不涉及将来。而约定事项保证是指投保人对将来某一特定事项的作为或不作为的保证，不涉及过去。

默示保证是指保证内容虽没有记载于合同之上，但由于社会习惯公认或法律规定投保人必须保证的事项。如要求被保险的车辆必须有正常的行驶能力等。

众所周知，汽车保险不仅对被保险的汽车本身提供保护，也对被保险人使用被保险汽车致使他人财物损失或人身伤害导致的经济赔偿责任提供保护，其涉及面十分广泛。因此，被保险汽车的使用性能和驾驶员的熟练程度与习惯足以影响保险人的承保责任。而被保险人因为汽车已经购买了保险就疏忽了平时的车辆保养和维护，必然导致车辆的技术状况，如动力性、制动性、操纵稳定性、通过性等下降，也可能使得汽车的重要零部件和轮胎等超出了正常使用的限度，这些都为被保险汽车的运行增加了风险。如果保险人在与投保人签订保险合同时，对于使用被保险汽车不作任何限制，无疑对被保险人形成了间接的放纵，使得汽车保险的风险不断地扩大，全体投保人的负担不断增加。就汽车保险的风险控制而言，担保条件十分重要。因此，在各国的汽车保险合同中，就被保险汽车的维护和当发生意外事故时采取有效措施减轻事故损失等被保险人的应担保的事项进行了规定。如英国就明文规定：在保险有效期内，被保险人应妥善安排维护，采取有效措施维持被保险汽车处于正常使用状态；被保险人应妥善保管好被保险汽车；被保险人应尽其义务防止意外事故发生，驾驶员必须是成年驾驶员且持有合格的驾驶执照，确保其驾车时头脑清醒、情绪稳定，严禁疲劳驾车和酒后驾车等，被保险人是否遵守这些保证措施是保险人负赔偿责任的先决条件。

我国汽车保险条款中对被保险人的义务也有明确的限定，像"被保险人及其驾驶员应当做好保险车辆的维护、保养工作，保险车辆的装载必须符合规定，使其保持安全行驶的技术状态"、"保险车辆发生保险事故后，被保险人应当采取合理的保护、施救措施，并立即向事故发生地的交通管理部门报案，同时在48小时内通知保险人"、"被保险人索赔时不得有隐瞒事实、伪造单据、制造假案等欺诈行为"等对被保险人的义务要求条款的规定就属于明示保证。

3）弃权

所谓弃权是指保险合同一方当事人放弃在合同中可以主张的权利，包括合同解除权和抗辩权等。该原则通常情况是针对保险人而言的，主要用来约束保险人。

构成弃权，必须具备以下条件：

①保险人有弃权的意思表示。保险人弃权既可以通过口头、书面等明确方式表示，又可以采用默示方式，从其行为中可以推知其弃权的意思。例如在美国，如保险人知道被保险人有违背约定义务的情况，而仍然作出下列行为，即可认为其默示弃权：

a.保险人收受投保人逾期交付的保险费，或明知道被保险人有违背约定义务的情况而仍收受保险费，即可认为保险人默示放弃合同解除权及其他抗辩权。

b.保险事故发生后，保险人明知有拒付的抗辩权，但仍寄送损失证明表，要求投保人提出损失证明，即可认为其默示放弃抗辩权。

c.保险人明知投保人的损失证明有瑕疵，而仍无条件予以接受，则可视为摒弃瑕疵抗辩权。

d.保险人接受投保人、被保险人或受益人对保险事故的逾期通知，则可视为抛弃逾期通知抗辩权。

e.保险人基于无效保险合同而主张权利的，则可视为抛弃基于合同所产生的抗辩权。

f.保险人在知道投保人违背约定义务而保持沉默的，除非保险人有为意思表示的义务或者其沉默对于被保险人显失公平，一般不发生弃权的法律后果。

②保险人必须知道或应当知道有权利存在。这就要求保险人必须知道投保人、被保险人的违约情况，并使保险人产生合同解除权或抗辩权，否则，保险人的作为或不作为均不得视为弃权。

③保险人弃权意思表示必须是向该保险合同的对方当事人作出且到达该当事人。

一般来说，基于保险合同所产生的各种权利，比如抗辩权、合同解除权等均可放弃。但下列权利不得抛弃：

a.与社会公共利益有关的权利，如保险利益不得抛弃。

b.法律赋予的权利不得抛弃。

c.对于事实的主张不得抛弃。

d.如果抛弃权利会侵害他人权利的，不得抛弃。

④禁止反言。

禁止反言，又称不准反言，是指合同一方既然已放弃在合同中的某种权利或作出某种陈述，则其以后便不得再向他方主张这种权利或必须维持、履行该陈述。例如，当投保人未按时交付保险费，保险人按规定可以取消保险合同，但保险人并没有取消合同，默许了投保人未交费的行为，即为弃权。如果在此后的保险有效期内发生保险事故，保险人就不能借口投保人曾经未交保费而拒绝履行保险责任。

（3）违反最大诚信原则的处理

最大诚信原则是保险合同的基础。如果没有遵守此原则，就要受到相应的处理。

《中华人民共和国保险法》对违反最大诚信原则有如下具体规定：

①投保人故意隐瞒事实，不履行如实告知义务的，或者因过失未履行如实告知义务，足以影响保险人决定是否同意承保或者提高保险费率的，保险人有权解除保险合同。

②投保人故意不履行如实告知义务的，保险人对于保险合同解除前发生的保险事故，不承担赔偿或者给付保险金的责任，并不退还保险费。

③投保人因过失未履行如实告知义务，对保险事故的发生有严重影响的，保险人对于保险合同解除前发生的保险事故，不承担赔偿或者给付保险金的责任，但可以退还保险费。

3. 近因原则

（1）近因原则的含义

近因原则是指危险事故的发生与损失结果的形成有直接的后果关系，保险人才对发生的损失负赔偿责任。早在 1906 年，英国《海上保险法》就规定了这一原则。该法第 55 条第 1 款规定："根据本法规定，除保险单另有约定外，保险人对由其承保危险近因造成的损失，承担赔偿责任；但对非由其承保危险近因造成的损失，概不承担责任。"

（2）近因认定的规则

根据保险实践，产生事故损失的原因可分为单一原因造成的损失、多种原因相关联造成的损失和原因不明的损失三种类型。

1）单一原因

即保险标的的损害是由唯一一种危险因素或危险事故造成。在此情况下，该危险因素或危险事故就是近因，因而需要确定该因素或事故是否属保险危险或事故，便可决定保险人是否承担保险赔偿与给付责任。

2）多种原因

在保险业务中常常会遇到某一事故损失是由几种原因同时造成的，其中有保险单上列明的保险责任，有除外责任，也有未列明的其他原因。如果能分清各种原因对损失的影响程度，保险人就可以对其应负担的损失给予赔偿。应按保险事故在所有事故中所占的比例承担赔付责任。

有时分不清主次原因，应该按照下列规定判定损失近因：

①保险合同上未列明的其他原因导致所造成的损失，一般属于保险责任，应给予赔偿。

②由除外责任导致保险责任发生所造成的损失，一般不属于保险责任，不予赔偿。

③由保险责任导致的除外责任所造成的损失，一般应给予赔偿。

3）判定原因不明损失的近因

判定原因不明的损失近因，一般要根据客观事实进行推断。首先，要广泛收集造成损失的各种资料，为判定近因做准备；然后，根据所掌握的资料，科学地分析造成损失的主要原因，从而正确确定近因。

（3）判定保险事故近因的原则

近因认定的方法有逆向和顺向两种。逆向方法是指从损失开始，逆着事故链的方向，根据直接因果关系，找到最初的危险事故。顺向方向是从最初的事故开始，顺着事故链的方向，根据直接因果关系，一直推至损失发生。无论采取何种方法，一般应遵循以下原则：

①如果事故是由保险责任和其他未指明的原因同时导致的，保险责任为近因。

②如果事故是由保险责任与除外责任同时导致的，除外责任为近因。

③如果事件有连续性，最后的事件为近因。

④如果发生损失的各因素可以分开，保险人仅负保险责任，除外责任及保险责任以外的风险不予负责；如果发生损失的各因素不能区分开，保险人负全部损失的赔偿责任。

4. 损害补偿原则

损害补偿原则是指在保险期限内发生保险事故使投保人或被保险人遭受损害时，保险人在责任范围内对投保人或被保险人所受损害进行补偿。该原则体现了保险的经济补偿职能。损害补偿原则仅适用于财产险。

（1）损害补偿原则的含义

损害补偿原则的含义：

①只有投保人或被保险人发生了实际损害，保险人才予以补偿。

②保险人仅补偿实际损害，即有多大损害，就补偿多少，补偿额不超过实际损害。

③补偿额受保险金额和保险利益的限制。在保险金额超过保险财产实际价值时，则受保险财产实际价值限制。比如我国《保险法》第五十五条第三款规定："保险金额不得超过保险价值。超过保险价值的，超过部分无效。"

（2）损害补偿原则的意义

①防止与减少道德危险因素与赌博行为。损害补偿原则使未受到损害的投保人或被保险人得不到补偿，因而就防止了道德危险因素与赌博行为。

②促进保险费的合理。损害补偿原则使保险人承担的保险责任有一定的确定性。损害补偿原则使保险人的赔付金额有一定限制，防止投保人与被保险人获取额外的不正当的赔付保险金，从而可减轻全体投保人和被保险人的保险费负担，维持保险经营的稳定性。

（3）损害补偿的方法

在汽车的保险合同有效期内，保险车辆发生保险事故而遭受损失，保险人按照合同的约定给予赔偿。汽车保险的损害补偿有现金给付、重置和修复三种方式。

①现金给付是财产保险的最常见的损害补偿方式，它简单方便，了结赔案迅速。汽车保险中的第三者责任险常采用这一补偿方式。

②重置是保险人重新购置与保险标的相同或相似的物品，作为损害的补偿。汽车保险的玻璃破碎险一般采用这一方式补偿。

③修复是当保险标的受损时，保险人采用修理的办法将保险标的的性能恢复到未损害时的状况。车辆损失险一般采用这一形式补偿。

（4）损害补偿的范围

损害补偿的范围是指保险人应对被保险人的哪些损害予以补偿。一般而言，主要是以下几种：

①保险事故发生时，保险标的的实际损失在财产保险中，通过计算受损财产的实际现金价值来计算实际损失。实际损失包括直接损失和间接损失，直接损失是指现有财产的减少，间接损失是指应增加的财产未增加。但补偿实际损失的最高金额以保险额为限。

②合理费用。

合理费用是指在事故发生后被保险人合理的施救费用以及诉讼支出。

③其他费用。

主要是指为了确定保险责任范围内的损失和所支付的检验、估价、出售的费用。

保险标的本身的损失与费用的支出应分别计算，两者的最高赔偿额不得超过保险金额。但两者之和则可以超过保险金额。

（5）损害补偿的派生原则

保险的主要目的在于补偿被保险人或投保人的损失，为了防止被保险人或投保人在损失补偿后得到其他利益，由损害补偿原则派生出两个重要原则，即代位原则和分摊原则。

1）代位原则

所谓代位原则是指保险人依照法律或保险合同的约定，对被保险人遭受的损失进行赔偿后，即取得投保人或被保险人的求偿权及对保险标的的物的所有权。代位原则只在财产保险中适用，不适合于寿险合同。代位原则由代位追偿和物上代位两部分组成。

①代位追偿

所谓代位追偿，又称为权利代位，是指在财产保险中，由于第三者的过错致使保险标的发生保险责任范围内的损失，保险人按照保险合同的约定给付了保险金后，便可以在赔偿金额的限度内取代被保险方而享有向第三者请求赔偿的权利。

A.构成代位追偿权的条件。

根据《中华人民共和国保险法》的有关规定及保险原则，代位追偿权的产生应具备以下条件：

a.保险标的损失必须是由第三者造成的，被保险人享有向第三者请求赔偿的权利，第三者依法负有赔偿的责任。造成损失的原因主要包括：

（Ⅰ）由于第三者的侵权行为造成保险标的的损失，第三者依法应该承担民事赔偿责任，如因第三者的碰撞造成保险车辆的损失。

（Ⅱ）由于第三者的故意或者过失使保险标的遭受损失，或无论第三方有无过错造成保险标的的损失，根据合同约定应承担的民事赔偿责任。

（Ⅲ）由于第三者的不当得利。如保险标的丢失后，第三方非法占有保险标的。

b.保险标的的损失是保险责任范围内的损失，根据保险合同的约定，保险公司理应承担赔偿责任。

c.代位追偿权的产生必须在保险人给付保险金之后，保险人才能取代被保险人的地位与第三者产生债务债权关系。代位求偿权以保险人支付的补偿金额为限，超过该金额的赔偿请求仍归被保险人。

B.代位追偿权的行使。

代位追偿的对象是负民事赔偿责任的第三者，既可以是法人、自然人，也可以是其他经济组织。被保险人的近亲属过失行为造成的被保险财产损失不适用代位追偿的规定。

a.代位追偿的范围。

（Ⅰ）保险人通过代位追偿得到的第三者的赔偿额度，只能以保险人支付给被保险人的实际赔偿的保险金额为限，超出部分的权利属于被保险人，保险人无权处理。

（Ⅱ）如果被保险人向有责任的第三者请求并得到全部赔偿，保险人不再履行任何赔偿义务，无代位追偿可言。

（Ⅲ）如果被保险人向有责任的第三者请求并得到部分赔偿，他仍然有权向保险人提出索赔要求，保险人的赔偿责任是保险标的的实际损失与被保险人已获得第三者赔偿的差额，此差额部分保险人具有代位追偿权。

按照各国的法律，如果被保险人放弃向第三者的追偿权，他也同时放弃了向保险人请求赔偿的权利。

保险人既可以以被保险人的名义，也可以以保险人的名义，还可以以双方的名义行使代位追偿权。保险人以被保险人的名义行使追偿权是因为保险合同具有补偿性的特点，被保险人不得重复获得经济补偿，而不是保险人代替第三者赔偿经济损失后被保险人再向第三者追偿。

b. 代位追偿权的时效。

代位追偿权虽然基于保险合同法律关系而产生，一旦保险人取得后，它又成为独立于保险合同法律关系以外的另一种债权的法律关系。由于代位追偿实际上是债权的转让，是被保险人将债权转让给保险人，仍适用于被保险人与第三者之间的一种特定债权债务关系，不能以保险合同的法律关系来确定代位追偿的时效与管辖权。这就需要保险人在代位追偿中一定要注意时效问题，尽快处理完保险赔偿并取得被保险人的支持，积极有效地在法律规定的时效内向第三者进行追偿，维护自己的合法权益。

为防止被保险人因做出某种承诺而损害保险人的利益，各国法律均对代位追偿权的行使做出了规定。如规定保险事故发生后，如为第三者的责任，被保险人在向保险人提出赔偿请求的同时，应向负有责任的第三者也提出赔偿要求，或者采取措施保留保险人的代位求偿权；被保险人向负有责任的第三者作出的任何承诺，或与其达成某种协议时，都应征得保险人的同意。否则，如因被保险人的作为或不作为而致使保险人的代位追偿权遭到损害时，保险人有权在赔款中予以相应的扣减。

《中华人民共和国保险法》第四十六条对代位追偿权的行使作了明确规定："保险事故发生后，保险人未赔偿保险金之前，被保险人放弃对第三者的请求赔偿的权利的，保险人不承担赔偿保险金的责任。保险人向被保险人赔偿保险金后，被保险人未经保险人同意放弃对第三者请求赔偿的权利的，该行为无效。由于被保险人的过错致使保险人不能行使代位请求赔偿的权利的，保险人可以相应扣减保险赔偿金。"

②物上代位

物上代位是指保险标的在发生保险责任事故遭受损失后，在履行了对被保险人的赔偿义务后，保险人就代位取得对受损的保险标的的所有权。《中华人民共和国保险法》第四十四条对此有具体规定："保险事故发生后，保险人已支付了全部保险金额，并且保险金额相等于保险价值的，受损保险标的的全部权利归于保险人；保险金额低于保险价值的，保险人按照保险金额与保险价值的比例取得受损保险标的的部分权利。"

2）分摊原则

分摊原则是损失补偿原则的又一个派生原则，它的特点是被保险人所能得到的赔偿金由各保险人采用适当的办法进行损失分摊，因此它适用于重复保险。

分摊原则是指投保人对同一标的、同一保险利益、同一保险事故分别与两个以上保险人订立保险合同的，构成重复保险，其保险金额的总和往往超过保险标的的实际价值。发生事故时，按照补偿原则，不能由几个保险人同时赔偿实际保险金额，只能由这几个保险人根据不同比例分摊此金额，以免造成重复赔款。

无论采用什么原则进行损害补偿，被保险人获得的赔偿总额以实际损失为限，不受保险人的多少影响，也就是说，被保险人不能获得超过实际损失以外的不当利益。

①损失分摊的条件。

损失分摊的条件是：同样的保险利益、同一保险标的、相同的风险、同一保险期间。

②损失分摊的方式。

保险人之间的赔款分摊方式有比例责任制、责任限额制、超额赔偿制和优先赔偿制等。

a. 比例责任制是当损失发生时，如果保险合同均属有效，按照各保险合同中承保的保险金额占总保险金额的比例分摊损失，但其赔偿总额不能超过保险标的的实际价值。汽车保险的综合责任险一般采用这一方式分摊。

b. 责任限额制是指各保险合同在假定无其他保险合同的情形下，就单个保险合同计算其补偿责任，再按照各独立责任的比例分摊损失金额的分摊方法。这种方法在汽车保险理赔中很少使用。

c. 超额赔偿制是指当没有其他保险合同可以理赔或者其他保险合同赔偿不足时，本保险合同予以赔偿。在理赔时，投保人应该先向其他保险人索赔，本保险合同仅对超额部分予以赔偿。目前当汽车第三者责任险与社会保险发生重叠时采用此方式分摊。

d. 优先赔偿制是以多个保险合同的生效先后作为保险赔偿的顺序，后生效的保险单赔偿先生效的保险单保险金额以外的部分。因这种分摊方式不符合公平原则，所以目前很少使用。

思考题

1. 我国主要的三大保险公司是哪几个？它们的总部分别在哪里？
2. 汽车保险合同的特征有哪些？
3. 汽车保险的基本原则包括哪些？

第3章　汽车交通事故责任强制保险

3.1　强制汽车责任保险制度

1. 强制汽车责任保险的产生背景

第一次世界大战以后，汽车产业迅速发展，随着汽车的大量生产和销售价格的急剧下降，特别是分期付款促销方式的出现，普通平民开始拥有汽车，汽车迅速得到普及，为汽车保险业的发展创造了条件。但由于车主在购买车辆时几乎花费了所有积蓄，出现了许多无力购买汽车保险的驾车人。发生交通事故时，事故受害人的人身伤亡或财产损失无法得到及时有效的赔偿。因此许多国家的政府相继制订法令，强制实行汽车责任保险，以保障交通事故受害人的权益。

强制汽车责任保险最早产生于美国，1919年，美国的马萨诸塞州率先立法，规定汽车所有人必须在汽车注册登记时，提供保单或以债券作为车辆发生意外事故时赔偿能力的担保，该法案被称为《赔偿能力担保法》。1927年马萨诸塞州首先实施了强制汽车保险法，要求驾车者在登记申请牌照时，必须有汽车责任保险单或提供证明自己有赔偿能力的保证金。1956年纽约州也立法实行强制保险，次年，北卡罗莱纳州也通过相应法律。从此，强制汽车责任保险开始在美国盛行。

2. 强制汽车责任保险的含义

责任保险是指以被保险人依法应当对第三人承担的损害赔偿责任为保险标的的保险。强制汽车责任保险也称为法定汽车保险，简称交强险，是国家政府基于公共政策的考虑，为维护社会的普遍利益，以颁布法律法规的形式实施的汽车责任保险。交强险一方面用法律法规的手段强制被保险人必须参加责任保险，另一方面保险人也必须承保汽车责任险，其中心目的就是为了保障交通事故的受害人能得到合理的基本保障。

3. 强制汽车责任保险的特征

（1）具有强制性

机动车第三者责任强制保险，以其强制性与普通的商业保险形成鲜明对比，这就要求所有机动车在投入使用前，都必须投保此类险种，违者即要受到有关法律法规的制裁。同时，投保人享有强制缔约权，保险人无法定理由不得拒保，无特殊情况，保险人也不享有保险合同解除权。此外，机动车第三者责任强制保险的强制性还体现在保险合同的各个要素上，如对于主体的约束性规定，保险范围的强制性规定以及赔偿限额等，实施全国统一的条款。

（2）对第三者的利益具有基本保障性

一般的汽车责任保险投保人可以依据自己的需求和缴费能力自愿选择责任限额，将车辆因保险事故所负的赔偿责任以保险方式转移给保险人，为被保险人提供经济保障。而强制汽车责任保险的责任限额是固定的，不能自愿选择，所以责任限额定得比较低，以使大多数人都愿意且有能力购买。因此较低的责任限额只能对事故受害者提供基本的保障。

（3）以无过失责任为基础

一般汽车责任保险依据保险合同的规定，以被保险人在交通事故中应负的责任比例来确定赔偿范围和大小，也就是以过失责任为归责原则。而强制汽车责任保险根据相关法律的规定，大多采用无过失责任为基础的归责原则，无论被保险人是否在交通事故中负有责任，保险人均应按照机动车交通事故责任强制保险条款的要求在责任限额内进行赔偿。

（4）强制汽车责任保险具有公益性

一般汽车责任保险的费率考虑保险公司盈利，由保险公司自主厘定。强制汽车责任保险费率厘定坚持"不盈不亏"原则，由政府统一定制，所以保险费率相对较低，具有公益性。

（5）强制汽车责任保险的保险基金由政府专门管理和使用

一般汽车责任保险的保险基金，依照保险法由商业运作的保险人管理和使用；而强制汽车责任保险的保险基金，由政府的主管部门或者主管部门委托的信托人管理和使用。

（6）建立社会救助基金制度

机动车强制保险无论如何强制，都很难实现100%的投保率。从实践来看，各国机动车强制保险的投保率一般在95%左右。为了保障未投保车辆肇事、驾驶人失去清偿能力、违反规定而使保单失效等情形的受害人，实行强制责任保险的国家和地区一般都在设立强制责任保险的同时，建立配套的救助基金制度。

3.2　汽车交通事故责任强制保险与商业第三者责任险的区别

汽车交通事故责任强制保险与商业第三者责任险保障的内容都是保险车辆发生交通事故给第三者——无辜受害人所带来的人身伤亡和财产损失，这是它们的共同点。由于汽车交通事故责任强制保险还具有强制性、广覆盖性及公益性的特点，与商业第三者责任险有一定的区别。汽车交通事故责任强制保险与商业第三者责任险的区别见表3-1。

表 3-1　汽车交通事故责任强制保险与商业第三者责任险的区别

	责任强制保险	商业第三者责任险
强制性	①强制性投保 ②强制性承保	①自愿投保 ②自愿承保
赔偿原则	无过失责任赔偿原则：无论被保险人是否在交通事故中负有责任，保险人均应按照机动车交通事故责任强制保险条款的要求在责任限额内进行赔偿	过失责任赔偿原则：保险人根据投保人或被保险人在交通事故中所承担的事故责任来确定其赔偿责任
保障范围	①除被保险人故意造成交通事故等少数几项情况外，其保险责任几乎涵盖了所有道路交通风险 ②不设免赔率与免赔额	为有效控制风险、减少损失赔偿，商业机动车第三者责任保险规定有不同的责任免除事项和免赔率/额
费率形成机制	①费率厘定坚持"不盈不亏"原则，由政府统一定制，所以保险费率相对较低，具有公益性 ②实行与其他保险业务分开管理、单独核算	①费率厘定考虑保险公司盈利，由保险公司自主厘定 ②无须与其他车险险种分开管理、单独核算
责任限额设置	实行分项责任限额制，且责任限额固定	设定综合的责任限额，但责任限额可以分成不同的档次，由投保人自由选择
运营管理机制	①实行全国统一条款和基础费率 ②实行费率与交通违章及交通事故挂钩的"奖优罚劣"费率浮动机制	①不同保险公司的条款费率相互存在差异 ②一般根据有无历史赔款记录进行费率浮动

3.3　机动车交通事故责任强制保险条款

机动车交通事故责任强制保险条款的内容共分 10 部分，分别为：总则、定义、保险责任、垫付与追偿、责任免除、保险期间、投保人与被保险人义务、赔偿处理、合同变更与终止、附则。

1. 总则

总则主要是对条款制定的法律依据、合同的组成与形式、费率的影响因素、交费情况等内容进行阐述。

交强险条款制定的法律依据为《中华人民共和国道路交通安全法》《中华人民共和国保险法》《机动车交通事故责任强制保险条例》。明示条款制定的法律依据，有利于突出交强险条款的权威性和严肃性。

交强险合同由条款、投保单、保险单、批单和特别约定等五部分组成。凡与交强险合同有关的约定，都应当采用书面形式，以利于明确合同当事人的权利和义务。

2007 年 7 月 1 日后，交强险费率在全国范围内统一实行与被保险机动车道路交通事故记录相联系的浮动机制。暂不在全国范围实施与道路交通安全违法行为相联系的费率浮动机制。

签订交强险合同时，投保人应当一次性支付全部保险费。保险费按照保监会批准的交强险费率计算。

2. 定义

定义主要对合同中的被保险人、投保人、受害人、责任限额、抢救费用等术语做出了解释。

①被保险人是指投保人及其允许的合法驾驶人。

②投保人是指与保险人订立合同，并按合同负有支付保险费义务的机动车所有人、管理人。

③受害人是指因被保险机动车发生交通事故遭受人身伤亡或者财产损失的人，但不包括被保险机动车本车车上人员、被保险人。

④责任限额是指被保险机动车发生交通事故，保险人对每次保险事故所有受害人的人身伤亡和财产损失所承担的最高赔偿金额。责任限额分为死亡伤残赔偿限额、医疗费用赔偿限额、财产损失赔偿限额以及被保险人在道路交通事故中无责任的赔偿限额。其中无责任的赔偿限额分为无责任死亡伤残赔偿限额、无责任医疗费用赔偿限额以及无责任财产损失赔偿限额。

⑤抢救费用是指被保险机动车发生交通事故导致受害人受伤时，医疗机构对生命体征不平稳和虽然生命体征平稳但如果不采取处理措施会产生生命危险，或者导致残疾、器官功能障碍，或者导致病程明显延长的受害人，参照国务院卫生主管部门组织制定的交通事故人员创伤临床诊疗指南和国家基本医疗保险标准，采取必要的处理措施所发生的医疗费用。本定义对临床诊疗指南明确为"交通事故人员创伤临床诊疗指南"，以防止"指南"的指向不清，造成实践中的混乱；以"国家基本医疗保险"作为医疗机构的参照标准，规范医疗机构治疗行为，以避免加重被保险人的经济负担。

3. 保险责任

保险责任规定了交强险保险责任的具体内容和责任限额的具体数额。

（1）保险责任

被保险机动车在中华人民共和国境内（不含港、澳、台地区）使用时，发生交通事故，致使受害人遭受人身伤亡或者财产损失，依法应当由被保险人承担的损害赔偿责任，保险人按照合同的约定对每次事故在各责任限额内负责赔偿。

交强险保险责任限额如表 3 - 2 所示。

表 3 - 2　交强险保险责任限额

死亡伤残赔偿限额	有责　110000 元	无责　11000 元
医疗费用赔偿限额	有责　10000 元	无责　1000 元
财产损失赔偿限额	有责　2000 元	无责　100 元
总限额	有责　122000 元	无责　12100 元

（2）死亡伤残和医疗费用赔偿限额的赔偿费用项目规定

①死亡伤残赔偿限额和无责任死亡伤残赔偿限额负责赔偿丧葬费、死亡补偿费、受害人亲属办理丧葬事宜支出的交通费、残疾赔偿金、残疾辅助器具费、护理费、康复费、交通费、被扶养人生活费、住宿费、误工费，被保险人依照法院判决或者调解承担的精神损害抚慰金。精神损害抚慰金原则上是在其他赔偿项目足额赔偿后，在死亡伤残赔偿限额内赔偿。

②医疗费用赔偿限额和无责任医疗费用赔偿限额负责赔偿医药费、诊疗费、住院费、住院伙食补助费，必要的、合理的后续治疗费、整容费、营养费。

确定以上赔偿费用的法律依据为《最高人民法院关于审理人身损害赔偿案件适用法律若干问题的解释》（法释〔2003〕20 号）。

4. 垫付与追偿

垫付与追偿规定了垫付的情形、标准、具体操作，以及保险人向受害人垫付抢救费用后有权向致害人追偿。

垫付抢救费用的四种情形：

①驾驶人未取得驾驶资格的。

②驾驶人醉酒的。

③被保险机动车被盗抢期间肇事的。

④被保险人故意制造交通事故的。

在以上任一情形下发生交通事故，造成受害人受伤需要抢救的，保险人分别在有责、无责医疗费用责任限额内负责垫付。对于垫付的抢救费用，保险人有权向致害人追偿。事故造成的其他损失和费用，保险人不负责垫付和赔偿。被抢救人多于一人且在不同医院救治的，在医疗费用赔偿限额或无责医疗费用赔偿限额内按人数均摊；也可根据医院和交警的意见，在限额内酌情调整。

垫付抢救费用的具体操作是保险人在接到公安机关交通管理部门的书面通知和医疗机构出具的抢救费用清单后，按照国务院卫生主管部门组织制定的交通事故人员创伤临床诊疗指南和国家基本医疗保险标准进行核实，对于符合规定的抢救费用进行垫付。

5. 责任免除

下列损失和费用，交强险不负责赔偿和垫付：

①因受害人故意造成的交通事故的损失。

②被保险人所有的财产及被保险机动车上的财产遭受的损失。

③被保险机动车发生交通事故，致使受害人停业、停驶、停电、停水、停气、停产、通信或者网络中断、数据丢失、电压变化等造成的损失以及受害人财产因市场价格变动造成的贬值、修理后因价值降低造成的损失等其他各种间接损失。

④因交通事故产生的仲裁或者诉讼费用以及其他相关费用。

6. 保险期间

交强险合同的保险期间为一年，以保险单载明的起止时间为准。但有下列情形之一的，可以投保短期保险：

①临时入境的境外机动车。

②距报废期限不足一年的机动车。

③临时上道路行驶的机动车(例如:领取临时牌照的机动车,临时提车,到异地办理注册登记的新购机动车等)。

④保监会规定的其他情形。

投保短期保险的,按照短期月费率计算保费,不足一个月按一个月计算,短期基础保险费＝年基础保险费×短期月费率系数。短期月费率系数见表3－3。

表3－3　交强险短期月费率系数

保险期间/月	1	2	3	4	5	6	7	8	9	10	11	12
月费率系数/%	10	20	30	40	50	60	70	80	85	90	95	100

7. 投保人、被保险人义务

投保人、被保险人在履行了相应义务后,才能获得保险的保障。投保人、被保险人应履行的义务包括:

①投保人投保时,应当如实填写投保单,向保险人如实告知重要事项,并提供被保险机动车的行驶证和驾驶证复印件。投保人未如实告知重要事项,对保险费计算有影响的,保险人按照保单年度重新核定保险费计收。

重要事项包括机动车的种类、厂牌型号、识别代码、号牌号码、使用性质和机动车所有人或者管理人的姓名(名称)、性别、年龄、住所、身份证或者驾驶证号码(组织机构代码)、续保前该机动车发生事故的情况以及保监会规定的其他事项。

②签订交强险合同时,投保人应当一次性支付全部保险费;投保人不得在保险条款和保险费率之外,向保险人提出附加其他条件的要求。

③投保人续保的,应当提供被保险机动车上一年度交强险的保险单。

④在保险合同有效期内,被保险机动车因改装、加装、使用性质改变等导致危险程度增加的,被保险人应当及时通知保险人,并办理批改手续。否则,保险人按照保单年度重新核定保险费计收。

⑤被保险机动车发生交通事故,被保险人应当及时采取合理、必要的施救和保护措施,并在事故发生后及时通知保险人。

⑥发生保险事故后,被保险人应当积极协助保险人进行现场查勘和事故调查。发生与保险赔偿有关的仲裁或者诉讼时,被保险人应当及时书面通知保险人。

8. 赔偿处理

赔偿处理主要规定了被保险人索赔时应提供的材料、人身伤亡赔偿核定标准及赔偿方面注意事项。

(1)索赔材料

被保险机动车发生交通事故的,由被保险人向保险人申请赔偿保险金。被保险人索赔时，应当向保险人提供以下材料：

①交强险的保险单。

②被保险人出具的索赔申请书。

③被保险人和受害人的有效身份证明、被保险机动车行驶证和驾驶人的驾驶证。

④公安机关交通管理部门出具的事故证明，或者人民法院等机构出具的有关法律文书及其他证明。

⑤被保险人根据有关法律法规规定选择自行协商方式处理交通事故的，应当提供依照《交通事故处理程序规定》规定的记录交通事故情况的协议书。

⑥受害人财产损失程度证明、人身伤残程度证明、相关医疗证明以及有关损失清单和费用单据。

⑦其他与确认保险事故的性质、原因、损失程度等有关的证明和资料。

（2）核定人身伤亡赔偿金额的标准

①有关法律法规，主要是《最高人民法院关于审理人身损害赔偿案件适用法律若干问题的解释》。

②卫生主管部门组织制定的交通事故人员创伤临床诊疗指南。

③国家基本医疗保险标准。

（3）赔偿注意事项

①因保险事故造成受害人人身伤亡的，未经保险人书面同意，被保险人自行承诺或支付的赔偿金额，保险人在交强险责任限额内有权重新核定。

②因保险事故损坏的受害人财产需要修理的，被保险人应当在修理前会同保险人检验，协商确定修理或者更换项目、方式和费用。否则，保险人在交强险责任限额内有权重新核定。

③发生涉及受害人受伤的交通事故，因抢救受害人需要保险人支付抢救费用的，保险人在接到公安机关交通管理部门的书面通知和医疗机构出具的抢救费用清单后，按照国务院卫生主管部门组织制定的交通事故人员创伤临床诊疗指南和国家基本医疗保险标准进行核实。对于符合规定的抢救费用，保险人在医疗费用赔偿限额内支付。被保险人在交通事故中无责任的，保险人在无责任医疗费用赔偿限额内支付。

9. 合同变更与终止

合同变更与终止主要规定了合同变更和解除的条件以及合同终止后保费的退还办法。

（1）合同变更

在交强险合同有效期内，被保险机动车所有权发生转移的，投保人应当及时通知保险人，并办理交强险合同变更手续。

（2）投保人解除合同

投保人不得解除机动车交通事故责任强制保险合同，但有下列情形之一的除外：

①被保险机动车被依法注销登记的。

②被保险机动车办理停驶的。

③被保险机动车经公安机关证实丢失的。

交强险合同解除后，保险人按照日费率收取自保险责任开始之日起至合同解除之日止期间的保险费，退还剩余保险费。投保人应当及时将保险单、保险标志交还保险人；无法交回保险标志的，应当向保险人说明情况，征得保险人同意。

（3）保险人解除合同

保险公司不得解除机动车交通事故责任强制保险合同，但是，投保人对重要事项未履行如实告知义务的除外。

投保人对重要事项未履行如实告知义务，保险公司解除合同前，应当书面通知投保人，投保人应当自收到通知之日起 5 日内履行如实告知义务，投保人在上述期限内履行如实告知义务的，保险公司不得解除合同。

保险公司解除机动车交通事故责任强制保险合同的，应当收回保险单和保险标志，并书面通知机动车管理部门。

10. 附则

附则主要规定了合同争议的处理方式、适用法律及条款未尽事宜的处理等。合同争议解决有三种方式：

①由合同当事人协商解决；

②协商不成的，提交保险单载明的仲裁机构仲裁；

③保险单未载明仲裁机构或者争议发生后未达成仲裁协议的，可向人民法院起诉。

交强险合同争议处理适用中华人民共和国法律。

本条款未尽事宜，按照《机动车交通事故责任强制保险条例》执行。

3.4 交强险的赔偿规定

1. 互碰自赔

为进一步简化交强险理赔手续，提高客户满意度，准确归集交强险理赔成本，2009 年 2 月 1 日，中国保险协会下发《交强险"互碰自赔"处理办法》，规定了"互碰自赔"的条件，具体如下：

①多车互碰：两车或多车互碰。

②有交强险：事故各方都有交强险(还未到期)。

③只有车损：事故只导致各方车辆损失，没有发生人员伤亡和车外的财产损失。

④不超 2000：各方车损都不超过 2000 元。

⑤都有责任：交警裁定或事故各方自行协商确定为各方都有责任(同等或主次责任)。

⑥各方同意：事故各方都同意采用"互碰自赔"。

符合"互碰自赔"条件的，各方车主凭交警出具的《道路交通事故认定书》或《机动车交通事故快速处理协议书》等单证，直接到自己的保险公司索赔。

2. 无责代赔

无责代赔是一种交强险简化处理机制。即两方或多方机动车互碰，对于应由无责方交强险承担的对有责方车辆损失的赔偿责任，由有责方保险公司在本方交强险项下代为赔偿（涉及人伤案件不代赔）。

思考题

1.什么是强制汽车责任保险？具有哪些特征？

2.汽车交通事故责任强制保险的责任限额是如何规定的？

3.汽车交通事故责任强制保险垫付的条件有哪些？垫付时需要哪些材料？

4.汽车交通事故责任强制保险不负责赔偿和垫付的损失和费用有哪些？

5.李某因股市大跌，有自杀倾向，于 2014 年 2 月 1 日与刘某驾驶的奥迪车相撞，因抢救无效而死亡。经交警部门确定，李某为自杀。思考：交强险是否赔偿李某死亡损失？

6.2013 年 5 月，贵州车主刘某驾车沿贵黄公路开往贵阳方向，途中与行人李某相撞，随后刘某驾车逃离现场，行人李某经抢救无效死亡，贵州省交警队认定刘某负事故的全部责任，应赔偿行人李某死亡丧葬等费用 20 万元。事故责任认定后，车主刘某找保险公司要求在交强险范围内赔偿。思考：保险公司是否会赔偿刘某损失？

7.2013 年 3 月，驾驶员小张到某保险公司投保了机动车交通事故责任强制保险。2013 年 6 月 18 日晚上 8 点半钟左右，小张驾驶他投保的轿车沿 201 国道由西向东行驶时，不慎发生交通事故，将一行人当场撞死。事故经公安交警部门现场勘查及调查，认定小张醉酒后驾驶机动车在夜间以及容易发生危险路段行驶时，未能做到降低行驶速度，是造成此次事故的直接原因，结论是小张负事故的全部责任。思考：交强险是否承担赔偿？

第4章 汽车商业保险

4.1 汽车商业保险概述

1.汽车商业保险改革历程

汽车商业保险是与汽车强制保险相对而言的,投保人可以根据意愿选择是否购买商业保险,保险公司也可以选择是否承保。目前,我国各家财产保险公司经营的汽车保险业务主要以汽车商业保险为主,汽车商业保险按保障的责任范围可分为基本险(主险)和附加险。主险是对车辆使用过程中大多数车辆使用者经常面临的风险给予保障。附加险是对主险保险责任的补充,它承保的一般是主险不予承保的自然灾害或意外事故。附加险不能单独承保,必须投保相应主险后才能承保。各附加险条款如与主险条款有相抵触之处,按所附加的条款执行,未尽之处,按主险条款执行。

1980 年,我国全面恢复国内财产保险业务,汽车保险业务也随之恢复,随着汽车保险业的迅速发展,国家对汽车保险的条款和费率的管理也日益完善。2000 年,中国保险监督管理委员会统一制定了《机动车辆保险条款》,全国汽车保险实行统一的条款和刚性的费率。但该条款的险种数量非常有限,具体见表 4-1。

表 4-1 2000 版机动车辆保险条款的险种

险别	险种
主险	①车辆损失险 ②第三者责任险
附加险	①盗抢险 ②玻璃单独破碎险 ③车辆停驶损失险 ④车上责任险 ⑤无过失责任险 ⑥新增设备损失险 ⑦车载货物掉落责任险 ⑧不计免赔特约条款

2002 年 3 月 4 日，保监会发布《改革机动车辆保险条款费率管理办法有关问题的通知》，规定条款费率不再由保监会统一制定，而是由各公司自主制定、修改和调整，经保监会备案后，向社会发布使用，个性化条款自 2003 年 1 月 1 日起在全国范围实施。各家保险公司结合自身特点推出了具有自己特色的汽车保险产品。

经过几年的实践，汽车保险行业出现了一些不正常竞争，严重干扰了汽车保险市场的秩序，为规范市场行为，促进汽车保险行业的有序竞争和良性发展，2006 年 7 月 1 日起全国施行由中国保险行业协会统一制定的 A、B、C 三套条款。这三套条款分别根据中国人民财产保险股份有限公司、中国太平洋财产保险股份有限公司和中国平安财产保险股份有限公司三大公司的车险条款设计，各保险公司可以任选其一（天平汽车保险公司除外，保监会允许天平汽车保险公司采用自己制定的条款）经营。A、B、C 三套条款只对车险损失险和第三者责任险两个主要险种的条款进行了统一，其他险种的条款由各保险公司自己制定，报保险监督管理部门备案即可。2006 版 A、B、C 三套条款的险种构成见表 4 - 2。

表 4 - 2　2006 版 A、B、C 三套条款的险种构成

A 款险种构成	B 款险种构成	C 款险种构成
①机动车第三者责任险 ②家庭自用汽车损失险 ③非营业用汽车损失险 ④营业用汽车损失险 ⑤摩托车、拖拉机保险 ⑥特种车保险	①商业第三者责任保险 ②车辆损失险	①机动车损失保险 ②机动车第三者责任险

2007 年 4 月 1 日起，全国正式启用由中国保险行业协会牵头开发的 2007 版 A、B、C 三套条款，国内经营车险的保险公司都必须从这三套条款中任选一款经营（天平汽车保险公司除外）。2007 版机动车商业保险行业基本条款在 2006 版基础上扩大了覆盖范围，除原有的机动车损失保险、机动车第三者责任保险外，又将机动车车上人员责任险、机动车全车盗抢险、玻璃单独破碎险、车身划痕损失险、车损免赔额险、不计免赔率险六个险种也纳入了车险行业基本条款的范围，共计八个险种。2007 版 A、B、C 三套条款的险种构成见表 4 - 3。

B 款的八个险种是投保率最高的八个险种，涵盖了车辆所面临的主要风险，使用行业车险基本条款改变了以往客户面对纷繁冗长的保险条款、复杂的费率计算方法无所适从的情况。经过本次修订后，行业三套车险基本条款的这八种险种在保障范围、费率水平、赔偿处理等各方面均基本相同，有效地提高了国内车险产品的标准化程度。2007 版 A、B、C 三套条款虽然经过了一些修订，但一直沿用至今，因此，我国现行的机动车辆商业保险条款是由基本统一的主险险种、主要的附加险险种以及个性化的各家保险公司自主制定的其他附加险险种组成。

表 4 – 3　2007 版 A、B、C 三套条款的险种构成

A 款险种构成	B 款险种构成	C 款险种构成
①机动车第三者责任险		①机动车损失保险
②家庭自用汽车损失险	①商业第三者责任保险	②机动车第三者责任险
③非营业用汽车损失险	②车辆损失险	③车上人员责任险
④营业用汽车损失保险	③全车盗抢险	④全车盗抢损失险
⑤特种车保险	④车上人员责任险	⑤摩托车、拖拉机保险
⑥摩托车、拖拉机保险	⑤摩托车、拖拉机保险	⑥玻璃单独破碎险
⑦车上人员责任保险	⑥玻璃单独破碎险条款	⑦车身油漆单独损伤险
⑧机动车盗抢保险	⑦车身划痕损失险条款	⑧车损免赔额特约条款
⑨玻璃单独破碎险	⑧基本险不计免赔率特约条款	⑨基本险不计免赔特约条款
⑩车身划痕损失险		
⑪可选免赔额特约条款		
⑫不计免赔率特约条款		

　　2015 年 2 月 3 日，保监会正式对外发布《关于深化商业车险条款费率管理机制改革的意见》，其主要目标是建立健全科学合理、符合我国国情的商业车险条款费率管理制度，以行业示范条款为主体，创新型条款为补充，建立标准化、个性化并存的商业车险条款体系。以大数法则为基础，市场化为导向，逐步扩大财产保险公司商业车险费率厘定自主权。2015 年 3 月 20 日，中国保险行业协会发布了《深化商业车险条款费率管理制度改革试点工作方案》和《中国保险行业协会机动车商业保险示范条款（2014 版）》（下文简称为示范条款（2014 版）），根据《深化商业车险条款费率管理制度改革试点工作方案》的要求，黑龙江、山东、广西、陕西、重庆、青岛 6 个商业车险改革试点地区从 2015 年 6 月 1 日开始停止使用旧条款，全面启用新版商业车险条款费率。各财产保险公司可以选择使用商业车险行业示范条款（2014 版）或自主开发商业车险创新型条款。同一财产保险公司可以同时使用示范条款（2014 版）和创新型条款。新版商业车险扩大了保险责任，将冰雹、台风、热带风暴、暴雪、冰凌、沙尘暴等自然灾害、驾驶证失效或审验不合格、未上牌照新车、被保险机动车所载货物、车上人员意外撞击所导致的损失、家庭成员人身伤亡等情形纳入保险保障范围。删除了保险单中"次日零时生效"的约定，允许投保人在"零时起保"和"即时生效"之间做出选择，避免保险覆盖出现真空期。车险费率考虑了更多的风险因素，如整车零整比，驾驶员的驾驶技术、驾龄、年龄、性别等，以及投保车辆的交通违法记录、行驶里程、车辆使用性质、绝对免赔额等。

　　在 2015 年 10 月 12 日的商业车险改革推广座谈会上，保监会副主席周延礼介绍说，从试点情况看，六个地区改革试点开局良好，市场运行总体平稳有序，行业和消费者"双赢"的态势初步显现。据统计，6—8 月，试点地区约 77% 的消费者保费同比下降，约 23% 的消费者保费同比上升，只有 9% 的客户涨价超过 20%。

　　2016 年 1 月 1 日起，天津、内蒙古、吉林、安徽、河南、湖北、湖南、广东、四川、青海、宁夏、新疆等 12 个保监局所辖地区纳入商业车险改革试点范围。

2. A、B、C 三套条款的异同

作为行业标准产品，2007 版的 A、B、C 三套条款的保障范围、费率结构、费率水平和费率调节系数基本上一致、略有差异。而且这三套条款已经实施多年，通过多年的修订这种差异进一步缩小，目前 A、B、C 三套条款的保障范围、费率结构、费率水平和费率调节系数基本上是完全相同的，其极其细微的差异在后续章节中列出。

A、B、C 三套条款的险种构成和险种的名称有一定的差异，A 款根据客户群、车种、车辆的使用性质将机动车商业保险分成了家庭自用汽车保险、非营业用汽车保险、营业用汽车保险、特种车四类，分别采用不同的保险合同。B、C 条款没有进行细分。

三套条款最大的不同在于条款体例和语言组织。2007 版的 A、B、C 三套条款编写体例见表 4-4。

表 4-4　2007 版的 A、B、C 三套条款编写体例

A 款主险条款(包括 12 项)	B 款主险条款(包括总则等 5 部分)	C 款主险条款(包括 9 项)
①总则 ②保险责任 ③责任免除 ④保险金额、责任限额 ⑤保险期间 ⑥保险人义务 ⑦投保人、被保人义务 ⑧赔偿处理 ⑨保险费调整 ⑩合同变更和终止 ⑪争议处理 ⑫附则	总则 第一部分　基本险 ①保险责任 ②责任免除 ③赔偿限额、保险金额 ④赔偿处理 第二部分　通用条款 ①保险期间 ②保险人义务 ③投保人、被保人义务 ④其他事项 ⑤争议处理 第三部分　附加险 第四部分　释义	①总则 ②保险责任 ③责任免除 ④保险金额、赔偿限额、保险期间 ⑤赔偿处理 ⑥保险人义务 ⑦投保人、被保人义务 ⑧无赔款折扣 ⑨其他事项

A 款的主险条款由 12 项组成，在条款里采用不同条的形式来区分不同险种的保险责任、责任免除、赔偿限额、保险金额、赔偿处理等内容。例：保险责任下的第六条"机动车损失保险"，主要内容是机动车损失保险的保险责任；第七条"第三者责任保险"，主要内容是第三者责任保险的保险责任。采用这种条款格式消费者如果只购买部分主险产品也需要阅读全部的条款，才能获得自己需要的信息。

B 款是综合条款体例，分成五部分，其中第一部分基本险是分险种来阐述的，每个险种都包含保险责任，责任免除，赔偿限额、保险金额，赔偿处理四方面的内容。消费者对基本险部分只需要阅读自己所购买的险种部分，给消费者带来了一定的便利。

C 款为分险种的条款体例。每种主险条款都单独从表 4-4 所列的九方面进行阐述。消费者购买某一主险产品只需阅读相应的条款即可。但是每种主险条款中的保险人义务、投保

人、被保人义务等很多方面是完全相同的,如果购买的险种比较多,就大幅度增加了阅读量。

总之,A、B、C三套条款体例和文字风格不同,在条款细微的责任上和文字表述上略有不同,但对消费者影响很小。

而示范条款(2014版)是以B条款为基础制定的,其内容与B条款基本相同,编写体例与B条款完全相同。

3.车险条款的内容构成

车险条款的内容构成基本相似。现以A款为例,介绍A条款的内容构成。A款中各险种的条款由12项内容构成。

(1)总则

总则主要阐述车险合同的组成与形式,车险标的种类、车险合同的性质,相关概念,如第三者、机动车、家庭自用车等。机动车保险合同由保险条款、投保单、保险单、批单和特别约定共同组成。凡涉及本保险合同的约定,均应采用书面形式。

(2)保险责任

保险责任主要阐述保险公司承担保险金赔偿的车辆使用风险种类,即保险人对被保险人的保障范围。

(3)责任免除

责任免除主要阐述保险公司不承担保险金赔偿责任的范围,是对保险责任的限制。投保人、被保险人必须要熟悉此部分的内容,避免产生投保误解,或因某些不当行为造成不能享有保障权利。

(4)保险金额、赔偿限额

保险金额、赔偿限额主要阐述保险金额和责任限额的确定方式。

(5)保险期限

保险期限主要阐述车险合同的起止时间,一般为一年,也有短期的,需在保险单中载明具体的起止时间点。

(6)保险人义务

保险人义务主要阐述保险公司应该履行的义务,一般包括条款说明、及时查勘、及时定损、迅速赔偿、替保户保密等。

(7)投保人、被保险人义务

投保人、被保险人义务主要阐述投保人、被保险人应该履行的义务。一般包括如实告知、及时交费、出险报案、协助查勘、提供索赔证明资料等。

(8)赔偿处理

赔偿处理主要阐述赔偿的方式、赔偿的免赔率和被保险人索赔时应提供的相关单证等内容。

(9)保险费调整

保险费调整主要阐述续保时投保人享受无赔款优惠的比例等内容。

(10)合同变更和终止

合同变更和终止主要阐述标的转让或相关事项改变时必须办理变更、合同终止时如何扣除或退还保险费等内容。

（11）争议处理

争议处理主要阐述争议解决的方式，一般分为协商、仲裁、诉讼三种方式。

（12）其他

其他方面主要阐述前面各项的未尽事宜和条款中部分术语的解释。

4.2　机动车损失保险

机动车损失保险（简称车损险）合同为不定值保险合同。不定值保险合同是指双方当事人在订立保险合同时不预先确定保险标的的保险价值，只列明保险金额，保险价值按照保险事故发生时保险标的的实际价值确定，保险金额是最高的赔偿限额。

汽车损失险 A 款条款分为家庭自用汽车损失保险条款、非营业用汽车损失保险条款、营业用汽车损失保险条款。三条款的内容大致相同，但也有不同之处，主要表现在保险标的、保险责任、责任免除、保险费方面有细微的差距。下面对家庭自用汽车损失保险条款进行阐述。

1. 保险责任

保险期间内，被保险人或其允许的合法驾驶人在使用被保险机动车过程中，发生保险条款保险责任部分列明的意外事故或自然灾害，造成被保险机动车的损失，保险人依照保险合同的约定负责赔偿。另外，为贯彻积极的防灾防损政策，减少事故损失，保险人对事故发生后必要、合理的施救与保护费用一般也负责赔偿。

"使用被保险机动车过程中"规定为：保险车辆被运用的整个过程，包括行驶和停放。

"被保险人或其允许的合法驾驶员"应同时具备以下两个条件：

①被保险人本人以及经被保险人委派、雇佣或许可的驾驶人员。

②合法驾驶员是指驾驶保险车辆的驾驶员必须持有效驾驶证，且驾驶车辆与驾驶证规定的准驾车型相符；驾驶出租车或者营业性客车的还需要具备交通运输管理部门核发的许可证。

只有同时满足以上两个条件的驾驶员在使用保险车辆发生保险事故造成损失时，保险人才予以赔偿。保险车辆被人私自开走，或未经车主、保险车辆所属单位主管负责人同意，驾驶员私自许诺的人开车，均不能视为"被保险人允许的驾驶员"，此类情况发生肇事，保险人不予赔偿。

一般车辆损失险的保险责任采用列明的方式，未列明的不属于保险责任范围。对保险责任列明的危险分为两类：意外事故和自然灾害。

（1）意外事故导致的车辆损失

意外事故包括碰撞、倾覆、坠落、火灾、爆炸、外界物体坠落、倒塌等。

①碰撞指被保险机动车与外界物体直接接触并发生意外撞击、产生撞击痕迹的现象。包括被保险机动车按规定载运货物时，所载货物与外界物体的意外撞击。

②倾覆指意外事故导致被保险机动车翻倒（两轮以上离地、车体触地），处于失去正常状态和行驶能力、不经施救不能恢复行驶的状态。

③坠落指被保险机动车在行驶中发生意外事故，整车腾空后下落，造成本车损失的情况。非整车腾空，仅由于颠簸造成被保险机动车损失的，不属坠落责任。

④火灾指被保险机动车本身以外的火源引起的、在时间或空间上失去控制的燃烧（即有热、有光、有火焰的剧烈的氧化反应）所造成的灾害。

⑤爆炸指车辆以外的物体在瞬息分解或燃烧时放出大量的热和气体，并以很大的压力向四周扩散，形成破坏力，进而导致车辆损失。发动机因其内部原因发生爆炸、轮胎爆炸等，一般不属于爆炸范围。

⑥外界物体坠落、倒塌指保险车辆以外的物体掉落到车上导致车辆损失。如地上或地下建筑物坍塌、树木倾倒，致使保险车辆受损，都属本保险"外界物体坠落、倒塌"责任。

（2）自然灾害导致的车辆损失

自然灾害包括暴风、龙卷风、雷击、雹灾、暴雨、洪水、海啸、地陷、冰陷、崖崩、雪崩、泥石流、滑坡、载运保险车辆的渡船遭受自然灾害等。

①暴风：风速 28.5 m/s（相当于 11 级风）以上的大风。

②龙卷风：一种范围小而时间短的猛烈旋风，平均最大风速一般在 79 m/s ～ 103 m/s。

③雷击：由于雷电直接击中保险车辆或通过其他物体引起保险车辆的损失。

④雹灾：由于冰雹降落造成的车辆受损。

⑤暴雨：每小时降雨量达 16 mm 以上，或连续 12 小时降雨量达 30 mm 以上，或连续 24 小时降雨量达 50 mm 以上。

⑥洪水：凡江河泛滥、山洪暴发、潮水上岸及倒灌，致使保险车辆遭受浸泡、淹没的损失。

⑦海啸：由于地震或风暴而造成的海面巨大涨落现象，海水上岸泡损、淹没、冲失车辆。

⑧地陷：指地壳因为自然变异、地层收缩而发生突然塌陷以及海潮、河流、大雨侵蚀时，地下有孔穴、矿穴，以致地面突然塌陷。

⑨冰陷：经交通管理部门允许车辆行驶的冰面上，保险车辆在通过时，冰面突然下陷。

⑩崖崩：石崖、土崖因自然风化、雨蚀而崩裂下塌，或山上岩石滚落，或雨水使山上沙土透湿而崩塌。

⑪雪崩：大量积雪突然崩落。

⑫泥石流：山地突然暴发饱含大量泥沙、石块的洪流。

⑬滑坡：斜坡上不稳的岩体或土体在重力作用下突然整体向下滑动。

⑭载运保险车辆的渡船遭受自然灾害（只限于有驾驶员随车照料者）：保险车辆在行驶途中过渡，驾驶员把车辆开上渡船，并随车照料到对岸，这期间因遭受自然灾害，致使保险车辆本身发生损失。

（3）必要的、合理的施救费用

发生保险事故时，被保险人为防止或者减少被保险机动车的损失所支付的必要的、合理的施救费用，由保险人承担。保险人所承担的施救费用在被保险机动车的损失赔偿金额以外另行计算，最高不超过保险金额。该费用必须是必要的、合理的。判断施救费用是否必要合理，通常按照"一个谨慎的未投保的所有人，在危险发生的情况下可能会采取的措施"的标准来衡量。一般下列费用是必要的、合理的：

①保险车辆发生火灾时，被保险人或其允许的驾驶人员使用非专业消防单位的消防设

备，施救保险车辆所消耗的合理费用及设备损失。

②保险车辆出险后，失去正常的行驶能力，不借助外力无法正常行驶或脱离险地，被保险人雇用吊车及其他车辆进行施救的合理费用，以及将出险车辆拖送到修理厂或交警队的合理运输费用。

③在抢救过程中，因抢救而损坏他人的财产，并应由被保险人赔偿的部分。但在抢救时，抢救人员个人物品的丢失，不予赔偿。

④抢救车辆在拖运受损保险车辆途中，发生意外事故造成保险车辆的损失扩大部分和费用支出增加部分，如果该抢救车辆是被保险人自己的或他人义务派来的，应予赔偿；如果抢救车辆是受雇的，不予赔偿。

⑤保险车辆发生保险事故后的停车费、保管费、扣车费及各种罚款，不予赔偿。

⑥保险人只对保险标的的施救费用负责。非保险标的施救费与保险标的的施救费合并无法区分的，按保险标的与非保险标的的实际价值进行比例分摊。

⑦保险车辆为进口车或特种车，发生保险事故后，当地确实不能修理，经保险人同意后去外地修理的移送费，可予以适当负责。但护送保险车辆者的工资和差旅费，不予负责。而且这种费用属于修理费用的一部分，而不是施救费用。

⑧施救前，如果施救、保护费用与修理费用相加，估计已达到或超过保险金额时，则可推定全损予以赔偿。

2. 责任免除

责任免除是指保险人不负赔偿责任的范围。保险人一般对车辆遭受的以下危险和损失不予负责赔偿。

（1）不可保风险造成的损失

不可保风险造成的损失包括：

①地震及其次生灾害。

②战争、军事冲突、恐怖活动、暴乱、扣押、收缴、没收、政府征用。战争、军事冲突、恐怖活动、暴乱以政府宣布为准。扣押、收缴、没收、政府征用既非自然灾害，又非意外事故，所以由此造成的车辆损失，保险公司不负责赔偿。

③竞赛、测试、教练，在营业性维修、养护场所修理、养护期间。竞赛是指被保险机动车作为赛车参加车辆比赛活动，包括以参加比赛为目的进行的训练活动。测试是指对被保险机动车的性能和技术参数进行测量或试验。竞赛、测试不属于正常行驶，增加了危险性，由此造成的车辆损失，保险公司不负责赔偿。在营业性维修、养护场所修理、养护期间，是指保险车辆从进入维修厂（站、店）开始到维修、保养结束并验收合格提车时止，包括保养、修理过程中的测试。

④利用被保险机动车从事违法活动。

⑤驾驶人饮酒、吸食或注射毒品、被药物麻醉后使用被保险机动车。

⑥事故发生后，被保险人或其允许的驾驶人在未依法采取措施的情况下驾驶被保险机动车或者遗弃被保险机动车逃离事故现场，或故意破坏、伪造现场、毁灭证据。肇事逃逸首先是一种违法行为，另外，被保险人的逃逸行为有可能加重保险人的合同义务，如被保险人承担事故的主要责任，由于有逃逸行为，一般认定负事故的全部责任，这就加重了保险人的赔

偿责任，所以保险人对此不予负责。

⑦驾驶人不合法：无驾驶证或驾驶证有效期已届满；驾驶的被保险机动车与驾驶证载明的准驾车型不符；持未按规定审验的驾驶证，以及在暂扣、扣留、吊销、注销驾驶证期间驾驶被保险机动车；实习期间驾驶公共汽车、营运客车或者载有爆炸物品、易燃易爆化学物品、剧毒或放射性等危险物品的被保险机动车，实习期间驾驶的被保险机动车牵引挂车（适用于营业用车）；实习期内驾驶执行任务的警车、消防车、救护车、工程救险车以及载有爆炸物品、易燃易爆化学物品、剧毒或者放射性等危险物品的被保险机动车，实习期内驾驶的被保险机动车牵引挂车（适用于非营业用车）；使用各种专用机械车、特种车人员无国家有关部门核发的有效操作证（适用于非营业、营业用车）；

驾驶营运车的驾驶人无国家有关部门核发的有效资格证书（适用于营业用车）；依照法律法规或公安机关交通管理部门有关规定不允许驾驶被保险机动车的其他情况下驾车。

⑧非被保险人允许的驾驶人使用被保险机动车。

⑨被保险机动车转让他人，被保险人、受让人未履行通知义务，且因转让导致被保险机动车危险程度显著增加而发生保险事故。

⑩除另有约定外，发生保险事故时被保险机动车无公安机关交通管理部门核发的行驶证或号牌，或未按规定检验或检验不合格。

（2）不属于可赔偿范围的损失和费用

不属于可赔偿范围的损失和费用包括：

①自然磨损、朽蚀、腐蚀、故障。自然磨损、朽蚀、腐蚀是一种正常现象，不属于意外事故，不属于保险公司的保险责任范围。故障是质量不佳、磨损和老化及破坏的结果，不是自然灾害或意外事故所造成的损失，所以保险人不负赔偿责任。但由于自然磨损、锈蚀、故障而引起保险事故（如碰撞、倾覆等），造成保险车辆其他部位的损失，保险人应予以赔偿。

②玻璃单独破碎，车轮单独损坏。车轮单独损坏指未发生被保险机动车其他部位损坏，仅发生轮胎、轮辋、轮毂罩的分别单独损坏、或上述任意二者或三者的共同损坏。

玻璃单独破碎指未发生被保险机动车其他部位损坏，仅发生前后风挡玻璃和左右车窗玻璃的损坏。风挡玻璃和车窗玻璃的单独损坏多是人为因素导致，系故意行为，虽说有时对被保险人是一种意外事故，但保险承担的风险较大，所以车辆损失险中一般将其列为除外责任，但可以通过附加险玻璃单独破碎险予以保障。

③无明显碰撞痕迹的车身划痕。指车身表面只需用涂饰修理工艺即可修复的损伤。该损伤容易引发道德风险，所以保险人在车辆损失险中一般将其列为除外责任，但可通过附加险车身划痕险予以保障。

④人工直接供油、高温烘烤造成的损失。人工直接供油是指不经过车辆正常供油系统的供油。高温烘烤是指无论是否使用明火，凡违反车辆安全操作规则的加热、烘烤升温的行为。人工直接供油、高温烘烤极易引起火灾，保险人对此造成的车辆损失不负赔偿责任。

⑤自燃以及不明原因火灾造成的损失。自燃是指在没有外界火源的情况下，由于本车电器、线路、供油系统、供气系统等被保险机动车自身原因发生故障或所载货物自身原因而起火燃烧。不明原因产生火灾是指公安消防部门提供的《火灾原因认定书》中认定的起火原因不明的火灾。火灾是车辆损失险中的保险责任，由于火灾造成车辆损失一般都较为严重，通常可达到全损程度，所以一些不法之徒经常利用火灾进行欺诈骗赔，致使电器失火、原因不

明失火不断出现。为有效遏制道德风险，保护投保人利益，保险条款中将自燃以及不明原因引起火灾列为除外责任。自燃属于非营业用车的保险责任，但如果自燃仅造成电器、线路、供油系统、供气系统的损失，则属于除外责任。

⑥遭受保险责任范围内的损失后，未经必要修理继续使用被保险机动车，致使损失扩大的部分。

⑦因污染（含放射性污染）造成的损失。污染指被保险机动车正常使用过程中或发生事故时，由于油料、尾气、货物或其他污染物的泄漏、飞溅、排放、散落等造成被保险机动车污损或状况恶化。

⑧市场价格变动造成的贬值、修理后价值降低引起的损失。

⑨标准配置以外新增设备的损失。

⑩发动机进水后导致的发动机损坏。

⑪被保险机动车所载货物坠落、倒塌、撞击、泄漏造成的损失。

⑫被盗窃、抢劫、抢夺，以及因被盗窃、抢劫、抢夺受到损坏或车上零部件、附属设备丢失。

⑬被保险人或驾驶人的故意行为造成的损失。

⑭应当由机动车交通事故责任强制保险赔偿的金额。

保险事故的赔偿顺序是先由交强险赔偿，再由商业保险赔偿。所以对交强险财产损失限额内的损失与费用，商业性的车辆损失险不予以赔偿。

⑮依照保险合同约定免赔率的免赔部分，保险人不负责赔偿。

免赔部分是保险人与被保险人在保险合同中约定的不负责赔偿的部分。其主要目的是提高被保险人的责任心，避免被保险人因购买了保险而产生心理风险，如被保险人可能会因存在保险保障而疏于对车辆的管理或驾驶时精力不集中。保险人在依据本保险合同约定计算赔款的基础上，按照下列免赔率免赔：

a. 负次要事故责任的免赔率为 5%，负同等事故责任的免赔率为 10%，负主要事故责任的免赔率为 15%，负全部事故责任或单方肇事事故的免赔率为 20%。

b. 被保险机动车的损失应当由第三方负责赔偿的，无法找到第三方时，免赔率为 30%。

c. 被保险人根据有关法律法规规定选择自行协商方式处理交通事故，不能证明事故原因的，免赔率为 20%。

d. 投保时指定驾驶人，保险事故发生时为非指定驾驶人使用被保险机动车的，增加免赔率 10%。

e. 投保时约定行驶区域，保险事故发生在约定行驶区域以外的，增加免赔率 10%。

f. 违反安全装载规定的，增加 5% 的免赔率，因违反安全装载规定导致保险事故发生的，保险人不承担赔偿责任（适用于营业用车）。

g. 保险期间内发生多次保险事故的（自然灾害引起的事故除外），免赔率从第三次开始每次增加 5%（适用于营业用车）。

⑯其他不属于保险责任范围内的损失和费用。

3. 保险金额

车辆损失险的保险金额由投保人和保险人从下列三种方式中选择确定，保险人根据确定保险金额的不同方式承担相应的赔偿责任：

①按投保时被保险机动车的新车购置价确定。投保时的新车购置价根据投保时保险合同签订的同类型新车的市场销售价格（含车辆购置税）确定，并在保险单中载明，无同类型新车市场销售价格的，由投保人与保险人协商确定。

②按投保时被保险机动车的实际价值确定。投保时被保险机动车的实际价值根据投保时的新车购置价减去折旧金额后的价格确定。被保险机动车的折旧按月计算，不足一个月的部分，不计折旧。例如家庭自用车月折旧率为0.6%，出租车月折旧率为0.9%，最高折旧金额不超过投保时被保险机动车新车购置价的80%。

$$折旧金额＝投保时的新车购置价×被保险机动车已使用月数×月折旧率$$

③在投保时被保险机动车的新车购置价内协商确定。B条款和示范条款（2014）只能采用第二种方式确定保险金额。C条款可以选择第一或第三种方式确定保险金额。

4. 保险期间

除另有约定外，保险期间为一年，以保险单载明的起讫时间为准。

5. 保险人义务

保险条款中对保险人义务的规定是根据《保险法》要求做出的，具体义务如下：

①保险人在订立保险合同时，应向投保人说明投保险种的保险责任、责任免除、保险期间、保险费及支付办法、投保人和被保险人义务等内容。

②保险人应及时受理被保险人的事故报案，并尽快进行查勘。

保险人接到报案后48小时内未进行查勘且未给予受理意见，造成财产损失无法确定的，以被保险人提供的财产损毁照片、损失清单、事故证明和修理发票作为赔付理算依据。

③保险人收到被保险人的索赔请求后，应当及时作出核定。

a. 保险人应根据事故性质、损失情况，及时向被保险人提供索赔须知。审核索赔材料后认为有关的证明和资料不完整的，应当及时一次性通知被保险人补充提供有关的证明和资料。

b. 在被保险人提供了各种必要单证后，保险人应当迅速审查核定，并将核定结果及时通知被保险人。情形复杂的，保险人应当在30日内作出核定；保险人未能在30日内作出核定的，应与被保险人商定合理期间，并在商定期间内作出核定，同时将核定结果及时通知被保险人。

c. 对属于保险责任的，保险人应在与被保险人达成赔偿协议后十日内支付赔款。

d. 对不属于保险责任的，保险人应自作出核定之日起三日内向被保险人发出拒绝赔偿通知书，并说明理由。

e. 保险人自收到索赔请求和有关证明、资料之日起60日内，对其赔偿金额不能确定的，应当根据已有证明和资料可以确定的数额先予支付；保险人最终确定赔偿金额后，应当支付相应的差额。

④保险人对在办理保险业务中知道的投保人、被保险人的业务和财产情况及个人隐私，负有保密的义务。

6. 投保人、被保险人义务

保险条款中对投保人、被保险人义务的规定是根据《保险法》要求做出的，具体义务如下：

①投保人应如实填写投保单并回答保险人提出的询问，履行如实告知义务，并提供被保险机动车行驶证复印件、机动车登记证书复印件，如指定驾驶人的，应当同时提供被指定驾驶人的驾驶证复印件。

②在保险期间内，被保险机动车改装、加装或从事营业运输等，导致被保险机动车危险程度显著增加的，应当及时书面通知保险人。否则，因被保险机动车危险程度显著增加而发生的保险事故，保险人不承担赔偿责任。

③投保人应当在本保险合同成立时交清保险费，保险费交清前发生的保险事故，保险人不承担赔偿责任。

④发生保险事故时，被保险人应当及时采取合理的、必要的施救和保护措施，防止或者减少损失，并在保险事故发生后 48 小时内通知保险人。否则，造成损失无法确定或扩大的部分，保险人不承担赔偿责任。

⑤发生保险事故后，被保险人应当积极协助保险人进行现场查勘。

⑥被保险人在索赔时应当向保险人提供与确认保险事故的性质、原因、损失程度等有关的证明和资料。被保险人应当提供保险单、损失清单、有关费用单据、被保险机动车行驶证和发生事故时驾驶人的驾驶证。属于道路交通事故的，被保险人应当提供公安机关交通管理部门或法院等机构出具的事故证明、有关的法律文书（判决书、调解书、裁定书、裁决书等）和通过机动车交通事故责任强制保险获得赔偿金额的证明材料。属于非道路交通事故的，应提供相关的事故证明。

⑦发生与保险赔偿有关的仲裁或者诉讼时，被保险人应当及时书面通知保险人。

⑧因第三方对被保险机动车的损害而造成保险事故的，保险人自向被保险人赔偿保险金之日起，在赔偿金额范围内代位行使被保险人对第三方请求赔偿的权利，但被保险人必须协助保险人向第三方追偿。

保险事故发生后，保险人未赔偿之前，被保险人放弃对第三者请求赔偿权利的，保险人不承担赔偿责任。

被保险人故意或者因重大过失致使保险人不能行使代位请求赔偿权利的，保险人可以扣减或者要求返还相应的赔款。

7. 赔偿处理

（1）赔偿方式

因保险事故损坏的被保险机动车，应当尽量修复。修理前被保险人应当会同保险人检验，协商确定修理项目、方式和费用。否则，保险人有权重新核定；无法重新核定的，保险人有权拒绝赔偿。

（2）赔偿比例

保险人依据被保险机动车驾驶人在事故中所负的事故责任比例，承担相应的赔偿责任。被保险人或被保险机动车驾驶人根据有关法律法规规定选择自行协商或由公安机关交通管理部门处理事故未确定事故责任比例的，按照下列规定确定事故责任比例：

①被保险机动车方负全部事故责任的，事故责任比例为 100%。

②被保险机动车方负主要事故责任的，事故责任比例为 70%。

③被保险机动车方负同等事故责任的，事故责任比例为 50%。

④被保险机动车方负次要事故责任的，事故责任比例为 30%。

⑤被保险机动车方无事故责任的，事故责任比例为 0%。

（3）赔偿理算

1）按投保时被保险机动车的新车购置价确定保险金额的：

①发生全部损失时，在保险金额内计算赔偿，保险金额高于保险事故发生时被保险机动车实际价值的，按保险事故发生时被保险机动车的实际价值计算赔偿。

保险事故发生时被保险机动车的实际价值根据保险事故发生时的新车购置价减去折旧金额后的价格确定。保险事故发生时的新车购置价根据保险事故发生时保险合同签订地同类型新车的市场销售价格（含车辆购置税）确定，无同类型新车市场销售价格的，由被保险人与保险人协商确定。

折旧金额 = 保险事故发生时的新车购置价 × 被保险机动车已使用月数 × 月折旧率

②发生部分损失时，按核定修理费用计算赔偿，但不得超过保险事故发生时被保险机动车的实际价值。

2）按投保时被保险机动车的实际价值确定保险金额或协商确定保险金额的：

①发生全部损失时，保险金额高于保险事故发生时被保险机动车实际价值的，以保险事故发生时被保险机动车的实际价值计算赔偿；保险金额等于或低于保险事故发生时被保险机动车实际价值的，按保险金额计算赔偿。

②发生部分损失时，按保险金额与投保时被保险机动车的新车购置价的比例计算赔偿，但不得超过保险事故发生时被保险机动车的实际价值。

3）施救费用赔偿

施救费用赔偿的计算方式同1）2），在被保险机动车损失赔偿金额以外另行计算，最高不超过保险金额的数额。被施救的财产中，含有保险合同未承保财产的，按被保险机动车与被施救财产价值的比例分摊施救费用。

（4）残值处理

被保险机动车遭受损失后的残余部分由保险人、被保险人协商处理。一般做法是双方协商确定其价值后，在赔款中扣除。

（5）重复保险的赔偿

保险事故发生时，被保险机动车重复保险的，保险人按照保险合同的保险金额与各保险合同保险金额的总和的比例承担赔偿责任。其他保险人应承担的赔偿金额，保险人不负责赔偿和垫付。

（6）合同终止的条件

下列情况下，保险人支付赔款后，保险合同终止，保险人不退还机动车损失保险及其附加险的保险费：

①被保险机动车发生全部损失。

②按投保时被保险机动车的实际价值确定保险金额的，一次赔款金额与免赔金额之和

(不含施救费)达到保险事故发生时被保险机动车的实际价值。

③保险金额低于投保时被保险机动车的实际价值的，一次赔款金额与免赔金额之和(不含施救费)达到保险金额。

8. 保险费调整

保险费调整的比例和方式以保险监管部门批准的机动车保险费率方案的规定为准。该保险及其附加险根据上一保险期间发生保险赔偿的次数，在续保时实行保险费浮动。

9. 合同变更和终止

①保险合同的内容如需变更，须经保险人与投保人书面协商一致。

②在保险期间内，被保险机动车转让他人的，受让人承继被保险人的权利和义务。被保险人或者受让人应当及时书面通知保险人并办理批改手续。

因被保险机动车转让导致被保险机动车危险程度显著增加的，保险人自收到前款规定的通知之日起30日内，可以增加保险费或者解除保险合同。

③保险责任开始前，投保人要求解除保险合同的，应当向保险人支付应交保险费5%的退保手续费，保险人应当退还保险费。

保险责任开始后，投保人要求解除保险合同的，自通知保险人之日起，保险合同解除。保险人按日收取自保险责任开始之日起至合同解除之日止期间的保险费，并退还剩余部分保险费。

10. 争议处理

因履行保险合同发生的争议，由当事人协商解决。协商不成的，提交保险单载明的仲裁机构仲裁。保险单未载明仲裁机构或者争议发生后未达成仲裁协议的，可向人民法院起诉。

保险合同争议处理适用中华人民共和国法律。

11. A、B、C 三套条款及示范条款(2014)在机动车损失险部分的差异

A、B、C 三套条款及示范条款(2014)在机动车损失险部分内容上基本相同，只有细微的差异，其差异见表4-5和表4-6。

表4-5 机动车损失险保险责任的差异

项目	差异
火灾、爆炸、自燃	A 条款：承保非营运汽车的火灾、爆炸、自燃；只承保家庭自用车的火灾、爆炸；营运车辆这三项都不承保 B、C 及示范条款(2014 版)：只承保火灾、爆炸
自燃灾害	B、C 及示范条款(2014 版)在 A 条款的基础上增加了台风、热带风暴、暴雪、冰凌、沙尘暴
车载货物、车上人员意外撞击	A 条款：不属于保险责任 B、C 及示范条款(2014 版)：属于保险责任

表 4 – 6　机动车损失险责任免除部分的差异

差异部分	责任免除
行驶证或号牌	A 条款和 C 条款：发生保险事故时被保险机动车无公安机关交通管理部门核发的行驶证或号牌 B 条款和示范条款（2014）一致：发生保险事故时被保险机动车行驶证、号牌被注销的
事故责任免赔率	A 条款和 C 条款事故责任免赔率一致：负次要事故责任的免赔率为 5%，负同等事故责任的免赔率为 8%，负主要事故责任的免赔率为 10%，负全部事故责任或单方肇事事故的免赔率为 15% B 条款和示范条款（2014）事故责任免赔率一致：负次要事故责任的免赔率为 5%，负同等事故责任的免赔率为 10%，负主要事故责任的免赔率为 15%，负全部事故责任或单方肇事事故的免赔率为 20% 投保时指定驾驶人或约定了行驶区域发生事故时非指定驾驶人或事故发生在约定行驶区域外时，A、C 条款增加 10% 的免赔率，B 条款、示范条款（2014）无此款规定
违反安全装载规定	A 条款：违反安全装载规定的，增加免赔率 5%；因违反安全装载规定导致保险事故发生的，保险人不承担赔偿责任 B 条款和示范条款（2014）：违反安全装载规定，保险人不负责赔偿；违反安全装载规定、但不是事故发生的直接原因的，增加 10% 的绝对免赔率 C 条款：违反安全装载规定的，保险人不承担赔偿责任
律师费、诉讼费、仲裁费	C 条款：明确列明律师费、诉讼费、仲裁费属于责任免除范围 A、B、示范条款（2014）：未列明
驾驶证方面	A 条款：无驾驶证或驾驶证有效期已届满，持未按规定审验的驾驶证，以及在暂扣、扣留、吊销、注销驾驶证期间驾驶被保险机动车，都属于责任免除 B 条款及示范条款（2014）：无驾驶证，驾驶证在暂扣、扣留、吊销、注销期间，属于责任免除 C 条款：无驾驶证，驾驶证失效或者依法被暂扣、扣留、吊销期间，以及法律法规规定的其他属于无有效驾驶资格的情况，属于责任免除

4.3　机动车第三者责任保险

　　第三者责任险的保险标的与车辆损失险不同，它以被保险人依法应对第三者承担的赔偿作为保险标的。所以，第三者责任险属于责任保险范畴。本保险合同中的第三者是指因被保险机动车发生意外事故遭受人身伤亡或者财产损失的人，但不包括投保人、被保险人、保险人和保险事故发生时被保险机动车本车上的人员。

1. 保险责任

　　保险期间内，被保险人或其允许的合法驾驶人在使用被保险机动车过程中发生意外事故,致使第三者遭受人身伤亡或财产直接损毁,依法应当由被保险人承担的损害赔偿责任,保险人依照本保险合同的约定,对于超过机动车交通事故责任强制保险各分项赔偿限额以上的部分负责赔偿。

①被保险人或其允许的合法驾驶人在使用被保险机动车过程中的含义与车损险条款相同。

②意外事故:不是行为人故意,而是由于不可预知的以及不可抗拒的原因造成损失的突发事件,包括在道路上发生的道路交通事故以及不在道路上(例如场院、乡间小路)发生的非道路交通事故。

③第三者:在保险合同中,保险人是第一方,也叫第一者;被保险人或致害人是第二方,也叫第二者;除保险人与被保险人之外的,因保险车辆的意外事故而遭受人身伤害或财产损失的受害人是第三方,也叫第三者。

④人身伤亡:人的身体受到伤害或人的生命终止。

⑤直接损毁:保险车辆发生意外事故,直接造成事故现场他人现有财产的实际损毁。

2. 责任免除

机动车第三者责任险的责任免除一般分为三类。

(1)不属于第三者范围的人员伤亡和财产损失不负责赔偿

被保险机动车造成的不属于第三者范围的人身伤亡、所有或所代管财产的损失,不论在法律上是否应当由被保险人承担赔偿责任,保险人均不负责赔偿。以下三类对象不属于第三者范围:

①被保险人及其家庭成员。

②被保险机动车本车驾驶人及其家庭成员。

③被保险机动车本车上其他人员。

(2)不可保风险造成的第三者责任不负责赔偿

第三者责任险的不可保风险与机动车损失险规定的不可保风险相同。但增加了一条:被保险机动车拖带未投保机动车交通事故责任强制保险的机动车(含挂车)或被未投保机动车交通事故责任强制保险的其他机动车拖带。

(3)不属于可赔偿范围的损失和费用

不属于可赔偿范围的损失和费用包括:

①间接损失。被保险机动车发生意外事故,致使第三者停业、停驶、停电、停水、停气、停产、通信或者网络中断、数据丢失、电压变化等造成的损失以及其他各种间接损失。

②精神损害赔偿。

③因污染(含放射性污染)造成的损失。污染指被保险机动车正常使用过程中或发生事故时,由于油料、尾气、货物或其他污染物的泄漏、飞溅、排放、散落等造成的污损、状况恶化或人身伤亡。

④第三者财产因市场价格变动造成的贬值、修理后价值降低引起的损失。

⑤被保险机动车被盗窃、抢劫、抢夺期间造成第三者人身伤亡或财产损失。

⑥被保险人或驾驶人的故意行为造成的损失。

⑦仲裁或者诉讼费用以及其他相关费用。

⑧应当由机动车交通事故责任强制保险赔偿的损失和费用。

保险事故发生时，被保险机动车未投保机动车交通事故责任强制保险或机动车交通事故责任强制保险合同已经失效的，对于机动车交通事故责任强制保险各分项赔偿限额以内的损失和费用，保险人不负责赔偿。

⑨依据保险合同约定的免赔率应当免赔的费用，保险人不负责赔偿。

⑩其他不属于保险责任范围内的损失和费用。

保险人在依据本保险合同约定计算赔款的基础上，在保险单载明的责任限额内，按下列免赔率免赔：

①负次要事故责任的免赔率为5%，负同等事故责任的免赔率为10%，负主要事故责任的免赔率为15%，负全部事故责任的免赔率为20%。

②违反安全装载规定的，增加免赔率10%。

③投保时指定驾驶人，保险事故发生时为非指定驾驶人使用被保险机动车的，增加免赔率10%。

④投保时约定行驶区域，保险事故发生在约定行驶区域以外的，增加免赔率10%。

3. 责任限额

目前我国第三者责任保险采取责任限额方式。责任限额是保险人计收保险费的依据，也是承担每次第三者责任保险事故赔偿的最高额度。第三者责任保险的限额分为5万元、10万元、15万元、20万元、30万元、50万元、100万元以及100万元以上。责任限额是100万以上时，必须是50万元的整数倍。责任限额由投保人和保险人在签订保险合同时协商确定。

主车和挂车连接使用时视为一体，发生保险事故时，由主车保险人和挂车保险人按照保险单上载明的机动车第三者责任保险责任限额的比例，在各自的责任限额内承担赔偿责任，但赔偿金额总和以主车的责任限额为限。

4. 赔偿处理

（1）赔偿对象

保险人对被保险人给第三者造成的损害，可以直接向该第三者赔偿。

被保险人给第三者造成损害，被保险人对第三者应负的赔偿责任是确定的，根据被保险人的请求，保险人应当直接向该第三者赔偿。被保险人怠于请求的，第三者有权就其应获赔偿部分直接向保险人请求赔偿。

被保险人给第三者造成损害，被保险人未向该第三者赔偿的，保险人不得向被保险人赔偿。

（2）赔偿项目和标准

保险事故发生后，保险人按照国家有关法律法规规定的赔偿范围、项目和标准以及本保险合同的约定，在保险单载明的责任限额内核定赔偿金额。保险人按照国家基本医疗保险的标准核定医疗费用的赔偿金额。未经保险人书面同意，被保险人自行承诺或支付的赔偿金额，保险人有权重新核定。不属于保险人赔偿范围或超出保险人应赔偿金额的，保险人不承担赔偿责任。

（3）实行一次赔偿

保险人支付赔款后，对被保险人追加的索赔请求，保险人不承担赔偿责任。

（4）合同效力

被保险人获得赔偿后，本保险合同继续有效，直至保险期间届满。

第三者责任险的保险责任是连续责任。保险车辆发生第三者责任保险事故，保险人赔偿后，每次事故无论赔款是否达到了责任限额，在保险期内，第三者责任险的保险责任继续有效，直至保险期满。

（5）其他

第三者责任险中的残值处理、责任比例确定、赔偿方式、重复保险等赔偿内容基本等同于机动车损失险部分的规定。

5. 其他

第三者责任险的保险期限、合同双方的义务、保险费调整、合同变更解除、争议处理等内容同于机动车损失险部分的规定。

6. A、B、C 三套条款及示范条款（2014）在第三者责任险部分的差异

A、B、C 三套条款及示范条款（2014）在第三者责任险部分的内容上基本相同，只有细微的差异，其差异见表 4 – 7。

表 4 – 7　机动车第三者责任险部分的差异

诉讼费、仲裁费	B 条款、示范条款（2014）承担经保险人事先书面同意的诉讼费、仲裁费；A、C 条款不承担
第三者故意行为	不属于 A 条款的责任免除范围，属于 B、C、示范条款（2014）的责任免除范围
被保险人和被保险机动车驾驶人的家庭成员的人身伤亡	A 条款不赔，B、C、示范条款（2014）赔偿
被保险人和被保险机动车驾驶人的家庭成员的财产损失	A、B 条款、示范条款（2014）不赔，C 条款赔偿
免赔率	投保时指定驾驶人或约定了行驶区域发生事故时非指定驾驶人或事故发生在约定行驶区域外时，A、C 条款增加 10% 的免赔率，B 条款、示范条款（2014）无此款规定

4.4　车上人员责任保险

1. 保险责任

保险期间内，被保险人或其允许的合法驾驶人在使用被保险机动车过程中发生意外事故，致使车上人员遭受人身伤亡，依法应当由被保险人承担的损害赔偿责任，保险人依照本保险合同的约定负责赔偿。

2. 责任免除

①被保险机动车造成下列人身伤亡，不论在法律上是否应当由被保险人承担赔偿责任，保险人均不负责赔偿：

a. 被保险人或驾驶人的故意行为造成的人身伤亡。

b. 被保险人及驾驶人以外的其他车上人员的故意、重大过失行为造成的自身伤亡。

c. 违法、违章搭乘人员的人身伤亡。

d. 车上人员因疾病、分娩、自残、斗殴、自杀、犯罪行为造成的自身伤亡。

e. 车上人员在被保险机动车车下时遭受的人身伤亡。

②不可保风险造成的对车上人员的损害赔偿责任，保险人均不负责赔偿：车上人员责任险的不可保风险与车辆损失险规定的相同。

③下列损失和费用，保险人不负责赔偿：

a. 精神损害赔偿。

b. 因污染（含放射性污染）造成的人身伤亡。

c. 仲裁或者诉讼费用以及其他相关费用。

d. 应当由机动车交通事故责任强制保险赔偿的损失和费用。

e. 依据保险合同约定的免赔率应当免赔的费用，保险人不负责赔偿。车上人员责任险的免赔率与机动车损失险的免赔率一致。

f. 其他不属于保险责任范围内的损失和费用。

3. 责任限额

驾驶人每次事故责任限额和乘客每次事故每人责任限额由投保人和保险人在投保时协商确定。投保乘客座位数按照被保险机动车的核定载客数（驾驶人座位除外）确定。

4. 赔偿处理

①保险人依据被保险机动车驾驶人在事故中所负的事故责任比例，承担相应的赔偿责任。每次事故车上人员的人身伤亡按照国家有关法律法规规定的赔偿范围、项目和标准以及保险合同的约定进行赔偿。驾驶人的赔偿金额不超过保险单载明的驾驶人每次事故责任限额；每位乘客的赔偿金额不超过保险单载明的乘客每次事故每人责任限额，赔偿人数以投保乘客座位数为限。

保险人按照国家基本医疗保险的标准核定医疗费用的赔偿金额。未经保险人书面同意，被保险人自行承诺或支付的赔偿金额，保险人有权重新核定。不属于保险人赔偿范围或超出保险人应赔偿金额的，保险人不承担赔偿责任。

②保险人支付赔款后，对被保险人追加的索赔请求，保险人不承担赔偿责任。

③被保险人获得赔偿后，保险合同继续有效，直至保险期间届满。

5. 其他

关于车上人员责任险的保险期限、合同双方的义务、保险费调整、合同变更解除、争议处理等内容同于车损险的规定。

6. A、B、C 三套条款及示范条款(2014)在车上人员责任险部分的差异

A、B、C 三套条款及示范条款(2014)在车上人员责任险部分的内容上基本相同,只有细微的差异:C 条款规定保险机动车正常行驶时车门没有完全闭合或车门闭合过程中导致的人员伤亡,保险人不负责赔偿;A 条款和 C 条款不赔偿诉讼费、仲裁费,B 条款和示范条款(2014)赔偿经过保险人事先书面同意的诉讼费、仲裁费;其他的差异与车损险部分等同。

4.5　机动车盗抢保险

1. 保险责任

保险期间内,被保险机动车的下列损失和费用,保险人依照保险合同的约定负责赔偿:

①被保险机动车被盗窃、抢劫、抢夺,经出险当地县级以上公安刑侦部门立案证明,满 60 天未查明下落的全车损失。

②被保险机动车全车被盗窃、抢劫、抢夺后,受到损坏或车上零部件、附属设备丢失需要修复的合理费用。

③被保险机动车在被抢劫、抢夺过程中,受到损坏需要修复的合理费用。

2. 责任免除

(1)下列情况下,不论任何原因造成被保险机动车损失,保险人均不负责赔偿

①地震及其次生灾害。

②战争、军事冲突、恐怖活动、暴乱、扣押、收缴、没收、政府征用。

③竞赛、测试、教练,在营业性维修、养护场所修理、养护期间。

④利用被保险机动车从事违法活动。

⑤驾驶人饮酒、吸食或注射毒品、被药物麻醉后使用被保险机动车。

⑥非被保险人允许的驾驶人使用被保险机动车。

⑦租赁机动车与承租人同时失踪。

⑧被保险机动车转让他人,被保险人、受让人未履行本保险合同规定的通知义务,且因转让导致被保险机动车危险程度显著增加而发生保险事故。

⑨除另有约定外,发生保险事故时被保险机动车无公安机关交通管理部门核发的行驶证或号牌,或未按规定检验或检验不合格。

⑩被保险人索赔时,未能提供机动车停驶手续或出险当地县级以上公安刑侦部门出具的盗抢立案证明。

(2)被保险机动车的下列损失和费用,保险人不负责赔偿

①自然磨损、朽蚀、腐蚀、故障。

②遭受保险责任范围内的损失后,未经必要修理继续使用被保险机动车,致使损失扩大的部分。

③市场价格变动造成的贬值、修理后价值降低引起的损失。

④标准配置以外新增设备的损失。

⑤非全车遭盗窃，仅车上零部件或附属设备被盗窃或损坏。

⑥被保险机动车被诈骗造成的损失。

⑦被保险人因民事、经济纠纷而导致被保险机动车被抢劫、抢夺。

⑧被保险人及其家庭成员、被保险人允许的驾驶人的故意行为或违法行为造成的损失。

⑨被保险机动车被盗窃、抢劫、抢夺期间造成人身伤亡或本车以外的财产损失，保险人不负责赔偿。

⑩依据保险合同约定的免赔率应当免赔的费用，保险人不负责赔偿。免赔率规定：

a. 发生全车损失的，免赔率为20%；

b. 发生全车损失，被保险人未能提供《机动车行驶证》、《机动车登记证书》、机动车来历凭证、车辆购置税完税证明(车辆购置附加费缴费证明)或免税证明的，每缺少一项，增加免赔率1%；

c. 投保时指定驾驶人，保险事故发生时为非指定驾驶人使用被保险机动车的，增加免赔率5%；

d. 投保时约定行驶区域，保险事故发生在约定行驶区域以外的，增加免赔率10%。

⑪其他不属于保险责任范围内的损失和费用。

3. 保险金额

保险金额由投保人和保险人在投保时被保险机动车的实际价值协商确定。

投保时被保险机动车的实际价值根据投保时的新车购置价减去折旧金额后的价格确定。投保时的新车购置价根据投保时保险合同签订地同类型新车的市场销售价格(含车辆购置税)确定，并在保险单中载明，无同类型新车市场销售价格的，由投保人与保险人协商确定。

折旧按月计算，不足一个月的部分，不计折旧。最高折旧金额不超过投保时被保险机动车新车购置价的80%。折旧金额按下式计算：

折旧金额＝投保时的新车购置价×被保险机动车已使用月数×月折旧率

机动车折旧率见表4-8。

表4-8 折旧率表

车辆种类	月折旧率				
	家庭自用	非营业	营业		特种车
			出租	其他	
9座以下客车	0.60%	0.60%	1.10%	0.90%	—
10座以上客车	0.90%	0.90%	1.10%	0.90%	—
微型载货汽车	—	0.90%	1.10%	1.10%	—
带拖挂的载货汽车	—	0.90%	1.10%	1.10%	—
低速货车和三轮汽车		1.10%	1.40%	1.40%	

续表

车辆种类	月折旧率				
	家庭自用	非营业	营业		特种车
			出租	其他	
矿山专用车	—	—	—	—	1.10%
其他车辆	—	0.90%	1.10%	0.90%	0.90%

4. 赔偿处理

（1）索赔资料

被保险人索赔时，须提供保险单、损失清单、有关费用单据、《机动车行驶证》、《机动车登记证书》、机动车来历凭证、车辆购置税完税证明（车辆购置附加费缴费证明）或免税证明、机动车停驶手续以及出险当地县级以上公安刑侦部门出具的盗抢立案证明。

（2）赔偿理算

①全车损失，在保险金额内计算赔偿，但不得超过保险事故发生时被保险机动车的实际价值。

②部分损失，在保险金额内按实际修复费用计算赔偿，但不得超过保险事故发生时被保险机动车的实际价值。

③被保险机动车全车被盗窃、抢劫、抢夺后被找回的：保险人尚未支付赔款的，被保险机动车应归还被保险人；保险人已支付赔款的，被保险机动车应归还被保险人，被保险人应将赔款返还给保险人；被保险人不同意收回被保险机动车，被保险机动车的所有权归保险人，被保险人应协助保险人办理有关手续。

④保险人确认索赔单证齐全、有效后，被保险人签具权益转让书，保险人赔付结案。

5. A、B、C 三套条款及示范条款（2014）在机动车盗抢保险部分的差异

A、B、C 三套条款及示范条款（2014）在机动车盗抢保险部分内容上基本相同，只有细微的差异，其差异见表 4 – 9。

表 4 – 9　机动车盗抢保险部分的差异

责任免除	A 条款责任免除部分的第⑤⑥⑦⑨条的内容，B、C 条款和示范条款（2014）没有； C 条款责任免除部分增加了：被保险机动车和驾驶人同时失踪；律师费、诉讼费和仲裁费。另外 C 条款规定：投保机动车盗抢险的车辆必须拥有机动车管理部门核发的机动车登记证、行驶证或正式号牌，否则本保险合同无效

续表

免赔率	A 条款	发生全车损失，被保险人未能提供《机动车行驶证》、《机动车登记证书》、机动车来历凭证、车辆购置税完税证明(车辆购置附加费缴费证明)或免税证明的，每缺少一项，增加免赔率1%
	B 和示范条款(2014)	发生全车损失，被保险人未能提供《机动车登记证书》、机动车来历凭证的，每缺少一项，增加1%的绝对免赔率； 对投保时指定驾驶员或约定行驶区域的但保险事故发生时非指定驾驶员或约定行驶区域内的免赔率未做规定
	C 条款	发生全车损失，被保险人未能提供《机动车行驶证》、购车原始发票、车辆购置税完税证明或免税证明的，每缺少一项，增加免赔率0.5%； 全车被盗窃，被保险人索赔时原车钥匙不全的，增加3%的绝对免赔率； 对投保时指定驾驶员或约定行驶区域的但保险事故发生时非指定驾驶员或约定行驶区域内的免赔率规定与 A 条款一致

4.6　附加险条款

1. 玻璃单独破碎险

投保了机动车损失保险的机动车，可投保本附加险。

（1）保险责任

被保险机动车风挡玻璃或车窗玻璃的单独破碎，保险人负责赔偿。

（2）投保方式

投保人与保险人可协商选择按进口或国产玻璃投保。保险人根据协商选择的投保方式承担相应的赔偿责任。

（3）责任免除

安装、维修机动车过程中造成的玻璃单独破碎。

2. 火灾、爆炸、自燃损失险条款

投保了营业用汽车损失保险的机动车，可投保本附加险。

（1）保险责任

①火灾、爆炸、自燃造成被保险机动车的损失。

②发生保险事故时，被保险人为防止或者减少被保险机动车的损失所支付的必要的、合理的施救费用。

（2）责任免除

①自燃仅造成电器、线路、供油系统、供气系统的损失。

②所载货物自身的损失。

③轮胎爆裂的损失。

④人工直接供油、高温烘烤造成的损失。

（3）保险金额

保险金额由投保人和保险人在投保时被保险机动车的实际价值内协商确定。

（4）赔偿处理

①全部损失，在保险金额内计算赔偿；部分损失，在保险金额内按实际修理费用计算赔偿。

②每次赔偿实行 20% 的免赔率。

3. 自燃损失险条款

投保了家庭自用汽车损失保险的机动车，可投保本附加险。

（1）保险责任

①因被保险机动车电器、线路、供油系统、供气系统发生故障或所载货物自身原因起火燃烧造成本车的损失。

②发生保险事故时，被保险人为防止或者减少被保险机动车的损失所支付的必要的、合理的施救费用。

（2）责任免除

①自燃仅造成电器、线路、供油系统、供气系统的损失。

②所载货物自身的损失。

（3）保险金额

保险金额由投保人和保险人在投保时被保险机动车的实际价值内协商确定。

（4）赔偿处理

①全部损失，在保险金额内计算赔偿；部分损失，在保险金额内按实际修理费用计算赔偿。

②每次赔偿实行 20% 的免赔率。

4. 车身划痕损失险条款

投保了机动车损失保险的机动车，可投保本附加险。

（1）保险责任

无明显碰撞痕迹的车身划痕损失，保险人负责赔偿。

（2）责任免除

被保险人及其家庭成员、驾驶人及其家庭成员的故意行为造成的损失。

（3）保险金额

保险金额为 2000 元、5000 元、10000 元或 20000 元，由投保人和保险人在投保时协商确定。

（4）赔偿处理

①在保险金额内按实际修理费用计算赔偿。

②每次赔偿实行 15% 的免赔率。

③在保险期间内，累计赔款金额达到保险金额，本附加险保险责任终止。

5. 可选免赔额特约条款

投保了机动车损失保险的机动车可附加本特约条款。

特约了本条款的投保人在投保时和保险人协商确定一个绝对免赔额。保险人按投保人选择的免赔额给予相应的保险费优惠。

被保险机动车发生机动车损失保险合同约定的保险事故，保险人在按照机动车损失保险合同的约定计算赔款后，扣减本特约条款约定的免赔额。选择本条款后，赔款计算公式为：

赔款＝按车辆损失险计算的赔款－选定的免赔额。

6. 新增加设备损失保险条款

投保了机动车损失保险的机动车，可投保本附加险。

（1）保险责任

保险期间内，投保了本附加险的被保险机动车因发生机动车损失保险责任范围内的事故，造成车上新增加设备的直接损毁，保险人在保险单载明的本附加险的保险金额内，按照实际损失计算赔偿。

（2）保险金额

保险金额根据新增加设备的实际价值确定。新增加设备的实际价值是指新增加设备的购置价减去折旧金额后的金额。新增设备的折旧率以本条款所对应的主险条款规定为准。

（3）赔偿处理

每次赔偿的免赔率以本条款所对应的主险条款规定为准。

（4）其他事项

本保险所指新增加设备，是指被保险机动车出厂时原有各项设备以外，被保险人加装的设备及设施。投保时，应当列明车上新增加设备明细表及价格。

7. 发动机特别损失险条款

投保了家庭自用汽车损失保险或非营业用汽车损失保险的机动车，可投保本附加险。

（1）保险责任

保险期间内，投保了本附加险的被保险机动车在使用过程中，因下列原因导致发动机进水而造成发动机的直接损毁，保险人负责赔偿。

①被保险机动车在积水路面涉水行驶。

②被保险机动车在水中启动。

③发生上述保险事故时被保险人或其允许的驾驶人对被保险机动车采取施救、保护措施所支出的合理费用。

（2）赔偿处理

①在发生保险事故时被保险机动车的实际价值内计算赔偿，但不超过被保险机动车的保险金额。

②本保险每次赔偿均实行20%的免赔率。

8. 机动车停驶损失险条款

投保了机动车损失保险的机动车，可投保本附加险。

（1）保险责任

保险期间内，因发生机动车损失保险的保险事故，致使被保险机动车停驶，保险人在保险单载明的保险金额内承担赔偿责任。

（2）责任免除

下列情况导致被保险机动车停驶的，保险人不承担赔偿责任：

①被保险人或驾驶人未及时将被保险机动车送修或拖延修理时间。

②因修理质量不合格重新返修。

（3）保险金额

保险金额按照投保时约定的日赔偿金额乘以约定的赔偿天数确定，约定的日赔偿金额最高为 300 元，约定的赔偿天数最长为 60 天。

（4）赔偿处理

全车损失，按保险单载明的保险金额计算赔偿；部分损失，在保险金额内按约定的日赔偿金额乘以从送修之日起至修复之日止的实际天数计算赔偿，实际天数超过双方约定修理天数的，以双方约定的修理天数为准。

保险期间内，累计赔款金额达到保险单载明的保险金额，本附加险保险责任终止。

9. 代步机动车服务特约条款

投保了家庭自用汽车损失保险或非营业用汽车损失保险的 9 座以下客车，可附加本特约条款。

（1）保险责任

保险期间内，被保险机动车因遭受机动车损失保险合同约定的保险事故而修理，且被保险人在修理期限内需要代步机动车并提出请求的，保险人依照本特约条款的约定提供代步机动车。

（2）责任免除

具有下列情形之一的，保险人不负责提供代步机动车：

①被保险机动车处于查封、扣押期间的。

②被保险机动车因修理质量不合格，处于返修期间的。

③被保险人或驾驶人未及时将被保险机动车送修或拖延修理时间的。

④被保险机动车发生全部损失或推定全损的。

⑤机动车损失保险合同约定的保险事故以外的原因造成被保险机动车损失的。

（3）服务期限

①被保险人依照本特约条款要求提供代步机动车服务的，应当在保险事故发生后及时向保险人提出请求，与保险人协商确定事故机动车的修理期限。

②保险人提供代步机动车服务的期限与修理期限一致。实际修理期限少于协商确定的修理期限的，以实际修理期限为准；实际修理期限超过协商确定的修理期限的，以协商确定的修理期限为准。

③保险人对每次提供代步机动车服务的期限进行累计计算，累计服务期限最长为60日。

（4）责任终止

具有下列情形之一的，本特约条款的保险责任终止：

①机动车损失保险合同终止的。

②保险人提供代步机动车的累计服务期限达到60日的。

③本特约条款依照法律、行政法规规定或投保人与保险人的约定终止的。

（5）其他事项

①保险人提供的代步机动车仅满足被保险人基本的日常代步需要，具体机动车的品牌型号由保险人确定。

②被保险人使用保险人提供的代步机动车期间，除代步机动车租金以外的一切费用、责任或损失，保险人均不负责承担。

10. 更换轮胎服务特约条款

投保了家庭自用汽车损失保险或非营业用汽车损失保险的机动车，可附加本特约条款。

（1）保险责任

保险期间内，在约定区域内被保险机动车因轮胎损坏而无法行驶，经被保险人请求，由保险人或其受托人提供更换轮胎服务，因此产生的服务费用，由保险人依照本特约条款的约定承担。

（2）责任免除

①非保险人或其受托人提供更换轮胎服务所产生的费用，保险人不负责赔偿。

②所更换的轮胎的成本费用，保险人不负责赔偿。

③法律或国家有关部门规定不允许进入的区域，保险人不提供服务并不承担相关费用。

④其他不属于本特约条款（保险责任）约定的保险责任范围内的损失和费用，保险人不负责赔偿。

11. 送油、充电服务特约条款

投保了家庭自用汽车损失保险或非营业用汽车损失保险的机动车，可附加本特约条款。

（1）保险责任

保险期间内，在约定区域内被保险机动车因缺油、缺电而无法行驶，经被保险人请求，由保险人或其受托人提供送油（每次以10公升为限）、充电服务，因此产生的服务费用，由保险人依照本特约条款的约定承担。

（2）责任免除

①非保险人或其受托人提供送油、充电服务所产生的费用，保险人不负责赔偿。

②油料的成本费用，保险人不负责赔偿。

③所更换的蓄电池或其他零部件的成本费用，保险人不负责赔偿。

④法律或国家有关部门规定不允许进入的区域，保险人不提供服务并不承担相关费用。

⑤其他不属于本特约条款（1）约定的保险责任范围内的损失和费用，保险人不负责赔偿。

12. 拖车服务特约条款

投保了家庭自用汽车损失保险或非营业用汽车损失保险的机动车，可附加本特约条款。

（1）保险责任

保险期间内，在约定区域内被保险机动车因发生意外事故或故障而丧失行驶能力，经被保险人请求，保险人或其受托人向被保险人提供将被保险机动车拖至上述约定区域内修理场所的拖车服务，因此产生的服务费用，由保险人依照本特约条款的约定承担。

（2）责任免除

①非保险人或其受托人提供拖车服务所产生的费用，保险人不负责赔偿。

②法律或国家有关部门规定不允许进入的区域，保险人不提供服务并不承担相关费用。

③其他不属于本特约条款（1）约定的保险责任范围内的损失和费用，保险人不负责赔偿。

13. 附加换件特约条款

投保了家庭自用汽车损失保险或非营业用汽车损失保险的使用年限在 3 年以内、9 座以下的客车，可附加本特约条款。

（1）保险责任

保险期间内，因发生机动车损失保险的保险事故，造成被保险机动车的损坏而需要修复时，对受损零部件维修费用达到该部件更换费用20％的，保险人按照保险合同的约定对应予修理的配件给予更换。

（2）赔偿处理

①被保险机动车遭受损失后，受损零部件按最小可分解件进行更换，被更换的零部件归保险人所有。

②车身的漆面损伤不做换件处理。

14. 随车行李物品损失保险

投保了家庭自用汽车损失保险或非营业用汽车损失保险的机动车，可投保本附加险。

（1）保险责任

保险期间内，投保了本附加险的机动车因发生机动车损失保险责任范围内的事故，造成车上所载行李物品的直接损毁，保险人在保险单载明的本附加险的保险金额内，对实际损失依据被保险机动车驾驶人在事故中所负责任比例，承担相应的赔偿责任。

（2）责任免除

①下列财产的损失，保险人不负责赔偿：

a. 金银、珠宝、钻石及制品、玉器、水晶制品、首饰、古币、古玩、字画、邮票、艺术品、稀有金属等珍贵财物。

b. 货币、票证、有价证券、文件、书籍、账册、图表、技术资料、电脑资料、枪支弹药以及无法鉴定价值的物品。

c. 电话、电视、音像设备及制品、电脑及软件。

d. 国家明文规定的违禁物品、易燃、易爆以及其他危险物品。

e. 动物、植物。

f. 用于商业和贸易目的的货物或样品。

②行李物品丢失、被盗窃、抢劫、抢夺，以及因丢失、被盗窃、抢劫、抢夺受到的损坏，保险人不负责赔偿。

（3）保险金额

本附加险的保险金额由保险人和投保人在投保时协商确定，并在保险单中载明。

（4）赔偿处理

①被保险人向保险人申请索赔时，应提供证明损失物品价值的相关凭据和残骸以及其他与确认保险事故的性质、原因、损失程度等有关的证明和资料。

②每次赔偿的免赔率以本条款所对应的主险条款规定为准。

③保险期间内，累计赔款金额达到保险单载明的本附加险的保险金额，本附加险保险责任终止。

15. 新车特约条款 A

（1）适用范围

①本特约条款适用于已投保家庭自用汽车损失保险和不计免赔率特约条款，或者投保非营业用汽车损失保险和不计免赔率特约条款的核定座位在 9 座以下的客车，且机动车损失保险应满足以下条件：

a. 保险金额按照新车购置价确定。

b. 保险期间届满之日在被保险机动车初次登记之日起 37 个月之内。

②下列机动车，不适用本特约条款：

a. 贷款所购的机动车。

b. 设置抵押权的机动车。

c. 用于租赁或营业运输的机动车。

（2）责任免除

①因下列人员的故意或重大过失导致被保险机动车的损失，保险人不负责赔偿：

a. 投保人、被保险人以及其家庭成员。

b. 被保险机动车驾驶人。

c. 被保险人的代理人和雇员。

②贷款所购机动车、设置抵押权的机动车，以及用于租赁或营业运输的机动车发生的损失，保险人不负责赔偿。

（3）赔偿处理

①被保险机动车在一次保险事故中，造成被保险机动车全部损失或部分损失且核定修理费用达到协定金额，保险人选择以下方式负责赔偿：

a. 置换新车。以相同品牌、型号的车辆替换受损被保险机动车的方式予以赔偿。置换新车的购置价以保险金额为限。如国内市场上无相同品牌、型号车辆，则以相近型号或相同规格、配置的车辆予以赔偿。

b. 支付赔款。在保险金额内按保险事故发生时被保险机动车的新车购置价支付赔款。

c. 协定金额指保险金额和协定比例的乘积。协定比例由投保人和保险人在签订保险合同时按照 50%、60% 和 70% 的档次协商确定，并在保险单中载明。

②保险人履行赔偿义务后，被保险机动车的所有权归保险人，被保险人应协助保险人办理有关手续。

（4）其他

保险人以置换新车或者支付赔款的方式予以赔偿后，保险合同终止，保险人不退还机动车损失保险及其附加险的保险费。

16. 新车特约条款 B

（1）适用范围

①本特约条款适用于已投保家庭自用汽车损失保险和不计免赔率特约条款，或者投保非营业用汽车损失保险和不计免赔率特约条款的核定座位在9座以下的客车，且机动车损失保险应满足以下条件：

a. 保险金额按照新车购置价确定。

b. 保险期间届满之日在被保险机动车初次登记之日起37个月之内。

②下列机动车，不适用本特约条款：

a. 贷款所购的机动车。

b. 设置抵押权的机动车。

c. 用于租赁或营业运输的机动车。

（2）责任免除

①因下列人员的故意或重大过失导致被保险机动车的损失，保险人不负责赔偿：

a. 投保人、被保险人以及其家庭成员。

b. 被保险机动车驾驶人。

c. 被保险人的代理人和雇员。

②贷款所购机动车、设置抵押权的机动车，以及用于租赁或营业运输的机动车发生的损失，保险人不负责赔偿。

（3）赔偿处理

①保险人依据被保险机动车驾驶人在事故中所负的事故责任比例，承担相应赔偿责任。

②被保险机动车在一次保险事故中，造成被保险机动车损失且依据机动车损失保险条款计算的赔偿金额达到协定金额，保险人选择以下方式负责赔偿：

a. 置换新车。以相同品牌、型号的车辆替换受损被保险机动车的方式予以赔偿。置换新车的购置价以保险金额为限。如国内市场上无相同品牌、型号车辆，则以相近型号或相同规格、配置的车辆予以赔偿。

b. 支付赔款。在保险金额内按保险事故发生时被保险机动车的新车购置价支付赔款。

c. 协定金额指保险金额和协定比例的乘积。协定比例由投保人和保险人在签订保险合同时按照50%、60%和70%的档次协商确定，并在保险单中载明。

③保险人履行赔偿义务后，被保险机动车的所有权归保险人，被保险人应协助保险人办理有关手续。

（4）其他

保险人以置换新车或者支付赔款的方式予以赔偿后，保险合同终止，保险人不退还机动车损失保险及其附加险的保险费。

17. 车上货物责任险条款

投保了机动车第三者责任保险的机动车，可投保本附加险。

（1）保险责任

保险期间内，发生意外事故致使被保险机动车所载货物遭受直接损毁，依法应由被保险人承担的损害赔偿责任，保险人负责赔偿。

（2）责任免除

①偷盗、哄抢、自然损耗、本身缺陷、短少、死亡、腐烂、变质造成的货物损失。

②违法、违章载运或因包装不善造成的损失。

③车上人员携带的私人物品。

④应当由机动车交通事故责任强制保险赔偿的损失和费用。

（3）责任限额

责任限额由投保人和保险人在投保时协商确定。

（4）赔偿处理

被保险人索赔时，应提供运单、起运地货物价格证明等相关单据。保险人在责任限额内按起运地价格计算赔偿。每次赔偿实行20%的免赔率。

18. 附加交通事故精神损害赔偿责任保险条款

投保人在同时投保了机动车第三者责任保险和车上人员责任保险的基础上，可投保本附加险。

（1）保险责任

保险期间内，被保险机动车在使用过程中，发生意外事故，致使第三者或本车上人员的残疾、烧伤、死亡或怀孕妇女流产，受害方据此提出的精神损害赔偿请求，依照法院生效判决或者经事故双方当事人协商一致并经保险人书面同意的，应由被保险人承担的精神损害赔偿责任，保险人在本保险合同约定的责任限额内负责赔偿。

（2）责任免除

发生以下情形或损失之一者，保险人不承担精神损害赔偿责任：

①被保险机动车驾驶人在事故中无过错。

②被保险机动车未发生直接碰撞事故，仅因第三者或本车上人员的惊恐而引起的损害。

③怀孕妇女的流产发生在交通事故发生之日起30天以外的。

④被保险机动车违反安全装载规定。

⑤应当由机动车交通事故责任强制保险赔偿的损失和费用。

（3）责任限额

每次事故责任限额和每次事故每人责任限额由投保人和保险人在签订保险合同时协商确定，其中每次事故每人责任限额不超过5万元。

（4）赔偿处理

①按人民法院对被保险人应承担精神损害赔偿责任的生效判决以及保险合同的约定进行赔偿；协商、调解结果中所确定的被保险人的精神损害赔偿责任，经保险人书面同意后，保险人负责赔偿。

②每次事故赔偿实行 20% 的免赔率。

19. 教练车特约条款

投保了机动车损失保险、第三者责任保险或车上人员责任保险的专用教练车，可附加本特约条款。

保险期间内，对于尚未取得合法机动车驾驶证，但已通过合法教练机构正式学车手续的学员，在固定练习场所或指定路线，并有合格教练随车指导的情况下驾驶被保险机动车时，发生对应投保主险保险责任范围内的事故，保险人负责赔偿。

20. 附加油污污染责任保险条款

投保人在同时投保了机动车损失保险和第三者责任保险的基础上，可投保本附加险。

（1）保险责任

保险期间内，被保险机动车在使用过程中发生意外事故，由于被保险机动车或第三方机动车自身油料或所载油料泄漏造成道路的污染损失及清理费用，依法应由被保险人承担的损害赔偿责任，保险人依照合同约定负责赔偿。

（2）责任免除

①道路以外的损失。

②由于污染所导致的罚款及任何间接损失。

③应当由机动车交通事故责任强制保险赔偿的损失和费用。

（3）责任限额

每次事故责任限额由投保人和保险人按 5 万元、10 万元、20 万元、30 万元、50 万元的档次协商确定。

（4）赔偿处理

①保险事故发生后，根据法院、仲裁机构依法判决、裁定、裁决或调解，或者经事故双方当事人协商一致并经保险人书面同意的，应由被保险人承担的损害赔偿责任，保险人在保险单载明的本附加险责任限额内给予赔偿。

②被保险人索赔时，应提供公安机关交通管理部门、交通行政管理部门等出具的事故证明、事故现场记录以及其他与确认保险事故的性质、原因、损失程度等有关的证明和资料。

③每次事故赔偿实行 20% 的免赔率。

21. 附加机动车出境保险条款

投保人在同时投保了机动车损失保险和第三者责任保险的基础上，可投保本附加险。

（1）保险责任

保险期间内，经双方同意并在保险单上载明，保险人已承保的机动车损失保险、机动车第三者责任保险的保险责任扩展至中国香港、澳门地区或与中华人民共和国接壤的其他国家和地区。

扩展区域从出境处起算，由投保人和保险人按照 200 km、500 km 和 1000 km 的半径范围来确定。

（2）责任免除

出境后，在非约定区域内被保险机动车发生事故造成的损失，保险人不负责赔偿。

（3）其他

本附加险生效后，投保人不得退保。

22. 异地出险住宿费特约条款

投保人在同时投保了机动车损失保险和第三者责任保险的基础上，可附加本特约条款。

（1）保险责任

保险期间内，被保险机动车在保险合同签订地的地市级行政区域外发生机动车损失保险或第三者责任保险合同约定的保险事故，因在事故发生地修理被保险机动车或处理保险事故，被保险人或其受托人在事故发生地所在地市级行政区域内发生的必要的、合理的住宿费，保险人依照本特约条款的约定负责赔偿。

（2）保险金额

保险金额由投保人和保险人在签订保险合同时按 500 元、800 元和 1000 元的档次协商确定。

（3）责任免除

①被保险人或其受托人在事故发生地所在的地市级行政区域以外的地点发生的住宿费，保险人不负责赔偿。事故发生地为直辖市的，对被保险人或其受托人在直辖市行政区域以外的地点发生的住宿费，保险人不负责赔偿。

②被保险人不能提供本特约条款约定的住宿费发票或住宿时间证明的，保险人不负责赔偿。

（4）赔偿处理

①被保险人索赔时应提供住宿费发票及住宿旅馆出具的住宿时间证明。

②保险人在保险金额内按每日住宿费之和计算赔偿。每日住宿费按以下方式确定：每日住宿费按同一旅馆的住宿费发票总金额除以住宿天数计算，超过 200 元的，按 200 元计算。居住不同旅馆的，每日住宿费按前述方式分别计算。

③保险期间内，累计赔款金额达到保险金额的，本特约条款保险责任终止。

23. 不计免赔率特约条款

经特别约定，保险事故发生后，按照对应投保的险种规定的免赔率计算的、应当由被保险人自行承担的免赔金额部分，保险人负责赔偿。

下列情况下，应当由被保险人自行承担的免赔金额，保险人不负责赔偿：

①机动车损失保险中应当由第三方负责赔偿而无法找到第三方的。

②被保险人根据有关法律法规规定选择自行协商方式处理交通事故，但不能证明事故原因的。

③因违反安全装载规定而增加的。

④投保时指定驾驶人，保险事故发生时为非指定驾驶人使用被保险机动车而增加的。

⑤投保时约定行驶区域，保险事故发生在约定行驶区域以外而增加的。

⑥因保险期间内发生多次保险事故而增加的。

⑦发生机动车盗抢保险规定的全车损失保险事故时，被保险人未能提供《机动车行驶

证》、《机动车登记证书》、机动车来历凭证、车辆购置税完税证明（车辆购置附加费缴费证明）或免税证明而增加的。

⑧可附加本条款但未选择附加本条款的险种规定的。

⑨不可附加本条款的险种规定的。

24. 特种车保险批单

（1）起重、装卸、挖掘车辆损失扩展条款

经双方同意，鉴于被保险人已交付附加保险费，本保险合同扩展承保被保险机动车的下列损失：

①作业中车体失去重心造成被保险机动车的自身损失。

②吊升、举升的物体造成被保险机动车的自身损失。

（2）特种车辆固定设备、仪器损坏扩展条款

经双方同意，鉴于被保险人已交付附加保险费，本保险合同扩展承保被保险机动车上固定的设备、仪器因超负荷、超电压或感应电及其他电气原因造成的自身损失。

25. 多次出险增加免赔率特约条款

投保了家庭自用汽车损失保险的机动车，可附加本特约条款。保险人按照保险监管部门批准的机动车保险费率方案对家庭自用汽车损失保险给予保险费优惠。

附加本特约条款的被保险机动车在保险期间内发生多次保险事故的（自然灾害引起的事故除外），免赔率从第三次开始每次增加5%，累计增加免赔率不超过25%。

26. 约定区域通行费用特约条款

投保了机动车损失保险的使用年限在5年以内的机动车，可附加本特约条款。

（1）保险责任

保险期间内，经特别约定，被保险机动车在通过桥梁、隧道等约定区域时发生意外事故或被保险机动车自身发生故障，造成桥梁、隧道等约定区域通行障碍的，对被保险人为清除通行障碍而发生的清障费、拖车费、吊车费，保险人在保险单载明的保险金额内负责赔偿。

清障费是指清除因保险事故造成的路面障碍物（不包括被保险机动车自身）的必要、合理的费用。

拖车费是指发生保险事故后，因租用拖车将被保险机动车移离事故现场而产生的必要、合理的费用。

吊车费是指发生保险事故后，因租用吊车将被保险机动车移离事故现场而产生的必要、合理的费用。

（2）责任免除

①被保险机动车违反安全装载规定的。

②保险事故发生在约定区域以外的。

③清障费、拖车费、吊车费以外的费用。

④被保险机动车被盗窃、抢劫、抢夺期间（被盗窃、抢劫、抢夺过程中及全车被盗窃、抢劫、抢夺后至全车被追回）造成的损失或费用。

⑤投保人与保险人约定并于保险单上载明的由被保险人自行承担的损失或费用。

⑥被保险人及其家庭成员、被保险人允许的驾驶人的故意行为或违法行为造成的损失或费用。

（3）保险金额

保险金额为 5000 元或 10000 元，保险金额和约定区域由投保人和保险人在投保时协商确定。

（4）赔偿处理

每次赔偿的免赔率以本特约条款所对应的主险条款规定为准。

保险期间内，累计赔款金额达到保险金额的，本特约条款保险责任终止。

27. 指定专修厂特约条款

投保了机动车损失保险的机动车，可附加本特约条款。

投保人在投保时未选择本特约条款的，机动车损失保险事故发生后，因保险事故损坏的机动车辆，在修理前应当按照主险条款的规定，由被保险人与保险人协商确定修理方式和费用。

投保人在投保时选择本特约条款，并增加支付本特约条款的保险费的，机动车损失保险事故发生后，被保险人可自主选择具有被保险机动车辆专修资格的修理厂进行修理。

28. 租车人人车失踪险条款

投保了机动车盗抢保险的机动车，可投保本附加险。

（1）保险责任

保险期间内，租车人未能按约定时间归还租赁机动车，经出险当地县级以上公安刑侦部门立案证明租车人与租赁机动车同时失踪，满 60 天未查明下落的，对于被保险机动车的自身损失，保险人依照本附加险的约定负责赔偿。

（2）责任免除

①被保险机动车被诈骗、收缴、没收、扣押造成的损失。

②被保险机动车失踪期间造成第三者人身伤亡或财产损失。

③被保险人及其家庭成员、被保险人允许的驾驶人的故意行为或违法行为造成的损失。

④被保险人索赔时，未能提供被保险机动车停驶手续或出险当地县级以上公安刑侦部门出具的失踪立案证明。

（3）保险金额

保险金额由投保人和保险人在投保时被保险机动车的实际价值内协商确定。

（4）赔偿处理

①被保险人知道被保险机动车失踪后，应在 24 小时内向出险当地公安刑侦部门报案，并通知保险人。

②被保险人索赔时，须提供保险单、《机动车行驶证》、《机动车登记证书》、机动车来历凭证、车辆购置税完税证明（车辆购置附加费缴费证明）或免税证明、机动车停驶手续以及出险当地县级以上公安刑侦部门出具的失踪立案证明。

③发生保险事故后，在保险金额内计算赔偿，并实行 20% 的免赔率。被保险人未能提供

《机动车行驶证》、《机动车登记证书》、机动车来历凭证、车辆购置税完税证明(车辆购置附加费缴费证明)或免税证明的，每缺少一项，增加 1% 的免赔率。

④保险人确认索赔单证齐全、有效后，被保险人签具权益转让书，保险人赔付结案。

⑤被保险机动车失踪后被找回的：保险人尚未支付赔款的，被保险机动车应归还被保险人；保险人已支付赔款的，被保险机动车应归还被保险人，被保险人应将赔款返还给保险人；被保险人不同意收回被保险机动车，被保险机动车的所有权归保险人，被保险人应协助保险人办理有关手续。

29. 法律费用特约条款

投保了机动车第三者责任保险或车上人员责任保险的机动车，可附加本特约条款。

保险期间内，经保险人事先书面同意，被保险人因发生第三者责任保险或车上人员责任保险的保险事故给第三者或车上人员造成损害而被提起仲裁或诉讼的，对应由被保险人支付的仲裁或者诉讼费用以及其他费用，保险人在本特约条款的每次事故责任限额内负责赔偿。每次事故责任限额由投保人和保险人在投保时按 1 万元、2 万元、5 万元的档次协商确定。

思考题

1. 车损险保险金额如何确定？发生事故后保险公司如何赔付？
2. 汽车损失险和第三者责任险的附加险各有哪些？
3. 汽车出险后，常见的合理施救费用包括哪些？
4. 计算车辆损失险的赔款时，常见的免赔率有哪些？
5. 简述第三者责任险的保险责任。
6. 简述车辆损失险的保险责任。

第 5 章　汽车保险承保实务

承保实质上是保险双方订立合同的过程，即指保险人在投保人提出投保请求时，经审核其投保内容后，同意接受其投保申请，并负责按照有关保险条款承担保险责任的过程。承保过程：首先，由展业人员为客户制订保险方案；投保人提出保险要求，填写投保单；协商确定保费交付方法；然后，保险人审查投保单，向投保人询问有关保险标的和被保险人的各种情况，决定是否接受投保。如果保险人接受投保，则在保险单上签章、收取保费、出具保险单或保险凭证，保险合同即告成立。在保险合同生效期间，如果保险标的的所有权改变，或者投保人因某种原因要求更改或取消保险合同，都须进行批改；最后，保险期满后，根据投保人意愿可以重新办理续保。

因此，一个完整的承保流程包括六个环节，即展业—投保—核保—缮制与签发单证—批改—续保。其中核心环节为：投保—核保—签发单证。

5.1　保险展业

保险展业是保险公司进行市场营销的过程，即向客户提供保险商品的服务。从事展业的人员可以是保险公司的员工，也可以是中介机构的代理人或经纪人。保险展业是保险业务经营的第一步，展业工作做得如何，直接影响保险人的业务经营。

1. 保险展业准备

（1）理论知识

①了解《保险法》《合同法》《道路交通安全法》《机动车交通事故责任强制保险条例》等与机动车辆保险、交通事故处理、机动车管理相关知识，汽车保险业务有关的法律、法规、政策规定以及本公司对机动车辆保险经营管理的规定与要求。

②掌握保险的基本原理、保险相关知识及实务操作规程等业务知识。

③掌握机动车辆基本知识，熟悉其结构，常见风险以及预防方法。

（2）市场情况

①熟悉保险市场经营的宏观环境和本公司的经营状况。

②了解汽车市场动态，熟悉本地区汽车拥有量、新增量、年检车数量、各类型比例、承保情况、历年事故率、事故规律及赔付情况。

③了解本地区客户拥有的车型、用途、目前的承保公司、保险期限及客户与标的利益关

系，做好客户公关工作。

④了解同行业的保险市场经营情况。

（3）制订展业计划和目标

①制订月、季度、年度展业计划，确定展业目标、重点，定期分析展业情况，合理安排展业时间。展业计划应符合实际，展业目标应明确。

②做好续保工作。利用数据库资料，在保险期满前一个月主动和投保人联系，协商续保。同时，注意客户信息保密，避免被竞争对手获取。

2. 开展保险宣传

开展保险宣传对拓展保险业务和提升国民保险意识具有重要的意义。保险宣传的方式多种多样，如广告宣传、召开讲座、广播电台播放、报纸杂志登载宣传保险知识、保险产品，提升公司品牌影响力。同时也要特别注意利用网络媒体，如大型门户网站、汽车专业网站论坛、微博、微信等新媒体，树立保险企业良好形象。

3. 提升展业绩效

提升保险展业绩效的渠道主要有三种：一是努力提高业务员素质，依靠业务员去争取更多业务；二是广设代理机构，建立广阔的服务网络；三是充分发挥保险经纪人的作用，积极开展大型客户业务、跨地区业务。

4. 制订保险方案

保险方案是在对投保人的风险评估基础上提出来的保险建议书。为提高服务水平，各保险公司一般都要在展业时向投保人或被保险人提供完善的保险方案。由于投保人所面临的风险种类、风险程度不同，因而对保险需要也不尽相同，这就需要展业人员为投保人设计最佳的投保方案。

（1）保险方案的制订需要遵循的原则

①充分保障原则。展业人员应从专业角度对投保人可能面临的风险进行充分识别和评估，制订相应的保险方案，争取用最小成本实现最大安全，防止提供不必要的保障。

②充分披露原则。保险人应依据《保险法》及监管部门要求，说明投保险种保障范围，解释责任免除条款、容易发生歧义的条款及投保人、被保险人义务条款含义，不得曲解、隐瞒或误导。

（2）保险方案主要内容

包括：保险人介绍；投保标的风险评估；保险方案总体建议；保险条款及解释；保险金额和赔偿限额确定；免赔额及适用情况；赔偿处理程序及要求；服务体系及承诺；相关附件。

5.2 汽车保险投保业务

1. 汽车投保意义

（1）提供经济补偿功能

汽车在使用过程中遭受自然灾害风险和发生意外事故的概率较大，特别是在发生第三者责任的事故中，其损失赔偿是难以通过自我补偿的。汽车所有者或使用者通过投保（缴纳保险费），建立保险基金，用来对因为自然灾害和意外事故造成车辆的经济损失，或在人身保险事故发生时给予经济上的补偿，使得集体或个人再生产得以持续进行，安定了人民的生活，提高了人民的物质福利。

（2）提高风险管理能力

汽车投保后，保险人和被保险人有共同的经济利益，即减少灾害和事故的发生，尽量避免车辆损失和人员伤亡。保险人利用日常业务中掌握的汽车保险数据，运用保险专业人员的技术力量，分析各种灾害原因，提出防灾防损方案。保险人通过这种风险管理能力的提高，从而减少车辆损失和人身伤害，为保险公司和社会创造了大量效益。

2. 汽车投保的含义

汽车投保是指投保人向保险人表达缔结保险合同意愿的过程。汽车保险合同采用要约与承诺的方式订立，即订立保险合同应包括投保与承保的过程。要约又称为"订约提议"，是一方当事人向另一方当事人提出订立合同意愿的法律行为；承诺又称为"接受订约提议"，是承诺人向要约人表示同意与其缔结合同的意愿表示。

在汽车保险实务中，保险人为了开展保险业务印制汽车投保单，投保人认可投保单上的保险条款内容，将填好的投保单交给保险人，这是汽车投保人向保险人提出的要约。保险人接到投保单以及其他保险单证后逐项审核，认为符合投保条件而接受要约，同意承保，在投保单上签章后出具保险单以及其他保险单证，就构成了承诺，同时也标志着汽车保险合同的成立。

3. 汽车投保中不同标的的基本要求

（1）对营业车辆的要求

汽车投保对营业车辆的要求有以下几个方面：①不得单独投保第三者责任险。②外地牌照不保。③使用年限 5 年以上的车辆，或 4 年以上的出租汽车，原则上不予承保。④第三者责任险最高责任赔偿限额：客车 50 万元；出租车 20 万元；货车 20 万元。

（2）对非营业车辆的要求

汽车投保对非营业车辆的要求：不得承保土方车及环卫清运车。

（3）对各类新车的要求

汽车投保对各类新车的要求：①必须提供发动机号及车架号才能承保，只提供一个要素的，不得承保全车盗抢险。②承保全车盗抢险时，须在保险单"特别约定"栏中加注："全车盗抢险责任从本车取得正式牌照号码后生效。"③取得正式牌照号码后，必须在 48 小时内以批单形式通知保险公司。

4. 汽车投保的方式

目前，国内的汽车投保方式主要有以下几种。

（1）到保险公司投保

传统的投保方式是投保人亲自到保险公司投保，由保险公司业务员对保险险种、保险条款进行全面详细的解释介绍，并针对投保人具体情况提出保险建议和方案。由于投保人直接到保险公司投保，降低了营业成本，商业车险费率折扣上会高一些，也避免了一些非法中介误导和欺骗。

（2）业务员上门服务

投保人选择保险公司，由保险公司派业务员上门服务。由于是"一对一"服务，业务员能对保险条款进行解释和提供咨询服务，帮助投保人进行险种设计，指导投保人填写保单。并且提供代送保险单、发票等其他服务。

（3）电话、网上投保

电话和网上投保是近年来比较流行的投保渠道，免去了保险中介人的参与，在保费方面具有很强的优势。此外，投保人直接面对保险公司，避免被不良中介误导和欺骗。电话车险运营商均是保监会审核通过的企业，现在已开通电话车险的公司有中国人民保险集团股份有限公司（95518）、中国平安保险（集团）股份有限公司（95511）、阳光保险公司（95510）等。投保人通过电话投保均有录音，车主可以随时要求复查自己投保时的录音。

（4）通过保险中介机构投保

由于目前保险中介竞争激烈，为争夺客户，保险代理机构往往给予的保险折扣较大，相对而言价格低廉。同时，保险中介可以上门服务或代投保人办理各种投保、理赔所需的手续，给投保人带来诸多方便。

（5）4S 店代理保险公司投保

4S 店是新车主投保之前的第一联系人，为了提高自身竞争力，4S 点与各大保险公司合作，增加了代理保险业务，性质与保险代理公司一样。车主在 4S 店内购车后，即可在店内购买汽车保险。

5. 投保单填写

投保单也称为保单，是投保人为订立保险合同向保险人进行要约的书面证明，也是投保人要求投保的书面凭证，是确定保险合同内容的依据。保险人一旦接受了保险单，投保单就成为保险合同的要件之一。

保险公司依据客户填写的投保单出具保单后，客户需要及时办理缴费手续，缴费后即方可领取保险单和保险证，保单合同同时生效。

投保单如表 5 - 1 所示，填写的基本内容包括：投保人名称、厂牌型号、车辆种类、车牌号码、发动机号码、车架号、使用性质、吨位或座位、行驶证、初次登记年月、保险价值、车辆损失险保险金额的确定方式、第三者责任险赔偿限额、附加险的保险金额或保险限额、车辆总数、保险期限、联系方式、特别约定、投保人签章。

表 5 – 1 ××财产保险有限责任公司机动车辆保险投保单

××财产保险有限责任公司机动车辆投保单

欢迎您到财产保险有限责任公司投保！在您填写本投保单前请先详细阅读《机动车交通事故责任强制保险条例》及我公司的机动车辆保险条款，阅读条款时请您特别注意各个条款中的保险责任、责任免除、投保人义务、被保险人义务等内容并听取保险人就条款（包括责任免除条款）所做的说明。您在充分理解条款后，再填写本投保单各项内容（请在需要选择的项目前的"□"内划√表示）。为了合理确定投保机动车的保险费，并保证您获得充足的保障，请您认真填写每个项目，确保内容的真实可靠。您所填写的内容我公司将为您保密。本投保单所填内容如有变动，请及时到我公司办理变更手续。

投保人	投保人名称/姓名				投保机动车数			辆
	联系人姓名		固定电话		移动电话			
	投保人住所				邮政编码			
被保险人	□自然人姓名：			身份证号码				
	□法人或其他组织名称：							
	组织机构代码				职业			
	被保险人单位性质	□党政机关、团体 □事业单位 □军队(武警) □使(领)馆 □个体、私营企业 □其他						
	联系人姓名		固定电话		移动电话			
	被保险人住所				邮政编码			
投保机动车情况	被保险人与机动车的关系	□所有 □使用 □管理			行驶证车主			
	号牌号码			号牌底色	□蓝 □黑 □黄 □白 □白蓝 □其他颜色			
	厂牌型号			发动机号				
	VIN 码				车架号			
	核定载客	人	核定载质量	千克	排量/功率	L/kW	整备质量	千克
	初次登记日期	年 月 日		已使用年限	年	年平均行驶里程		公里
	车身颜色	□黑色 □白色 □红色 □灰色 □蓝色 □黄色 □绿色 □紫色 □粉色 □棕色 □其他颜色						
	机动车种类	□客车 □货车 □客货两用车 □挂车 □低速货车和三轮汽车 □特种车(请填用途)：_____。□摩托车(不含侧三轮) □侧三轮 □兼用型拖拉机 □运输型拖拉机						
	机动车使用性质	□家庭自用 □非营业用(不含家庭自用) □出租/租赁 □城市公交 □公路客运 □营业性货运						
	上年是否在本公司投保商业机动车保险				□是 □否			
	行驶区域	□中国境内 □省内行驶 □场内行驶 □固定路线 具体路线：_____。						
	是否为未还清贷款的车辆	□是 □否		上一年度交通违法纪录		□有 □无		
	上次赔款次数	□交强险赔款次数_____次 □商业机动车保险赔__次						

续表 5 - 1

投保主险条款名称			
指定驾驶员	姓名	驾驶证号码	初次领证日期
驾驶人员 1		□□□□□□□□□□□□□□□□□□	
驾驶人员 2		□□□□□□□□□□□□□□□□□□	
保险期间		_____年___月___日零时起至_____年___月___日二十四时止	

投保险种			保险金额/责任限额(元)	保险费(元)	备注
□机动车损失险，新车购置价_____元					
□商业第三者责任险					
□车上人员责任险		驾驶____人	万·人·次		
		乘客人数___人	万·人·次		
		乘客人数___人	人·次		
□全车盗抢险					
□附加玻璃单独破碎险	□国产玻璃				
	□进口玻璃				
□附加车身划痕险					
□附加不计免赔率特约	适用险种	□机动车损失险			
		□第三者责任险			
		□车上人员责任险			
		□全车盗抢险			
		□车身划痕险			
□附加可选免赔额特约			免赔金额：		
保险费合计　（人民币大写）				（￥　　元）	
特别约定					
保险合同争议解决方式选择		□诉讼　　□提交_____仲裁委员会仲裁			

续表 5 -1

投保人声明:保险人已将投保险种对应的保险条款(包括责任免除部分)向本人作了明确说明,本人已充分理解;

上述所填写的内容均属实,同意以此投保单作为订立保险合同的依据。

投保人签名/签章:

_____年____月_____日

验车验证情况	□已验车	□已验证	查验人员签名:		_____年___月___日___时___分
初审情况	业务来源:□直接业务　□个人代理　□专业代理 □兼业代理　□经纪人　□网上业务　□电话业务 代理(经纪)人名称: 上年度是否在本公司承保:　　□是　□否 业务员签字:　　　　　　　　年　月　日			复核意见	复核人签字:　　　　　　年　月　日

注:阴影部分内容由保险公司业务人员填写。

××财产保险有限责任公司机动车辆保险《投保须知》回执

××财产保险有限责任公司:

本人(单位)已对保险人所提供之投保须知内容,有保险条款、费率、责任免除、加退保规定、投保人和被保险人的义务等事项,经由说明已充分理解。本人(单位)将据实按照投保须知内容及要求,提供真实、合法、齐全的投保数据,并配合保险人办理投保手续。

被保险人(或代理人)签名/签章:

年　　　月　　　日

6.投保流程

投保流程共计 6 个步骤,如图 5 -1 所示。

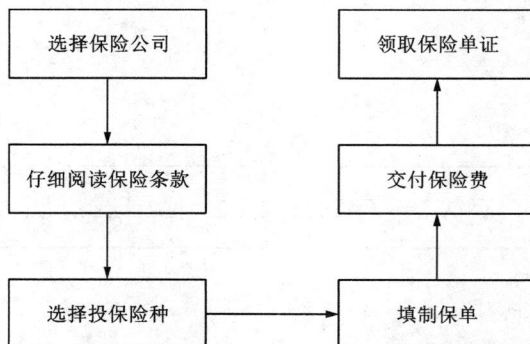

图 5 -1　投保流程图

①选择保险公司，了解现在经营机动车辆保险业务的各家保险公司的服务情况，若经常驾车外出，最好选择规模较大、网点健全的保险公司。

②仔细阅读机动车辆保险条款，尤其对于条款中的责任免除条款和义务条款要认真研究，同时对于条款中不理解的条文要记下来，以便投保时向保险业务员咨询。

③选择投保险种。根据条款内容、费率和自身的车辆情况，选择适合自己的投保险种。

④填制保险单。携带购车发票、机动车行驶证、车主身份证等相关证件，把要投保的车辆开到保险公司；选择合适的险种，如实填写《机动车辆保险投保单》。

⑤交付保险费，保险公司业务人员对投保单及投保车辆核对无误并出具保单正本后，投保人要核对保险单本上内容是否准确、是否填写完全，确认无误后，最后履行的义务就是按照选择的交费方式进行保险费交纳。

⑥领取保险单证。投保人拿到保险单及保险凭证后，将交强险的"强制保险标志"粘贴在机动车前窗右上角，余下单据应妥善保管。

7. 投保注意事项

①投保时应如实告知。投保人无论投保交强险还是投保商业机动车险都应当如实告知。否则，机动车辆发生保险事故时，保险公司将不负责赔偿。

②投保后应及时交纳保险费。保险合同成立后，投保人应及时交付保险费，以保障自身权益。根据规定，保险费交付前发生的保险事故，保险人不承担赔偿责任。

③不重复投保。《保险法》规定，重复保险的各保险人赔偿保险金的总和不得超过保险价值。各保险人按照其保险金额与保险金额总和的比例承担赔偿保险金的责任。

④不超额投保。投保时，超过保险价值的，超过部分无效。

⑤了解保险责任开始时间。保险责任开始时间应由双方在保险合同中约定。投保人必须清楚合同生效时间，合同生效才对自己有保障，否则，保险公司不承担赔偿责任。

5.3　汽车保险核保业务

1. 核保的意义

（1）排除道德风险

保险公司的经营存在信息不对称的问题。对标的情况和相关风险，投保人或被保险人比较了解，而保险公司却难以做到完全知晓。由于种种原因，标的的完整精确信息，始终不能为保险人全部获悉，而这可能导致投保人或被保险人的道德风险，从而给保险公司经营带来巨大的潜在风险。保险公司通过建立核保制度，由资深人员运用专业技术和丰富经验对投保标的进行风险评估，最大限度地解决信息不对称问题，排除道德风险，能有效降低保险欺诈案件的发生。

（2）确保业务量，实现稳定经营

保险公司要稳定经营，关键是控制承保质量。但是，业务争取和业务选择存在着矛盾。业务争取是保证量，业务选择是保证质。业务量是保险业务开展的基础，只有数量充足才能充分发挥分散风险的作用,才能建立雄厚的保险基金。但随着业务量的增大,风险也会增多,必须通过核保来保证业务质量,降低经营风险。

(3)提供高质量的专业服务

核保工作的核心是对承保风险的专业评估,因而保险公司可以为客户提供全面和专业的风险管理建议,从而实现最有效的防灾防损。

(4)为保险中介市场建立和完善创造必要的前提条件

由于保险中介组织经营目的、价值取向的差异以及从业人员的水平等问题,保险公司在充分利用保险中介机构进行业务发展的同时,对中介组织的业务管理更需要加强。核保制度是对中介业务质量控制的重要手段,核保制度的建立和完善为中介市场的发展和完善创造了必要的前提条件。

2. 核保的含义

在承保过程中,保险人对保险标的风险进行审核、筛选、分类,以决定是否承保以及何种条件承保,以使风险类别的个体危险达到一致,从而维持保费的公平合理。这一风险的选择的过程就称为核保。

承保工作中最主要的环节为核保,核保的目的是避免危险的逆选择。所谓逆选择,就是指那些有较大风险的投保人试图以平均的保险费率购买保险。或者说,最容易遭受损失的风险就是最可能投保的风险,从保险人的角度来看这就是逆选择。核保活动包括选择被保险人、对危险活动进行分类、决定适当的承保范围、确定适当的费率或价格、为展业人员和客户提供服务等几个方面。核保工作贯穿从受理投保到保单终止的车险业务流程的始终,是业务流程的核心,是保险公司经营管理的重点。

3. 审核投保单、查验车辆

(1)审核投保单

被保险人信息项:在该信息项中,被保险人的信息包括姓名、职业、地址、邮编号码、电话号码等。这些信息,可以在核保及理赔时核对各类信息以及联系被保险人。

投保车辆信息项:在该信息项中,被保险人与车辆关系,主要便于了解与审核被保险人对该投保车辆是否具有保险利益,体现了保险合同订立"保险利益原则"的要求。车牌号码,是车辆在交通部门的合法识别标志,也是车辆出现情况时交警部门查询的内容,更是在投保时必须具备与核保时确定是否具有投保资格、理赔时确定是否是投保车辆的依据之一。

车辆初次登记日期:该信息是确定保费缴纳日期与保险有限期的重要依据。核定载客、车辆种类、使用性质,是确定保费与该投保车辆发生事故时保险公司是否承担赔偿责任的有效依据。

保险期间项:是确定车辆续保日期与保险期限是否有效的依据。

机动车交通事故责任强制保险项:机动车责任强制保险是国家规定的强制保险,是机动车上路前必须投保的保险,所以保险公司在投保单中设置该项。责任限额,是为了确定投保车辆在发生保险责任范围内的事故时,保险人付给被保险人金额的最高限额。交强险保费浮动比率,是保险公司对于投保车辆进行风险控制的有效手段,该项的明确规定有利于保险公司对被保险人进行心理风险与道德风险的有效控制,浮动标准根据被保险机动车所发生的道路交通事故计算，若以往发生交通事故次数多的话，交强险费率上升，反之则下降。保费合计，是保险公司向投保人收取保额大小的根据。

机动车商业保险项：该项目包含的内容较多，有各类保险险种、保险金额、保费等内容，这些项目明确了投保人与保险公司的保险内容，即保险人承保被保险人的风险种类，同时也确定了被保险人向保险人缴纳保险费的金额。该项中值得单独提出的是不计免赔特约险项目，该项目确定了由被保险人自行承担的免赔金额部分，由保险公司负责赔偿。

特别约定项：该项目翔实记录保险公司与被保险人的协商保险项。该项也对保险合同争议解决方式做出了规定。

投保人声明项：是投保人对他所投保的保险险种以及责任免除等已了解清楚的一项说明，以及被保险人对他所填写的本人信息和所投保车辆信息的真实性做出的保证。该条款在发生保险核保与理赔纠纷中可发挥重要作用，也是保险人日后发现被保险车辆信息不真实，即被保险人对保险标的未作出真实说明，足以影响保险人是否承保决定的，保险人可以解除保险合同的依据。该项也规定了被保险人缴纳保费、何时缴纳、缴纳金额的义务。投保人签名、日期是该投保单生效的必要条件。联系电话是保险人联系、回访被保险人的重要方式。

验车验证情况项：是保险公司审核该投保车辆是否具有投保资格的必要项。审核结合投保车辆的有关证明（如机动车行驶证），进行详细核定。查验人员签名、查验日期是明确查验责任的一种方式。

初审情况项：该项有利于保险公司明确保险销售渠道、明确保单签发责任和支付酬金。

复核意见项：是该投保单有效的关键项，明确了投保复核责任。

（2）查验车辆

验车承保是防范道德风险、加强风险管控的有效措施。

1）免验范围

①按期续保的车辆：续保日期与上年保单日期吻合且续保相同险别的车辆。

②销售的新车：为保险公司代理车险业务的4S店出售的车辆，新车业务如是挂牌当日（以行驶证初次登记日期为准）投保则可免验，否则均需验车承保。

③其他公司的上年投保险别与今年续保险别相符的按期续保业务，提供去年保单原件，且车损保险金额在60万元以内。

④单独投保第三者责任险及车上人员座位险及其所属附加险的车辆。

⑤在保险期内变更不涉及车损险、盗抢险及其所属附加险承保条件的车辆。

⑥一次投保超过10辆的党政机关、企事业单位的车队和一次性投保超过20辆的营业客车免验，货车均需验车承保。

⑦单保交强险时，按期续保或转保的车辆，到同一保险公司办理续保业务时，保险公司必须核对上年保单原件，未提供上年保单原件的不得按续保免验；对于转保未到期属于免验范围的，将保单原件扫描上传，复印件必须与保单一起归入承保档案。

2）验车范围及重点

原则上除免验范围以外的车辆投保均应验车。

①未按期续保的车辆。

②车身划痕损失险保额超过5000元（含）的车辆。

③在保险期限内增保车辆损失险、全车盗抢险、自燃损失险、玻璃单独破碎险、车身划

痕险以及变更行驶区域的车辆。

④挂军牌、公安牌、武警牌的车辆。

⑤全车盗抢险在当地出现频度高的车辆。各机构验车的具体车型，将根据本地车辆失窃情况确定。

⑥一些保险公司总公司界定的各种高风险车辆和特殊风险业务车辆。特殊风险业务：总价超过100万元的工程车辆和特殊用途车辆；附加设备价值超过100万元的车辆；车价比原型车售价超过50%的改装车辆（包括量产及非量产，外观改装及性能改装）；非生产厂家指定售往中国大陆地区的车型（所有纯进口车辆，即车架号首字母不是"L"的车辆）。

⑦2 t以上货车均要求验车（按期续保除外），并且均要求拓印双号。

⑧单保交强险已脱保的车辆。

⑨交强险商业险同时投保，但商业险没有投保车损且交强险已脱保的车辆。

此外，核保人认为风险较高、有必要在承保前验车的所有车辆，由核保人通知各机构核保主管，验车合格后方可承保。

（3）验车操作

1）验车内容

①查验车辆外观和技术状况，确定整车新旧程度，使用数码相机拍摄并放置能反映当天日期报纸的车辆照片。要求分别拍摄所验车辆正面与四个对角线45°角的整车照片（照片能看清牌照号码），如所验车辆有缺陷，还应拍摄特写照片，并加以说明。

②所有验车照片必须在前挡风玻璃处放置当天报纸，铭牌或车架号下放置报纸（主要突出报纸名称和报眼处）。

③对于车龄超过6年的名贵老旧车型，必须检查所验车辆的整体性能，包括发动机整体情况，及内部线路是否老化并俯拍发动机舱照片。

④检验车辆本身实际的牌照号码、车型、发动机号码、车架号码并拍照。拍照车架号码时尽量拍摄车壳或大梁上的车架号码，同时放置能反映当天日期的报纸。

⑤核对所验车辆的有关证明文件，包括：A. 车辆是否年检合格。B. 投保人与机动车行驶证车主是否一致，确定投保人对投保车辆是否具有可保利益；若不一致，投保人需要提供其对投保车辆拥有可保利益的书面证明。C. 车辆的牌照号、发动机号、车架号是否与行驶证一致。

2）验车资料上报

①验车资料上报：由机构初核人员对验车照片进行审核，初核人员在录单时将照片通过EPCIS影像系统上报，供核单人员审核。如非业务员本人验车，需在备注中注明验车责任人。

②验车资料补传：如某业务因特殊情况已验车但不能及时上传验车照片，必须将验车时间、验车责任人和补传时间添加到保单备注中，填写验车信息为"未验"，据实填写验车情况，同时在特约补充中增加送单验车约定。

4. 核定保险费率

根据投保单上所列的车辆情况和保险公司的《机动车辆保险费率标准》，逐辆确定投保车辆所适用的保险费率。

（1）车辆的使用性质

车辆使用性质分为营业车辆与非营业车辆。非营业车辆指各级党政机关、社会团体、企事业单位自用的车辆或仅用于个人及家庭生活的车辆。营业车辆指从事社会运输并收取费用的车辆。对于兼具两类使用性质的车辆，按高档费率计算。

（2）车辆种类

车辆种类分为客车、货车、挂车、专用车辆、摩托车、拖拉机等。

1）客车

客车的座位（包括驾驶员座位）以公安交通管理部门核发的机动车行驶证载明的座位为准，不足标准座位的客车按同型号客车的标准座位计算。

2）货车

所有通用载货车辆、箱式货车、集装箱牵引车、电瓶运输车、简易农用车、装有起重机械但以载货为主的起重运输车等，均按其载重量分档计费。客货两用车按客车或货车中相应的高档费率计算。

3）挂车

挂车指没有机动性能，需要机动车拖带的载货车、平板车、专用机械设备车、超长悬架车等。

4）特种车辆

特种车辆分为四类：

特种车一：油罐车、气罐车、液罐车、冷藏车。

特种车二：用于牵引、清障、清扫、清洁、起重、装卸、升降、搅拌、挖掘、推土等各种轮式专用车辆。

特种车三：装有固定专用仪器设备从事专业工作的监测、消防、医疗、电视转播的各种轮式专用车辆。

特种车四：集装箱拖车。

5）摩托车

适用于二轮、三轮、轻便及残疾人专用三轮电动车等各类摩托车。保费按排量分两档，其中大于 0.5 吨的载货三轮车按"2 吨以下货车"档计费。

（3）年费率、月费率与日费率使用标准

①机动车辆保险基本费率表和机动车辆保险附加费率表适用于保险期限为一年保险费率计算。

②投保时，保险期限不足一年的按短月费率计收保险费，保险期限不足一个月按整月计算。短期月费率表如表 5 - 2 所示。

表 5 - 2　短期月费率表

保险期限/月	1	2	3	4	5	6	7	8	9	10	11	12
短期月费率/%	10	20	30	40	50	60	70	80	85	90	95	100

5. 计算保险费

①一年期保险费按费率表查定的费率及相应的固定保费计算。

②短期保险费计算：

a.按日计算保费：适用已参加保险的被保险人新增车辆投保或统一保险车辆增加其他险种，为统一终止日期而签订的短期保险合同。其计算方法为：短期保险费率＝年保费保险天数/365。

b.按月计算保费：适用于根据被保险人要求签订的短期保险合同，短期保险的费率根据短期费率表确定，保险期限不足整月的按整月计算。其计算方法为：短期保险费率＝年保费×短期费率。

6.核保的重点项目

①审核投保单是否按照规定内容与要求填写，有无错漏；审核保险价值与保险金额是否合理。对不符合要求的，退给业务人员指导投保人进行相应更正。

②审核业务人员或代理人是否验证和查验车辆，是否按照要求向投保人履行了告知义务，对特别约定的事项是否在特约栏内注明。

③审核费率标准和计收保险费是否正确。

④对于高保额和投保盗抢险的车辆，审核有关证件，查验实际情况是否与投保单的填写一致，是否按照规定拓印牌照存档。

⑤对高发事故和风险集中的投保单位，提出限制性承保条件。

⑥对费率表中没有列明的车辆，视风险情况提出厘定费率的意见。

⑦审核其他相关情况。核保完毕后，核保人应在投保单上签署意见。对超出本级核保权限的，应上报上级公司核保。

核保结束后，核保人将投保单、核保意见一并转内勤据以缮制保险单证。

5.4 缮制与签发单证

1.缮制保险单

业务内勤接到投保单及其附表后，根据核保人员签署的意见，即可开展缮制保险单证的工作。

制单人将投保单有关内容输入到保险单对应栏内，在保险单"被保险人"和"厂牌型号"栏内登录统一规定的代码。录入完毕检查无误后，打印出保险单。

缮制保险单证时应注意以下事项：

①双方协商并在投保单上填写的特别约定内容，应完整地载明到保险单对应栏目内，如果核保有新的意见，应该根据核保意见修改或增加。

②无论是主车和挂车一起进行投保，还是挂车单独投保，挂车都必须同时出具具有独立保险单号码的保险单。在填制挂车的保险单时，"发动机号码"栏统一填写"无"。当主车和挂车一起投保时，可以按照多车承保方式处理给予一个合同号，以方便调阅。

③缮制好保险单后，应将承保险种对应的所有保险条款附贴在正本之后，并统一加盖骑缝章。

保险单缮制完毕后，制单人应将保险单、投保单及其附表一起送复核人员复核。

2. 复核保险单

复核人员接到保险单、投保单及附表后，应认真对照复核。复核无误后，复核人员在保险单复核处签章。

3. 收取保险费

收费人员经复核保险单无误后，向投保人核收保险费，并签字盖章。只有被保险人按照约定交纳了保险费，该保险单才能产生效力。

4. 签发保险单证

汽车保险合同实行一车一单（保险单）和一车一证（保险证）制。根据保险单打印《汽车保险证》并加盖业务专用章。也就是说，《汽车保险证》应与保险单同时签发，且内容必须一致。保险单是保险索赔的有效文件，应妥善保存；保险证是随车携带的资料。

签发单证时，交由被保险人收执保存的单证有保险单正本、保险费收据、机动车保险证。

对已经同时投保车辆损失险、第三者责任险、车上人员责任险、不计免赔特约险的投保人还应签发事故伤员抢救费用担保卡，并做好登记。

5. 保险单证的清分与归档

对投保单及其附表、保险单及其附表、保险费收据、保险证，应由业务人员清理归类。
①财务人员留存的单证：保险费收据、保险单副本。
②业务部门留存的单证：保险单副本、投保单及其附表、保险费收据。

留存业务部门的单证，应由专人管理并及时整理、装订、归档。每套承保单证应按照保费收据、保险单副本、投保单及其附表、其他材料的顺序整理，按照保险单流水号码顺序装订成册，并在规定时间内移交档案部门归档。

5.5　批改、续保与退保

1. 批改

在保险单证签发后，对保险合同内容进行修改、补充或增删所进行的一系列作业称为批改，经批改所签发的一种书面证明称为批单，也称背书。批单是保险合同的重要组成部分，具有同等的法律效力。

（1）办理批改手续的条件

根据现行的《机动车辆保险条款》，以下三种情况下车辆保险单需要办理批改手续：

1）保险车辆转卖、转让、赠与他人

在保险合同有效期内，保险车辆合法转卖、转让、赠送他人，应当事先通知保险公司。在向公安交通管理部门办理异动手续后，应向保险公司申请办理批改被保险人称谓。

2）变更用途

在保险合同有效期内，保险车辆改变使用性质或改装变形，应事先通知保险公司，并申请批改车辆使用性质或车型。如果将以非营业性质投保车辆出租的，则视为该车辆已变更用途。

3）增加危险程度

指订立合同时由于未曾预见或未予估计可能增加的危险程度，直接影响到保险公司在承保当时决定是否接受承保或增收保险费。在保险合同有效期内，保险车辆危险程度增加，应事先书面通知保险公司，并申请办理批改，按规定补交保险费。

（2）批改作业的主要内容

批改作业的主要内容包括：

①保险金额增减。

②保险种类增减。

③变更车辆种类或厂牌型号。

④保险费变更。

⑤保险期间变更。

（3）批改方式

根据《保险法》规定，保险单的批改有两种方式：一是在原保险合同上进行批改；二是另外出具批单附贴在原保险单正本、副本上并加盖骑缝章，使其成为保险合同的一部分。在实际工作中大都采用出具批单的方式，批单应采用统一和标准的格式。

2. 续保

（1）续保定义

续保是指在原有的保险合同即将期满时，投保人在原保险合同的基础上向保险人提出继续投保的申请，保险人根据投保人的实际情况，对原有合同条件稍加修改而继续签约承保的行为。

（2）续保意义

对投保人来说，通过及时续保，一方面可以从保险人那里得到连续不断的、可靠的保险保障与服务；另一方面，作为公司的老客户，可以在保险费率方面享受续保优惠。对保险人来说，老客户的及时续保，可以稳定业务量，同时还能利用与投保人建立起来的关系，减少许多展业工作量与费用。因此，续保是一项双方"双赢"的活动。

（3）注意事项

①续保业务一般在原保险期到期前一个月开始办理。续保后至原保险单到期这段时间发生保险责任事故，保险理赔金额仍按原保险计算，但出险次数将计入保险下一年度里。

②及时对保险标的进行再次审核，以免保险期间中断。

③如果保险标的的危险程度有变化，应对保险费率做出相应调整。

④保险人下一年根据上一年的经营状况，对承保条件与费率进行适当调整。

3. 退保

投保人于保险合同成立后，可以书面通知要求解除保险合同。保险公司在接到解除合同申请书之日起，接受退保申请，保险责任终止。

（1）汽车保险退保的原因

①汽车按规定报废。

②汽车转卖他人。

③反复保险，为同一辆汽车投保了两份相同的保险。

④对保险公司不满意，想换保险公司。

（2）汽车保险退保条件

汽车保险不是所有的车辆都能退保，必须符合下面的这些条件：

①车辆的保险单必须在有效期内。

②在保险单有效期内，该车辆没有向保险公司报案或索赔过可退保，从保险公司得到过补偿的车辆不可退保；仅向保险公司报案而未得到补偿的车辆也不可退保。

（3）汽车保险退保步骤

①向保险公司递交退保申请书，说明退保的缘由，以及从什么时间开始退保，签字或盖章，把它交给保险公司的营业办理部门。

②由保险公司营业办理部门根据退保申请书，出具退保批单，上面写明退保时间及应退保费金额，同时收回您的汽车保险单。

③到保险公司财务部门领取应退保险费，拿退保批单以及身份证，到保险公司财务部门领取应退给的保险费。

保险公司计算应退保费是用投保时实缴的保险费金额，减去保险已生效的时间内保险公司应收取的保费，剩下的余额就是应退给您的保险费。计算公式如下：

$$应退保险费 = 实缴保险费 - 应收取保险费$$

退保的关键在于应收取保险费的计算。一般按月计算，保险每生效一个月，收取 10% 的保险费，不足一个月的按一个月计算。

退保时被保险人所需要提供的证件如下：

①退保申请书：写明退保缘由以及时间，车主是单位的需盖印。

②保险单：需要原件，若保险单遗失，则需事前补办。

③保险费发票：一般需要原件，有时候复印件也可以。

④被保险人的身份证明：车主是单位的需要单位的营业执照；车主是个人的需要身份证。

思考题

1. 什么是承保？汽车承保的流程有哪些？

2. 什么是投保？对不同标的汽车投保有哪些基本要求？

3. 投保时应注意哪些事项？

4. 什么是核保？核保主要内容有哪些？

5. 在查验车辆过程中，查验的主要内容是什么？

6. 什么叫批改？办理批改手续的条件有哪些？批改作业的主要内容有哪些？

7. 汽车退保的原因和条件分别是什么？

第6章 汽车保险理赔实务

6.1 汽车保险理赔概述

汽车保险的理赔是指保险车辆在发生保险责任范围内的损失后，保险人依据保险合同对被保险人所提出的索赔请求进行处理的过程。

1. 汽车保险理赔的特点及意义

（1）汽车保险理赔的特点

理赔工作具有显著的工作特点，理赔人员必须对这些特点有一个清晰和系统的认识，了解和掌握这些特点是做好理赔工作的前提。

1）被保险人的公众性

我国汽车保险的被保险人曾经是以单位、企业为主，随着经济发展，个人、组织等拥有车辆的数量不断地快速增长。个人、单位、组织、团体都可以是汽车的使用人、管理人和拥有人，汽车保险的被保险人是拥有车辆的社会公众。

2）损失频率高但损失程度小

汽车保险的另一特征是每次保险事故虽然金额不大，但是事故发生的频率高。有的事故虽然金额不大，保险公司要投入较多的人力，增加理赔成本，同时还涉及对被保险人的服务质量问题，保险公司同样应予以足够的重视。另一方面，从个案的角度来看赔偿金额不大，但是，积少成多也将对保险公司的经营产生重要影响。

3）标的流动性大

由于机动车辆的功能特点，决定了其具有相当大的流动性，导致车辆发生事故的地点和时间的不确定。要求保险公司必须具有一个运作良好的服务理赔体系，能完成全天候的报案受理机制和庞大而高效的定损网络，以应对随时随地的保险理赔案件。

4）对维修企业的依赖程度大

由于汽车保险中对车辆损失的赔偿方式多以维修为主，维修企业的修理价格、工期和质量均直接影响机动车辆保险理赔的服务质量。由于多数被保险人认为保险公司和维修企业间有相关协议，车辆发生事故后，有保险就由保险公司负责将车辆修复。一旦车辆修理的价格、工期和质量等出现纠纷时，会将保险公司和维修企业一并指责。事实上，保险公司在保险合同项下承担的仅仅是经济补偿义务，对于事故车辆修复过程中的问题没有责任。

5）道德风险普遍存在

在财产保险业务中机动车辆保险是道德风险的"高危区"。机动车辆保险具有标的流动性大、户籍管理存在缺陷、保险信息不对称等特点，以及机动车辆保险条款不完善，相关法律不健全及机动车辆保险经营中的特点和管理中存在一些问题和漏洞，给不法之徒可趁之机，使得机动车辆保险欺诈案件时有发生。

2. 汽车保险理赔的意义

被保险人购买保险的目的在于车辆发生事故时能及时得到赔偿，保障自己的切身利益。保险人通过经营机动车辆保险业务，拓展经营业务范围获得经济效益。做好理赔工作对保险人和被保险人双方都具有积极意义。

1）机动车保险的基本职能得到实现

机动车辆保险的基本职能是损失补偿。基于这种职能，被保险人通过被保险人签订保险合同转移自己可能遇到的风险。当保险事故发生时，被保险人所产生的经济损失向保险人索赔，保险人根据保险合同对被保险人的损失予以补偿，从而实现保险的损失补偿功能。理赔就是保险补偿功能的具体体现，是保险人依约履行保险责任和被保险人或受益人享受保险权益的实现形式。

2）使人民安定生活、社会生产过程得到保障

机动车辆保险理赔使车祸的受损车辆得到损失补偿，促进社会再生产的继续进行；车祸的伤亡者通过保险金的赔付，使他们得到心灵慰藉，使得人们增强了抗风险能力、安定了生活、树立了生活信心，从而体现了机动车辆保险理赔的重要社会效益。

3）机动车辆保险承保、理赔环节的质量检验

通过机动车辆保险理赔工作可以发现机动车辆保险业是否深入、承保手续是否齐全、保险费率是否合理、保险金额是否恰当等问题，通过对暴露的问题认真分析、研究、及时处理，从而进一步改进保险企业的经营管理水平，以提高其经济效益。

理赔作为保险产品的售后服务环节，其理赔过程中服务是否热情、真诚周到的服务质量直接影响保险公司的品牌形象和后续业务发展。对理赔中的查勘、定损、核损等环节把控，又可以有效识别保险欺诈，预防保险公司的经济损失。

3. 汽车保险理赔的原则

机动车辆保险业务量大，出险几率高，加之理赔工作技术性强，涉及面广，情况又比较复杂，如何更好地提高理赔工作质量，充分维护被保险人的合法利益是做好机动车辆保险理赔工作的关键。因此，在机动车辆保险工作中必须坚持以下原则。

（1）树立为保户服务的指导思想，坚持实事求是原则

在整个理赔工作过程中，体现了保险的经济补偿职能作用。当汽车发生保险事故后，保险人要急被保险人所急，千方百计避免扩大损失，尽量减轻因事故造成的影响，及时安排事故车辆的修复，及时处理赔案，支付赔款，以保证保险人的生产可持续性、生活的安定性。

在具体工作中，现场查勘、事故车辆的修复定损及赔案处理上，要坚持实事求是的原则，在尊重客观事实的基础上，具体问题具体分析，既要按条款办事，又要结合实际情况进行适当灵活处理，使各个方面都比较满意。

（2）重合同，守信用，依法办事

保险人是否履行合同，就看其是否严格履行经济补偿义务。因此，保险人应遵守机动车辆保险合同规定的责任和义务，严格按照合同条款，受理案件、确定损失。该赔的一定赔，而且按照赔偿标准赔足，不属于保险责任范围的损失，不滥赔。要向被保险人讲明道理，拒赔部分要讲事实、重证据、依法办事，只有这样才能树立保险的信誉，扩大保险的积极影响。

（3）坚决贯彻"主动、迅速、准确、合理"八字方针

"主动、迅速、准确、合理"，这是保险理赔人员在长期的工作实践中总结出来的经验，是保险理赔工作优质服务的最基本要求。

1）主动

要求保险理赔人员主动热情地受理案件，要积极进行调查、了解和查勘现场，掌握出险情况，进行事故分析，确定保险责任。对前来索赔的客户要热情接待，多替被保险人着想。

2）迅速

要求保险理赔人员及时赶赴事发现场，查勘、定损处理迅速，在索赔手续完备的情况下，尽快赔偿被保险人损失，办理赔付案件要"办得快、查得准、赔得及时"。迅速赔付可缩短理赔时间，提高赔付效率，赢得被保险人满意，提高保险公司信誉度。

3）准确

要求保险理赔人员准确认定责任范围，准确核定赔付金额，杜绝差错，做到不错赔、不滥赔、不惜赔，保证保险双方的合法权益。

4）合理

要求保险理赔人员在理赔工作过程中，要本着实事求是的精神，坚持按条款办事，结合具体案情准确定性，尤其是对事故车辆进行定损过程中，要正确确定事故的维修方案，对事故进行合理定损。

理赔工作的"主动、迅速、准确、合理"八字原则是辩证的统一体，不可偏废。如果片面追求速度，不深入调查了解，不对具体情况作具体分析，盲目下结论，或者理算不准确，草率处理，则可能发生错案，甚至引起法律纠纷。当然，如果只追求准确、合理，忽视速度，不讲工作效率，赔付案件久拖不决，则可能造成极坏的社会影响，损害保险公司的形象。总的要求是从实际出发，为保险人着想，既要讲速度，又要讲质量，服务要迅速、主动。

6.2　汽车保险理赔的业务流程

1.汽车保险理赔的处理程序概述

机动车辆保险事故发生后，被保险人务必要保护好现场，同时尽力施救以减少财产的损失，要主动抢救伤员，及时向公安交通部门报案，并在48小时内向保险公司报案。火灾事故应向消防部门报案，盗抢案件在24小时内向公安刑侦部门报案。保险公司接到被保险人报案后，要立即进入保险理赔的处理程序，整个理赔环节一般包含受理案件、现场查勘、确定保险责任、立案、定损核损、赔款理算、核赔、结案处理、支付赔款、案卷归档等环节。具体流程如图6-1所示。

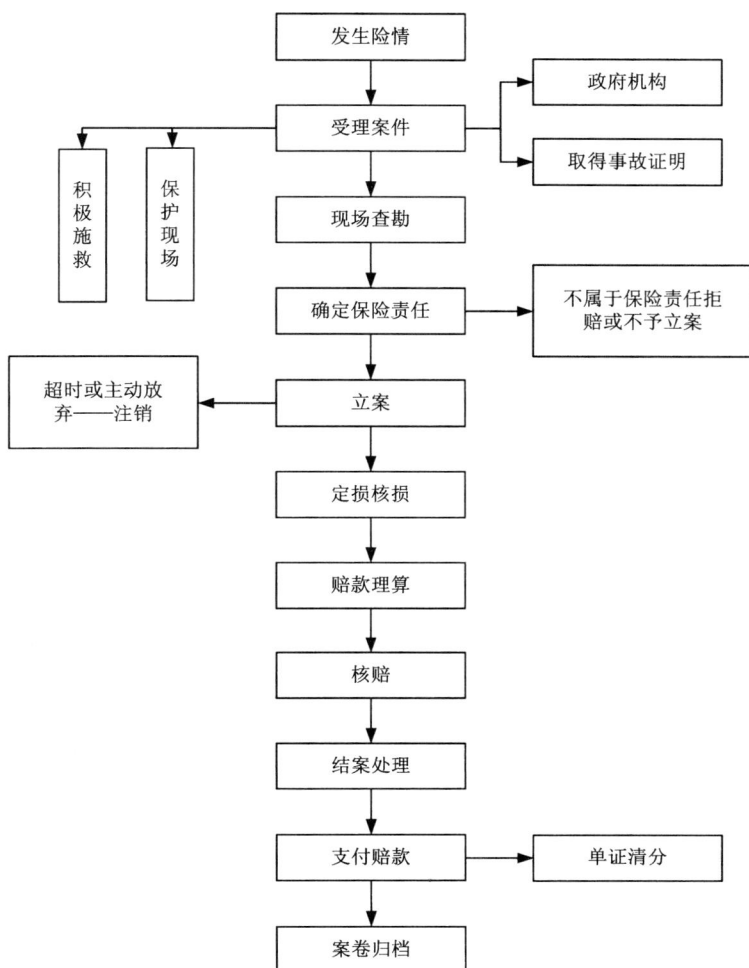

图 6－1　汽车保险理赔流程图

　　受理案件是指保险人接受被保险人的报案，并对相关事项做出安排。

　　现场查勘是指运用科学的方法和现代技术手段，对保险事故现场进行实地勘察，对相关人员进行询问，将事故现场、事故原因等内容完整并准确地记录下来的工作过程。它是查明事故真相、明确保险责任的重要依据。

　　确定保险责任是指理赔人员根据现场查勘记录和有关证明材料、依照保险条款的有关规定、全面分析主客观原因，确定事故是否属于保险责任范围。它是保险人对被保险人的事故损失是否给予赔偿的依据。

　　立案是指符合保险赔偿的案件，业务人员在车险业务处理系统中进行正式确立，并对其统一编号和管理。它是保险人对案件进行有效管理的必要手段。

　　定损核损是指理赔人员根据现场勘查的情况，认真检查受损车辆、受损财产和人员受伤情况，确定损失项目和金额，并取得公司核损人员或医疗审核人员的认可。它是确定保险事故损失的必须环节。

赔款理算是指保险公司按照法律和保险公司合同规定，根据保险事故的定损核损结果，核定和计算应向被保险人赔付金额的过程。它决定保险人向被保险人进行赔偿的数额及准确性。

核赔是指保险公司在授权范围内独立负责理赔质量的人员，按照保险公司条款及公司内部有关规则制度对赔案进行审核工作。它是保证保险人进行合理准确赔偿的关键环节，能有效控制理赔风险。

结案处理是指业务员根据核赔的审批金额，向被保险人支付赔款后，对理赔的单据进行清分并对理赔案件卷宗进行整理的工作。它是理赔案件处理的收尾环节。

支付赔款是指业务员根据核赔的审批金额，通知被保险人凭有效身份证明领取赔款。它体现保险损失补偿职能的环节。

案卷归档是指保险公司工作人员按照一案一卷整理、装订、登记、保管案卷。

2. 受理案件

汽车保险行业竞争激烈。由于保险产品的价格由保险监督委员会(保监会)统一制定，所以汽车保险行业的竞争主要体现在服务上。各家保险公司为了留住客户、抢夺客户使出浑身解数改进服务措施和服务效率，比如 24 小时接报案、24 小时定损、24 小时出单等。受理案件作为机动车辆保险理赔的第一个环节，其服务效率直接影响车险理赔工作效率。

受理案件有接受报案、填写出险报案表、查核保单信息、安排查勘、立案几个环节，一般流程如图 6 - 2 所示。

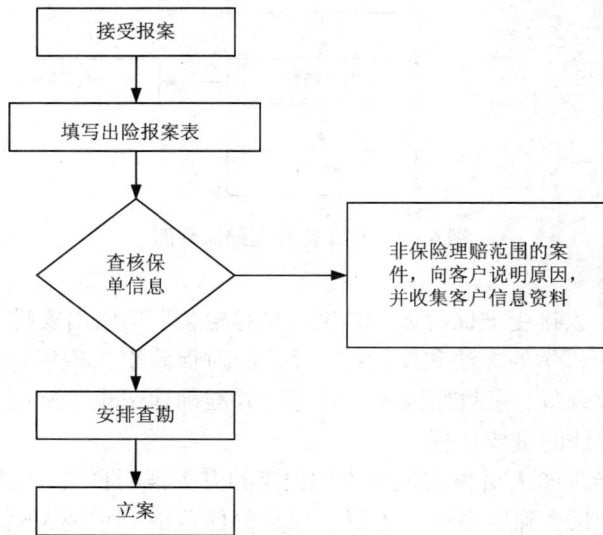

图 6 - 2　受理案件流程图

（1）接受报案

机动车辆发生保险事故后，被保险人应及时向保险公司报案，除不可抗拒力外，被保险人应在保险事故发生后的 48 小时内通知保险公司。否则造成损失无法确定或扩大的部分，保险人不承担赔偿责任。保险公司及时受理案件，早期进行调查，容易掌握事故真实原因，有利于尽快确定案件损失，履行赔偿责任。

被保险人可以通过各大保险公司提供的全国统一的报案电话进行报案，如中国人民保险集团股份有限公司的95518，中国太平洋保险（集团）股份有限公司的95500，中国平安保险（集团）股份有限公司的95511等，电话报案快捷方便，是最常用的报案方式。除此以外，还有上门报案、传真报案、向客户服务中心报案、向保险代理人报案等多种形式报案。

接到被保险人的报案后，业务人员应对下列几项主要内容进行记录：

①报案人、被保险人、驾驶员的姓名和联系方式等。

②出险的时间、地点、简单原因、事故状态等案件情况。

③保险车辆的基本情况，如厂牌、车型、牌照等。若涉及第三方车辆的，也须询问第三方车辆的基本情况。

④查找、核对保单号码，以便查询保单信息，核对承保情况。

（2）填写出险报案表

业务人员在受理报案的同时，应向被保险人提供《保险车辆出险报案表》和《机动车辆保险索赔须知》，并指导其据实详细填写《保险车辆出险报案表》。如当时因客观原因没有填写，应其他时间补填此表。

保险车辆出险报案表包括以下内容：

①保险单证号码。

②被保险人名称、地址及电话号码。

③保险车辆的基本信息。

④驾驶人员的姓名、住址、年龄、驾驶证号码、驾龄和与被保险人的关系等。

⑤出险的时间、地点、原因及经过。

⑥涉及第三者的情况。

⑦处理事故的交通管理部门名称、经办人姓名及电话号码等。

⑧被保险人签字与日期。

（3）查核保单信息

根据保单号码，查询保单信息，核对承保情况。如根据保单信息，查验出险时间是否在保险期限以内、出险时间是否接近保险期限起讫时间、与上起案件报案时间是否比较接近、查明投保人投保险种、是否存在不足额投保、是否已经交费，核对驾驶员是否为保单约定的驾驶员，并初步审核报案人所述事故原因与经过是否属于保险责任等。对于明显不属于保险责任的情况，应向客户明确说明，并耐心细致地向客户做好解释工作，并收集客户相关信息资料。对属于保险责任范围内的事故和不能明确拒赔的案件，应登入保险车辆报案登记簿，并立即调度查勘人员赶赴现场，同时通知查勘人员进一步了解有关情况。

（4）安排查勘

对属于保险责任范围内的事故，受理报案的人员应及时通知查勘人员进行现场查勘。查勘人员应当在规定的时限内到达事故现场并向受理报案的业务人员报告。

当在外地出险时，可派自己的勘察人员前往事故现场，也可委托当地保险公司或中介公司代理查勘。委托代理查勘时应注意：首先要明确委托事项，既委托的是单纯的查勘，还是查勘和定损；其次要明确委托定损权限，如果在公司约定金额范围内可以直接定损，超过的需进一步授权或放弃定损。要注意被委托机构在工作中出现质量问题，后果由承保公司负责。所以，为了加强异地出现的查勘，全国大的保险公司都建立"双代案件"（代查勘、代定损）制度，降低了查勘费用的同时也提高了理赔的工作效率。

（5）立案

对于符合赔偿的案件，应立案登记，正式确立，并对其统一编号管理；对不符合赔偿的案件，应在出险通知书和机动车辆保险备案、立案登记簿上签注不予立案原因，并向被保险人做出书面通知和必要的解释。对代查代勘案件，应将代查代勘公司名称登录报案、立案登记。

3. 现场查勘

查勘人员接到查勘通知后，应迅速做好查勘准备，会同被保险人及相关部门开展查勘工作。工作任务必须在 1 个工作日内完成（代查案件可以在 3 个工作日内完成）。具体操作流程如图 6－3 所示。

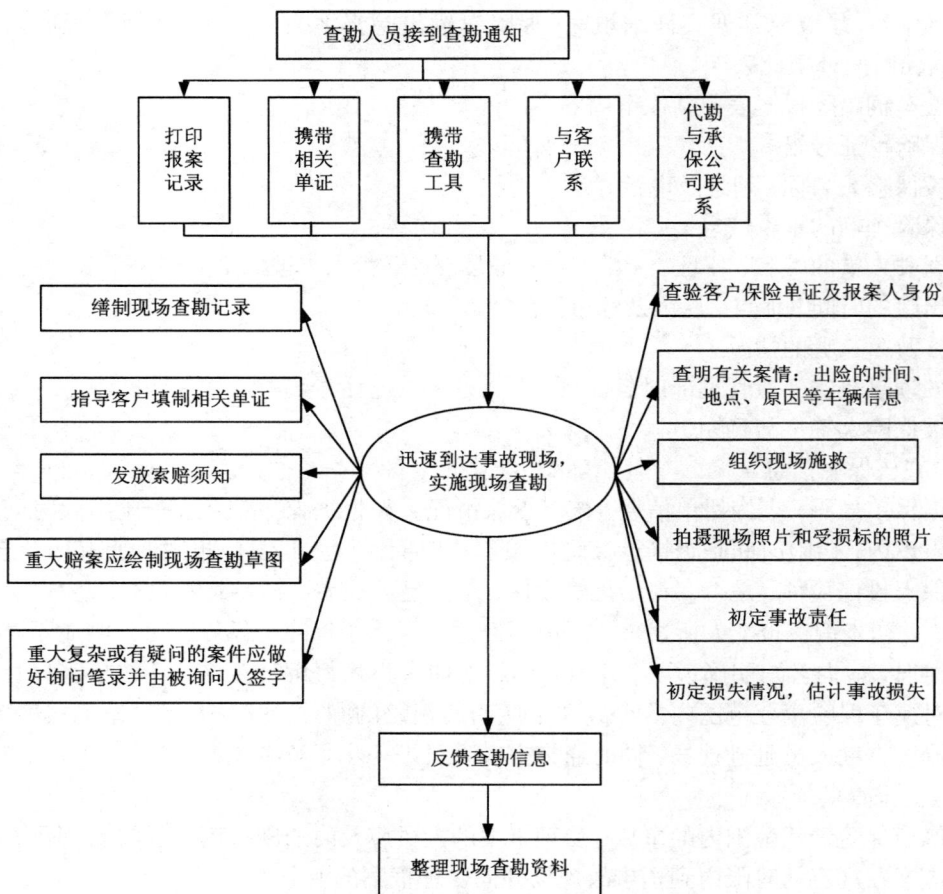

图 6－3 现场勘查流程图

116

4. 确定保险责任

对查勘过程中的相关信息进行认真梳理，对保险事故分析是否属于商业机动车辆保险和机动车交通事故责任强制保险的保险责任，如果是则要进一步确定被保险人在事故中所承担的责任。确定保险责任后，还需要初步确定事故损失金额，并估算保险损失金额，进一步核实有无向第三者追偿的问题。

对于不属于保险责任的，应对事故现场认真勘查，资料也认真填写，以便作为拒赔资料存档，同时向被保险人递交拒赔通知书。具体工作流程如图6-4所示。

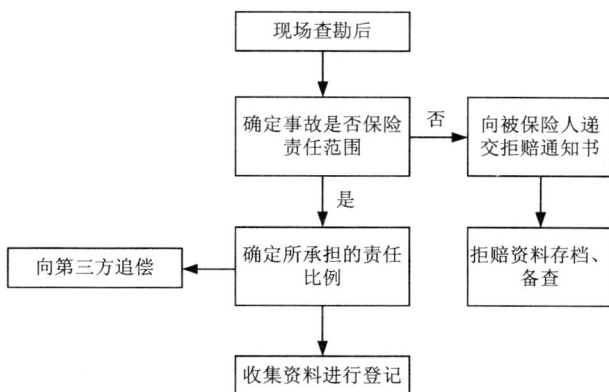

图6-4 确定保险责任流程

5. 立案

对在保险有效期内，且属于保险责任的赔案，理赔人员应在现场查勘结束后的规定时间内，依据出险报案表和查勘记录中的有关内容以及初步确定的事故损失金额和保险损失金额，通过车险业务处理系统进行认真、准确的立案登记，最后，计算机自动生成立案编号。立案之后，管理部门可定期对赔案的处理过程、时限进行监控。

立案处理时限一般为简单案件应于查勘结束后24小时内立案；复杂案件最晚于报案后7日内，进行立案或注销处理；对报案登记后超过规定时间未立案的案件，管理部门须给予处理；查勘所涉及的单证可立案同时或之后收集。

6. 定损核损

理赔人员在被保险人、公安交通管理部门和消防部门的配合下，对事故中的机动车辆、第三者财产损失进行逐项确认。保险公司依据相关条款、法规和标准，通过协商进一步确定车辆及财产损失、核定事故中人员伤亡费用、施救费用的确定、损余物资的处理等，其处理流程如图6-5所示。

7. 赔款理算

在进行赔款理算之前，保险公司相关工作人员要核对有关的索赔单证材料和发生事故的

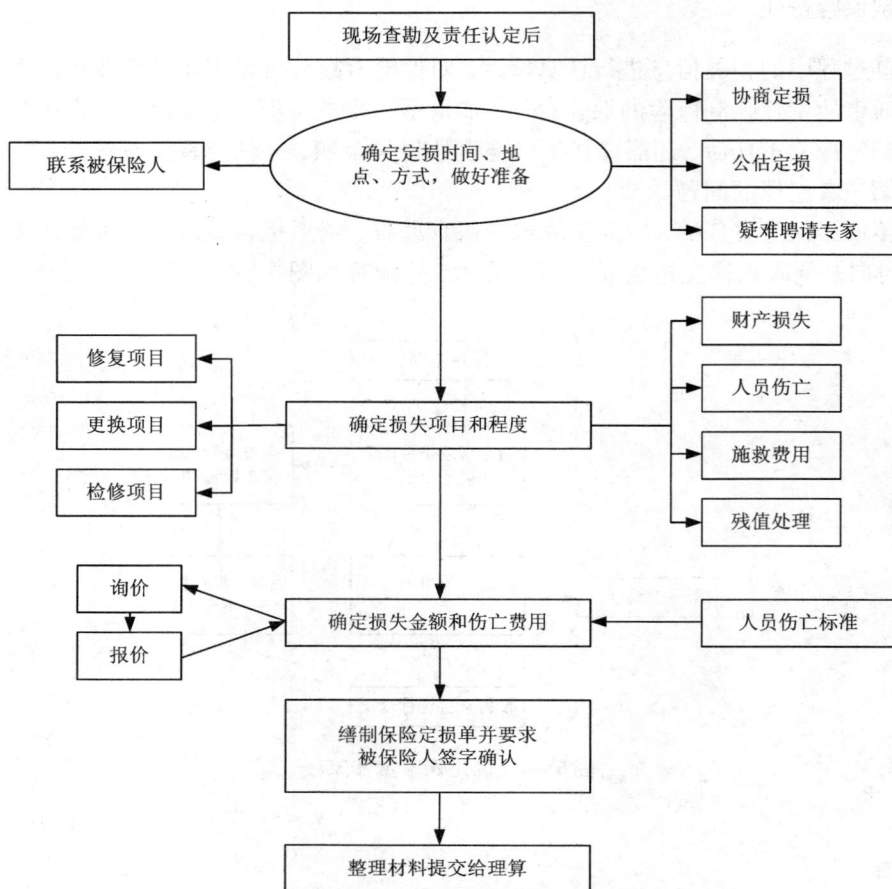

图 6-5 定损核损流程

驾驶员的"机动车驾驶证"及保险车辆"机动车行驶证"的原件和复印件,核对无误后留存复印件。在审核索赔单证材料时,对于不符合规定的项目和金额应予以剔除;对于有关资料和证明不完整的,应及时通知被保险人补充提供有关资料和证明。单证齐全无误后,理赔人员根据保险条款的规定,及时对各种赔款项目进行计算,得出赔偿金额。

(1)机动车交通事故责任强制险的赔款计算

机动车交通事故责任强制险(简称交强险)实施后,赔偿的原则是由交强险先行赔付,不足的部分再由商业机动车保险来补充。在赔偿顺序上,交强险是第一顺序,商业机动车保险是第二顺序。

《机动车第三者责任强制保险条例》第 23 条规定:机动车交通事故责任强制保险在全国范围内实行统一的责任限额。对死亡伤残费用、医疗费用、财产损失三类分别设定了赔偿限额,同时又设定了无责任赔偿限额,而无责任赔偿限额又分为死亡伤残、医疗费用、财产损失三类。组合购买交强险和商业险时,保险额度也不是两个险种额度的简单相加。

1)交强险基本计算方法

保险人在交强险各分项赔偿限额内，对受害人死亡伤残费用、医疗费用、财产损失分别计算赔偿。其中"受害人"为被机动车辆的伤害人，不包括被保险车辆车上的人员、被保险人。

交强险将保险人在事故中承担的责任分为有责和无责两种。如果有责任，不管责任大小，其赔款分死亡伤残费用、医疗费用、财产损失三个赔偿限额内进行计算赔偿；如无责任则在无责任死亡伤残费用、无责任医疗费用、无责任财产损失三个赔偿限额内进行计算赔偿。

$$总赔款 = \sum 各分项损失赔款 = 死亡伤残费用赔款 + 医疗费用赔款 + 财产损失赔款$$

$$(6-1)$$

式中：死亡伤残费用赔款 = 死亡伤残费用核定承担金额；医疗费用赔款 = 医疗费用核定承担金额；财产损失赔款 = 财产损失核定承担金额。

注意：各分项核定损失承担金额超过交强险各分项赔偿限额的，各分项损失赔款就等于超过交强险各分项赔偿限额。

2）当保险事故涉及多个受害人时的计算方法

即：
$$各分项损失赔款 = \sum 各受害人各分项核定损失承担金额 \qquad (6-2)$$
$$死亡伤残费用赔款 = \sum 各受害人死亡伤残费用核定承担金额$$
$$医疗费用赔款 = \sum 各受害人医疗费用核定承担金额$$
$$财产损失赔款 = \sum 各受害人财产损失核定承担金额$$

注意：各受害人各分项核定损失承担金额之和超过交强险相应各分项赔偿限额的，各分项损失赔款就等于交强险各分项赔偿限额。

各受害人在被保险车辆交强险各分项赔偿限额内应得到的补偿 = 交强险各分项赔偿限额 × [事故中某一受害人的分项核定损失承担金额/(∑各受害人分项核定承担金额)]　(6-3)

3）当保险事故涉及多辆肇事车时的计算方法

各被保险机动车的保险人分别在各自的交强险各分项赔偿限额内，对受害人的分项损失计算赔偿；各方机动车按其适用的交强险限额占分项赔款总限额的比例，对受害人的各分项损失进行分摊。

保险人某分项核定承担金额 = 该分项损失金额 × [适用的交强险该分项赔偿限额/

(∑各致害方交强险该分项赔偿限额)]　(6-4)

肇事机动车的无责任车辆，不参与对其他无责任车辆和车外财产损失的赔偿计算，仅参与对有责方车辆损失或车外人员伤亡损失的赔偿计算。无责方车辆对有责方车辆损失应承担的赔偿金额，由有责方在本方交强险无责任财产损失赔偿项限额下代赔。

4）受害人财产损失需要施救的，其财产损失赔款和施救费累计不超过财产损失赔偿限额。

5）被保险机动车投保一份以上交强险的，保险期间起期在前的保险合同承担赔偿责任，起期在后的不承担赔偿责任。

6）对被保险人依照法院判决或调解承担的精神损害抚慰金，原则上在其他赔偿项目足额赔偿后，在死亡伤残赔偿限额内赔偿。

分析案例一：交强险计算案例分析

A、B 两车在某路段发生碰撞事故(A 为大型载货汽车，B 为小型载客汽车)，不仅两车受损，还致使行人 C 受伤，造成道路护栏 D 损失。经裁定，A 车负主要责任，承担损失的 70%；B 车负次要责任，承担损失的 30%。交通事故各参与方的损失分别为：A 车车辆损失 4000 元，车上货物损失 3000 元；B 车车辆损失 9000 元，车上人员重伤一名，造成残疾，花费医药费 10000 元，残疾赔偿金 60000 元；行人 C 经抢救无效死亡，医疗费用 40000 元，死亡赔偿金 200000 元，精神损害抚慰金 30000 元；道路护栏 D 损失 6000 元。A、B 两车均承保了交强险，设两车适用的交强险财产损失限额为 2000 元，医疗费用赔偿限额为 10000 元，死亡伤残费用赔偿限额为 110000 元。试计算 A、B 两车的交强险赔款。

解：

①A 车赔偿金额计算：

财产损失赔偿金额 = B 车车辆损失 + 道路护栏损失/2 = 9000 + 6000/2 = 12000 元。而该项超过财产损失赔偿限额 2000 元，最终 A 车的财产损失赔偿金额 = 2000 元；

医疗费用赔偿金额 = B 车车上人员医疗费用 + 行人 C 的医疗费用/2 = 10000 + 40000/2 = 30000 元。而医疗费用赔偿限额为 10000 元，最终 A 车的医疗费用赔偿金额 = 10000 元；

死亡伤残费用赔偿金额 = B 车车上人员的残疾赔偿金 + 行人 C 的死亡赔偿金/2 + 行人 C 的精神抚慰金/2 = 60000 + 200000/2 + 30000/2 = 175000 元。而死亡伤残赔偿限额为 110000 元，最终 A 车的死亡伤残费用赔偿金额 = 110000 元。

A 车的交强险赔偿总金额 = 财产损失赔偿金额 + 医疗费用赔偿金额 + 死亡伤残费用赔偿金额 = 2000 + 10000 + 110000 = 122000 元。

其中：

A 车应赔偿给 B 车车辆的损失 = [9000/(9000 + 6000/2)] × 2000 = 1500 元

A 车应赔偿护栏损失 = [(6000/2)/(9000 + 6000/2)] × 2000 = 500 元

A 车应赔偿给 B 车人员的医疗费用 = 10000/(10000 + 40000/2) × 10000 = 3333.3 元

A 车应赔偿给行人 C 的医疗费用 = [(40000/2)/(10000 + 40000/2)] × 10000 = 6666.7 元

A 车应赔偿给 B 车人员的死亡伤残费用 = 60000/(60000 + 200000/2 + 30000/2) × 110000 = 37714.3 元

A 车应赔偿给行人 C 的死亡伤残费用 = [(200000/2 + 30000/2)/(60000 + 200000/2 + 30000/2)] × 110000 = 72285.7 元

B 车赔偿金额计算：

财产损失赔偿金额 = A 车车辆损失 + A 车车上货物损失 + 道路护栏损失/2 = 4000 + 3000 + 6000/2 = 10000 元。而该项超过财产损失赔偿限额 2000 元，最终 B 车的财产损失赔偿金额 = 2000 元；

医疗费用赔偿金额 = 行人 C 的医疗费用/2 = 40000/2 = 20000 元。而医疗费用赔偿限额为 10000 元，最终 B 车的医疗费用赔偿金额 = 10000 元；

死亡伤残费用赔偿金额 = 行人 C 的死亡赔偿金/2 + 行人 C 的精神抚慰金/2 = 200000/2 + 30000/2 = 115000 元。而死亡伤残赔偿限额为 110000 元，最终 B 车的死亡伤残费用赔偿金额 = 110000 元。

②B 车的交强险赔偿总金额 = 财产损失赔偿金额 + 医疗费用赔偿金额 + 死亡伤残费用赔偿金额 = 2000 + 10000 + 110000 = 122000 元。

其中：

B 车应赔偿给 A 车车辆的损失 =（4000 + 3000）/[（4000 + 3000）+ 6000/2] × 2000 = 1400元。

B 车应赔偿护栏损失 =（6000/2）/[（4000 + 3000）+ 6000/2] × 2000 = 600 元。

B 车应赔偿行人 C 的医疗费用 = 10000 元。

B 车应赔偿给行人 C 的死亡伤残费用 = 110000 元。

（2）车辆损失险的赔款计算

车辆损失险赔款计算时，按照条款要求应先扣除事故当事方保险公司赔付的交强险赔款，然后进行车辆损失险的赔偿。

在商业车险的赔款理算过程中，除保险合同另有约定外，保险人依据保险机动车一方在事故中所负责任比例，承担相应的赔偿责任。公安交通管理部门处理事故时为确定事故责任比例且出险地的相关法律法规对事故责任比例没有明确规定的，保险人按照下列规定承担赔偿责任：

保险机动车一方负全部事故责任的，保险人按照 100% 事故责任比例计算赔偿。

保险机动车一方负主要事故责任的，保险人按照 70% 事故责任比例计算赔偿。

保险机动车一方负同等事故责任的，保险人按照 50% 事故责任比例计算赔偿。

保险机动车一方负次要事故责任的，保险人按照 30% 事故责任比例计算赔偿。

保险人根据保险机动车一方在事故中所承担的责任比例，在符合赔偿规定的金额内实行事故责任免赔率：负全部事故责任的免赔 15%，负主要事故责任的免赔 10%，负同等事故责任的免赔 8%，负次要事故责任的免赔 5%，单方事故责任免赔率为 15%。

保险机动车发生保险责任范围内的损失，应由第三方负责赔偿却无法找到第三方的，保险人予以赔偿，但在符合赔偿规定的金额内实行 30% 的绝对免赔率；保险人根据法律法规规定自行协商方式处理交通事故，不能证明事故原因的，事故责任免赔率为 20%；发生保险事故时，保险机动车实际行驶区域超出保险合同约定区域的，增加 10% 的绝对免赔率；投保时指定驾驶人员，但发生保险事故时，保险机动车驾驶人并非保险合同载明的指定驾驶人的，增加 10% 的绝对免赔率；保险期间内发生多次保险事故的（自燃灾害引起的事故除外），免赔率从第三次开始每次增加 5%；违反安全装载规定的，增加免赔率 5%；因违反安全装载规定导致保险事故发生的，保险人不承担赔偿责任。

1）按投保时保险车辆的新车购置价确定保险金额

①车辆全部损失或推定全损的计算方法

当保险金额高于出险时的实际价值时：

$$赔款金额 =（出险时的实际价值 - 交强险赔偿金额 - 残值）×$$
$$事故责任比例 ×（1 - 免赔率之和） \tag{6-5}$$

分析案例二：车损险计算一

A 车投保了家庭自用汽车损失险，其中指定了驾驶员，新车购置价 120000 元，保险金额也是 120000 元，实际价值为 100000 元。该车辆在借给他人中驾驶中发生保险事故，车辆全部损失，事故中驾驶员承担主要责任。暂时不考虑交强险，计算车损险赔款。

解：分析事故发生实际情况，驾驶员承担 70% 责任，依据条款规定主要责任的免赔率为 10%，同时是由于非指定驾驶员驾车肇事，应增加 10% 免赔率，车辆全部报废，残值 700 元。

由于保险金额高于实际价值，所以：

赔款 =（出险时的实际价值 – 残值）× 事故责任比例 ×（1 – 免赔率之和）=（100000 – 700）×70% ×［1 –（10% + 10%）］= 55608 元。

当保险金额等于或低于出险时的实际价值时：

$$赔款金额 =（保险金额 – 交强险赔偿金额 – 残值）×$$
$$事故责任比例 ×（1 – 免赔率之和） \qquad (6 – 6)$$

分析案例三：车损险计算案例二

B 车投保了营业用汽车损失险，新车购置价 120000 元，保险金额是 100000 元，实际价值为 110000 元。该车辆发生保险事故，车辆全部损失，事故中驾驶员承担次要责任。暂时不考虑交强险，计算车损险赔款。

解：分析事故发生实际情况，驾驶员承担 30% 责任，依据条款规定次要责任的免赔率为 5%，车辆全部报废，残值 550 元。由于保险金额低于实际价值，所以：

赔款 =（保险金额 – 残值）× 事故责任比例 ×（1 – 免赔率之和）=（100000 – 550）×30% ×（1 – 5%）= 28343.25 元。

②车辆部分损失的计算方法

$$赔款金额 =（实际修复费用 – 交强险赔偿金额 – 残值）×$$
$$事故责任比例 ×（1 – 免赔率之和） \qquad (6 – 7)$$

此时还需要比较赔款与被保险车辆的实际价值。

若赔款金额 ≥ 实际价值，即：赔款金额 = 实际价值；

若赔款金额 < 实际价值，即按实际计算出的赔款赔付。

分析案例四：车损险计算案例三

C 车投保了营业用汽车损失险，新车购置价 120000 元，保险金额是 100000 元，实际价值为 50000 元。该车辆发生保险期间内发生单方保险事故，车辆修理费用 6000 元，暂时不考虑交强险，计算车损险赔款。

解：分析事故发生实际情况，其为单方事故，保险人按照 100% 事故责任比例计算赔偿，依据条款规定单方事故责任的免赔率为 15%，残值 60 元。所以：

赔款 =（实际修复费用 – 残值）× 事故责任比例 ×（1 – 免赔率之和）=（6000 – 60）× 100% ×（1 – 15%）= 5049 元 < 50000 元 = 车辆的实际价值。

应按照实际计算的赔款赔付，即向被保险人支付赔款 5049 元。

2）按投保时保险车辆的实际价值确定保险金额或协商确定保险金额的计算

车辆在使用过程中，有折旧损耗，导致汽车的实际价值不断下降，对于汽车的实际价值折算公式为：

汽车的实际价值 = 新车购置价 – 折旧金额

汽车保险折旧按月计算，不足一个月的汽车，不计折旧。最高折旧金额不超过投保时保险机动车新车购置价的 80%。

折旧金额 = 投保时保险机动车新车购置价 × 保险机动车辆已使用月数 × 月折旧率

表 6 - 1　车辆折旧率表

车辆种类	月折旧率
9 座及 9 座以下非营运客车(含越野车)	6‰
出租车、轻微型载货汽车、矿山作业车、带拖挂的载货汽车	12‰
其他类型车辆	9‰

①全部损失。

保险金额高于保险事故发生时被保险机动车的实际价值时：

$$赔款金额 = (实际价值 - 交强险赔偿金额 - 残值) \times$$
$$事故责任比例 \times (1 - 免赔率之和) \tag{6-8}$$

分析案例五：车损险计算案例四

一辆二手车投保家庭自用汽车损失保险，在保险期限内发生保险事故，按照投保时保险事故车辆的实际价值确定保险金额为 80000 元，车辆全部损失，残值 300 元。暂时不考虑交强险，计算车损险赔款金额。

解：经了解事故驾驶员承担全部责任，保险事故发生时车辆的实际价值为 80000 元，按照有关条款规定承担 15% 的免赔率。所以：

赔款 = (实际价值 - 残值) × 事故责任比例 × (1 - 免赔率之和) = (80000 - 300) × 100% × (1 - 15%) = 67745 元。

保险金额等于或低于保险事故发生时被保险机动车的实际价值时：

赔款金额 = (保险金额 - 交强险赔偿金额 - 残值) × 事故责任比例 × (1 - 免赔率之和)

$$\tag{6-8}$$

式中：残值 = 总残余值 × (保险金额/实际价值)。

分析案例六：车损险计算案例五

一辆二手车投保家庭自用汽车损失保险，在保险期限内发生保险事故，投保时按照双方协商约定价格确定保险金额为 40000 元，而发生保险事故车辆的实际价值确定为 50000 元，车辆全部损失，残值 800 元。暂时不考虑交强险，计算车损险赔款金额。

解：经了解事故驾驶员承担主要责任，保险人按照 70% 事故责任比例计算赔偿，有关条款规定承担 10% 的免赔率。所以：

赔款 = (保险金额 - 残值) × 事故责任比例 × (1 - 免赔率之和) = [40000 - 800 × (40000/50000)] × 70% × (1 - 10%) = 24796.8 元。

②部分损失。

赔款金额 = (实际修复费用 - 交强险赔偿金额 - 残值) × 事故责任比例 ×

(保险金额/投保时保险车辆的新车购置价) × (1 - 免赔率之和)　　(6 - 10)

此时还需要比较赔款与被保险车辆的实际价值。

若赔款金额≥实际价值，即：赔款金额 = 实际价值；

若赔款金额 < 实际价值，即按实际计算出的赔款赔付。

分析案例七：车损险计算案例六

一辆二手车投保家庭自用汽车损失保险，在保险期限内发生保险事故，投保时按照新车购置价 100000 元，确定保险金额为 80000 元，而发生保险事故车辆的实际价值确定为 45000 元，车辆修理费 70000 元，残值 800 元。暂时不考虑交强险，计算车损险赔款金额。

解：经了解事故驾驶员承担全部责任，保险人按照 100% 事故责任比例计算赔偿，有关条款规定承担 15% 的免赔率。所以：

赔款 =（实际修复费用 – 残值）× 事故责任比例 ×（保险金额/投保时保险车辆的新车购置价）×（1 – 免赔率之和）=（70000 – 800）× 100% ×（80000/100000）×（1 – 15%）= 47056 元 > 45000 元 = 车辆实际价格

最终赔款金额按实际价值赔付，即赔付 45000 元。

③施救费用的计算。

施救费用在车辆损失赔偿金额以外另行计算，最高不能超过保险金额。

施救费用赔款金额 =（实际施救费用 – 交强险赔偿金额）×（保险车辆出险时的实际价值/施救财产总价值）× 事故责任比例 ×（1 – 免赔率之和）   （6 – 11）

（3）第三者责任保险的赔款计算

第三者责任保险赔款计算时，按照条款要求应先扣除事故当事方保险公司赔付的交强险赔款，然后进行第三者责任险的赔偿。其中保险人的赔偿责任比例与商业险赔偿责任比例相同。

①当被保险人按照事故责任比例应承担的赔偿金额超过责任限额时。

赔偿金额 = 事故赔偿限额 ×（1 – 免赔率之和）   （6 – 12）

②当被保险人按照事故责任比例应承担的赔偿金额低于责任限额时

赔偿金额 = 应承担的事故赔偿金额 ×（1 – 免赔率之和）   （6 – 13）

分析案例八：第三者责任险计算案例

一投保商业机动车辆第三者责任保险的车辆，责任限额为 100000 元，在所发生的事故中负主要责任，此次事故第三方损失为 350000 元。暂时不考虑交强险，计算商业第三者险赔款。

解：经了解事故驾驶员承担主要责任，根据保险条例保险人承担 70% 事故损失，并承担 15% 的免赔率，所以：

被保险人按事故责任比例应承担的赔偿金额 = 350000 × 70% = 245000 元 > 100000 元 = 第三者责任险限额，则：

赔款金额 = 事故赔偿限额 ×（1 – 免赔率之和）= 100000 ×（1 – 15%）= 85000 元

（4）车上人员责任险的计算

交通事故使车上人员发生伤亡后，其事故的车上人员责任险赔款按以下原则进行理算：先按照条款要求扣除事故当事方保险公司赔付的交强险赔款，然后进行车上人员责任险的赔偿。其中保险人的赔偿责任比例与商业险赔偿责任比例相同。

①当被保险人按照事故责任比例应付的赔偿金额高于每座赔偿限额时

赔偿金额 = 每人赔偿限额 ×（1 – 免赔率之和）   （6 – 14）

②当被保险人按照事故责任比例应付的赔偿金额未超过每座赔偿限额时

赔偿金额 = 应承担的赔付金额 ×（1 – 免赔率之和）   （6 – 15）

③车上人员责任险各项赔款总金额 = Σ 每人赔款金额。人数以投保座位数为限。

（5）附加险赔款的计算

①全车盗抢险的计算方法

全车损失：赔款 = 车辆实际价值或保险金额 × (1 − 免赔率之和)　　　(6 − 16)

计算公式中的车辆实际价值或保险金额，当车辆受损时，其车辆保险金额超过其实际价值时，按实际价值进行理算；如车辆保险金额未超过其实际价值时，按车辆保险金额进行理算。以下计算公式都相同。

部分损失：赔款 = (实际修理费用 − 残值) × (1 − 免赔率之和)　　　(6 − 17)

②火灾、爆炸、自燃损失险的计算方法

全车损失：赔款 = (车辆实际价值或保险金额 − 残值) × (1 − 20%)　　　(6 − 18)

部分损失：赔款 = (实际修理费用 − 残值) × (1 − 20%)

施救费用：赔款 = 实际施救费用 × (保险财产价值/实际施救财产总价值) × (1 − 20%)

(6 − 19)

损失赔款金额和施救费用之和不得超过保险金额。计算公式中的20%是该险的免赔率。

③车身划痕险的计算方法。

在保险金额5000元内按实际修理费用计算赔偿。在保险期限内，赔偿金额累计达到保险金额时，保险责任自动终止。

④玻璃单独破碎险的计算方法

$$赔款金额 = 实际修理费用　　　(6 − 20)$$

⑤不计免赔特约条款的计算方法

$$赔款金额 = \sum 一次赔款中已承保且出险的各险种免赔金额　　　(6 − 21)$$

分析案例九：理赔综合案例

A 车投保交强险、足额车损险、商业三者险150000元，B 车投保交强险、足额车损险、商业三者险200000元；C 车投保交强险、足额车损险、商业三者险300000元；三车互撞，责任与事故损失如下：

解： 经现场查勘，A 车50%责任，车损4000元，一人受伤，医疗费用12000元，死亡伤残费用140000元；B 车30%责任，车损6000元，车上一人死亡，医疗费用10000元，死亡伤残费用120000元；C 车20%责任，车损8000元，车上一人死亡，医疗费用11000元，死亡伤残费用160000元；占不考虑商业险免赔率，则 A、B、C 车分别能获得多少保险赔款？(不计算不计免赔率)

A 车赔偿金额计算：

①交强险赔偿。

A 车应与 B 车分担 C 车损失，同时与 C 车一起分担 B 车损失，A 车有50%的事故责任，其交强险赔偿金额分别是：

财产损失赔偿金额：(6000 + 8000)/2 = 7000 元 > 2000 元 = 赔偿限额；

其中赔偿给 B 车：2000 × [6000/(6000 + 8000)] = 857.14 元

其中赔偿给 C 车：2000 × [8000/(6000 + 8000)] = 1142.86 元

医疗费赔偿金额：(10000 + 11000)/2 = 10500 > 10000 元 = 赔偿限额；

死亡伤残费用金额：(120000 + 160000)/2 = 140000 > 110000 元 = 赔偿限额。

②商业车损险赔偿。

A 车的商业车损险损失应分别扣除 B 车和 C 车交强险对 A 车的赔偿金后进行理算。

A 车的损失为 4000 元，A 车获得 B 车和 C 车的交强险赔偿分别为：

在 B 车交强险获得的赔偿金额为：$2000 \times [4000/(4000+8000)] = 666.7$ 元

在 B 车交强险获得的赔偿金额为：$2000 \times [4000/(4000+6000)] = 800$ 元

因此 A 车除去交强险的商业险理算损失为：$4000 - 666.7 - 800 = 2533.3$ 元

A 车商业险赔偿金额为：

$2533.3 \times 50\% = 1266.65$ 元

③商业第三者责任险赔偿：

A 车对 B 车和 C 车的商业第三者责任险赔偿是在扣除两车的各分项减去交强险赔偿部分后进行理算。分别是：

财产损失险核定：

A 车交强险赔偿的 B 车的财产损失金额：$6000/(6000+8000) \times 2000 = 857.14$ 元

C 车交强险赔偿的 B 车的财产损失金额：$6000/(6000+4000) \times 2000 = 1200$ 元

A 车对 B 车的财产损失险赔付金额为：$6000 - 857.18 - 1200 = 3942.86$ 元

A 车交强险赔偿的 C 车的财产损失金额：$8000/(6000+8000) \times 2000 = 1142.86$ 元

B 车交强险赔偿的 C 车的财产损失金额：$8000/(8000+4000) \times 2000 = 1333.33$ 元

A 车对 C 车的财产损失险赔付金额为：$8000 - 1142.86 - 1333.33 = 5523.81$ 元

A 车财产损失险赔付总金额为：

$$(3942.86 + 5523.81) \times 50\% = 4733.335 \text{ 元}$$

医疗费用的核定：

B 车人员医疗费用 10000 元，A 车交强险赔偿的医疗费用：$[10000/(10000+11000)] \times 10000 = 4761.$ 元；C 车交强险赔偿的医疗费用：$[10000/(10000+12000)] \times 10000 = 4545.45$ 元。A 车商业险中对 B 车人员医疗费赔偿金额为：

$$(10000 - 4761.9 - 4545.45) \times 50\% = 346.25 \text{ 元}$$

C 车人员医疗费用 11000 元，A 车交强险赔偿的医疗费用：$[11000/(10000+11000)] \times 10000 = 5238.09$ 元；B 车交强险赔偿的医疗费用：$[11000/(11000+12000)] \times 10000 = 4782.6$ 元。A 车商业险中对 B 车人员医疗费赔偿金额为：

$$(11000 - 5238.09 - 4782.6) \times 50\% = 489.4 \text{ 元}$$

A 车的医疗费赔偿总金额为 $346.25 + 489.4 = 835.65$ 元

死亡伤残损失核定：

B 车人员死亡伤残费用为 120000 元，A 车交强险赔偿 $[120000/(120000+160000)] \times 110000 = 47142.85$ 元，C 车交强险赔偿 $[120000/(140000+120000)] \times 110000 = 50769.23$ 元。A 车商业险中对 B 车人员死亡伤残赔偿金额为：

$$(120000 - 47142.85 - 50769.23) \times 50\% = 11043.96 \text{ 元}$$

C 车人员死亡伤残费用为 160000 元，A 车交强险赔偿 $[160000/(120000+160000)] \times 110000 = 62857.14$ 元，B 车交强险赔偿 $[160000/(140000+160000)] \times 110000 = 58666.67$ 元。A 车商业险中对 C 车人员死亡伤残赔偿金额为：

$$(160000 - 62857.14 - 58666.67) \times 50\% = 19238.10 \text{ 元}$$

A 车的死亡伤残费赔偿总金额为 $11043.96 + 19238.10 = 30282.06$ 元

所以 A 车纳入理算的商业三者险赔偿金额为：

财产损失险赔付总金 + 医疗费赔偿总金额 + 死亡伤残费赔偿总金额 = 4733. 335 + 835. 65 + 30282. 06 = 35851. 04 元。

B、C 车的赔偿与 A 车的赔偿计算相类似，不再重复。

8. 核赔

核赔的主要工作内容包括审核单证、核定保险责任、审核赔款计算、核定车辆损失及赔款、核定人员伤亡及赔款、核定其他财产损失及赔偿、核定施救费用等。核赔的流程如图6-6 所示。

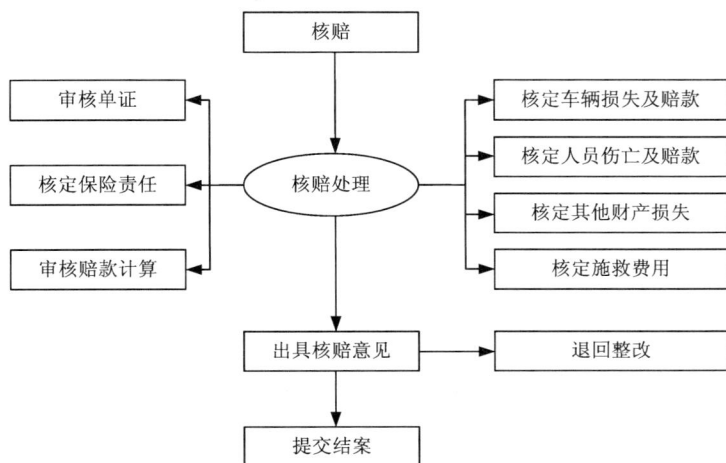

图 6-6　核赔流程图

车险核赔是保险公司审核被保险人提交的索赔资料的真实性与合理性，结合现场查勘信息，做出最终赔偿意见的过程。核赔不是简单地完成对单证的审核，而是对整个赔案处理过程进行控制，是保险公司控制业务风险的最后关口。通过核赔可在保险公司内部建立一套平衡制约、运作有效的控制机制，达到科学、合理、有效管理业务的目的。

核赔的主要内容有以下几个方面。

(1)审核单证

审核被保险人按规定提供的单证、经办人员填写赔案的有关单证是否齐全、准确、规范和全面。

(2)核定保险责任

核定保险责任包括被保险人与索赔人是否相符；驾驶员是否为保险合同约定的驾驶员；出险车辆的厂牌型号、牌照号码、发动机号、车架号与保险单证是否相符；出险原因是否属于保险责任；出险时间是否在保险期限内；事故责任划分是否准确；赔偿标准是否与承保险别相符等。

(3)核定车辆损失及赔款

根据车辆损失及赔款包括车辆定损项目、损失程度是否准确、合理；更换零部件是否按规定进行询报价，定损项目与报价是否一致；换件部分拟赔款金额是否与报价金额相符；残值确定是否合理等。

（4）核定人员损失及赔款

根据查勘记录、调查证明和被保险人提供的《事故责任认定书》、《事故调解书》和伤残证明，依照国家有关道路交通事故处理的法律法规规定和其他有关规定进行审核；核定伤亡人数、伤残程度是否与调查情况和证明相符；核定人员伤亡费用是否合理；被扶养人口、年龄是否属实，生活费计算是否合理、准确等。

（5）核定其他财产损失赔款

根据照片和被保险人提供的有关货物、财产的原始发票等有关单证，核定财产损失、损余物资处理等有关项目和赔款。

（6）核定施救费用

根据案情和施救费用的有关规定，核定施救费用有效单证和金额。

（7）审核赔付计算

审核残值是否扣除、免赔率使用是否正确、赔款计算是否准确等。

9. 赔付结案

（1）结案

在赔案经过分级审批通过后，业务人员应制作《机动车辆保险领取赔款通知书》，并通知被保险人领取赔款，同时通知财务部门支付赔款。被保险人领取赔款时，业务人员应在保险单正、副本上加盖"×年×月出险，赔款已付"字样的条形印章。

当赔付到位后，业务人员按赔款编号录入《机动车辆保险已决赔案登记簿》，同时在《机动车辆保险报案、立案登记簿》备注栏中注明赔案编号、赔案日期，作为续保时是否给予无赔款优待的依据。

未决赔案是指截止到统计时间，已经完成估损、立案，但未结案的赔款案件，或被保险人尚未领取赔款的案件。未决赔案的处理原则是，定期进行案件跟踪，对可以结案的案件，须督促被保险人尽快交齐索赔材料，赔偿结案；对尚不能结案的案件，应认真进行核对，调整估损金额；对超时限，被保险人不提供手续或找不到被保险人的未决案件，按照"注销案件"处理。

（2）单据清分

赔款结案后，应进行理赔单据的清分。一联赔款收据交被保险人；一联赔款收据连同一联《机动车辆赔款计算书》或《机动车辆保险赔案审批表》交财会部门作付款凭证；一联赔款收据和一联《机动车辆赔款计算书》或《机动车辆保险赔案审批表》，连同全案的其他材料作为赔案案卷。

（3）理赔案件管理

被保险人领取赔款后，保险人要进行理赔案卷的整理。理赔案卷须一卷一案整理、装订、登记、保管。赔款案卷要做到单证齐全、编排有序、目录清楚、装订整齐，照片及原始单据一律粘贴整齐并附说明。理赔案卷按分级审批、分级留存并按档案管理规定进行保管。

6.3　汽车出险简易案件的快速处理

1. 简易案件

在实际工作中，很多案件案情简单，出险原因清楚，保险责任明确，事故金额低，可在现场确定损失。为了简化手续，方便客户，加速理赔速度，提高结案率，根据实际情况可对这些案件实行简易处理，称为简易赔案。

实行简易案件处理的理赔案件必须同时具备以下条件：

①不涉及第三者，只是保险人单方车辆损失的案件。

②车辆损失为保险条例列明的自然灾害和被保险人或其允许的合格驾驶员约定驾驶员导致的损失。

③案情简单，出险原因清楚，保险责任明确，损失容易确定。

④车损部位可以一次核定，且事故损失金额在 5000 元以下。

⑤受损的零部件按照公司询报价系统可准确定价。

⑥同一保单出险次数不超过 3 次。

简易案件有两种类型：

纯简易赔案案件：事故总估损 1000 元以内的案件（含 1000 元）。

简易赔案案件：事故总估损 1000 元至 5000 元的案件（含 1000 元）。

2. 简易案件的处理原则

①必须查勘第一现场或被保险人提供事故处理机关出具的现场照片及证明；

②损失项目确定，出具正式估损单并由被保险人签字（盖章）；

③领取赔款人必须是被保险人或保险人书面委托的直赔协议修理单位。

3. 简易案件的处理方法

①经理赔人员查勘估损，被保险人无异议，填具出险通知书、赔偿协议书、领款人信息表。

②被保险人提供相关部门事故证明、现场照片、行驶证、驾驶证复印件及被保险人身份证明或委托书。

③经核赔人员审核后，根据赔偿协议支付被保险人或被委托人赔款。

④缮制正式赔款交核赔人审批。

4. 简易案件的处理程序

简易案件的处理程序是：接受报案—现场查勘施救、确定保险责任和初步损失—查勘人员定损、填写《简易赔案协议书》—报相关处理中心—办理赔款手续—支付赔款。简易案件的处理流程如图 6－7 所示。

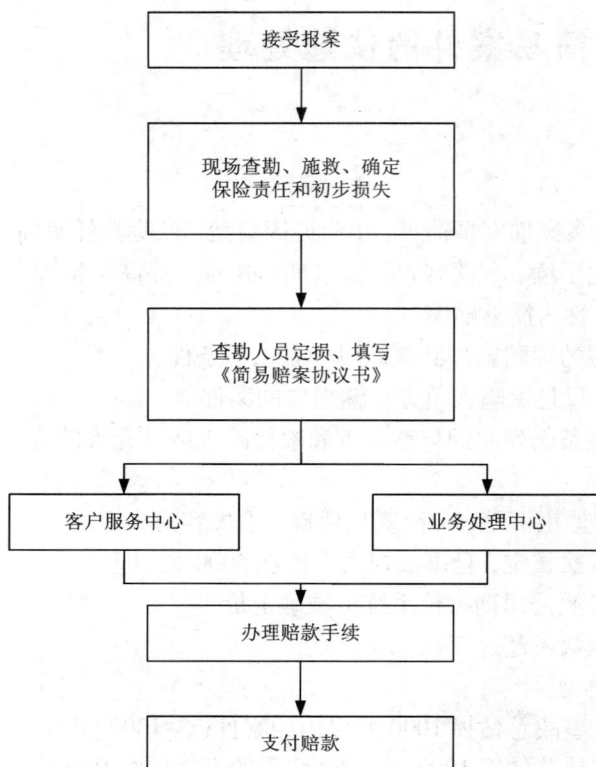

图 6 – 7　简易案件的处理流程图

5.其他特殊案件的处理

（1）疑难案件

疑难案件分争议案件和疑点案件两种：

①争议案件是指保险人和被保险人对条款理解有异议或责任认定有争议的案件，在实际操作中应采取集体讨论研究、聘请专家论证和向上级公司请示等方式解决，保证案件圆满处理。

②疑点案件是指赔案要素不完全、定损过程中存在疑点或与客户协商不能达成一致的赔案。

疑点案件调查采取的形式有三种：

a.在查勘定损过程中发现的有疑点的案件由查勘定损人员进行调查；

b.在赔案制作和审批过程中发现有疑点的案件由各保险公司的专门机构负责进行调查；

c.骗赔、错赔案件调查由各保险公司的专门机构完成。

（2）注销案件

注销案件是指保险车辆发生保险责任范围内的事故，被保险人报立案后未行使保险金请求权致使案件失效注销的案件。它分为超出索赔时效注销和主动声明放弃索赔权利注销两种情况。

对超出索赔时效注销，即自被保险人知道保险事故发生之日起两年内未提出索赔申请的案件，由业务处理中心在两年期满前10天发出《机动车辆保险结案催告、注销通知书》。被保险人仍未索赔的，案件报业务管理部门后予以注销处理。

对主动声明放弃索赔权利的案件，在业务处理中心发出《机动车辆保险结案催告、注销通知书》后，由被保险人在回执栏内签署放弃索赔权益意见。案件报业务管理部门后予以注销处理。对涉及第三方损害赔偿的案件，被保险人主动声明放弃索赔权利的，要慎重处理。

（3）拒赔案件

拒赔案件是指因不符合相关法律规定及保险条款如《保险法》、《机动车辆保险条款》的规定，不应予以赔付的案件。

拒赔案件要进行下列处理环节：

①要根据合同约定找出拒赔论据，是不属于保险责任还是免责范围内，必须具有确凿的证据和充分的理由。

②根据《保险法》第24条，对不属于保险责任的，应当自作出核定拒赔核定之日起三日内向被保险人或者受益人发出拒绝赔偿或者拒绝给付保险金通知书，并说明理由。拒赔结案后三日内必须向被保险人或者受益人发出拒绝赔偿或者拒绝给付保险金通知书，并说明理由。

拒赔案件分立案前拒赔和立案后拒赔：

立案前拒赔案件是指受理报案时，根据查阅的底单信息，对于超出保险期限、未投保险种出险等明显不属于保险责任的情形，明确告知报案人拒赔理由的拒赔案件。

立案后拒赔案件是指案件确立后，由客户服务中心查勘定损人员经查勘后发现不属于保险责任，或由业务处理中心在赔款理算过程中发现不属于理赔责任的，并经业务主管部门最终审批确定应拒赔的案件，给予拒赔处理。

（4）代位追偿案件

代位追偿案件是指汽车保险中，保险人取代被保险人向责任方追偿，是一种权利代位，即追偿权的代位。如果保险事故是由第三方的过失或非法行为引起的，第三者对被保险人的损失须负赔偿责任。保险人可按保险合同的约定或法律的规定，先行赔付被保险人。然后，被保险人应当将追偿权转让给保险人，保险人取得该项权利后，即可取代被保险人的地位向第三人责任方索赔。

对于代位追偿权的成立要件，按照法律的规定，一般应具备下述要件方能成立：

①保险人因保险事故对第三者享有损失赔偿请求权。首先保险事故是由第三者造成的；其次根据法律或合同规定，第三者对保险标的的损失负有赔偿责任，被保险人对其享有赔偿请求权。

②保险标的损失原因属于保险责任范围，即保险人负有赔偿义务。如果损失发生原因属于除外责任，那么保险人就没有赔偿义务，也就不会产生代位追偿权。

③保险人给付保险赔偿金。对第三者的赔偿请求权转移的时间界限是保险人给付赔偿金，并且这种转移是基于法律规定，不需要被保险人授权或第三者同意，即只要保险人给付赔偿金，请求权便自动转移给保险人。

代位追偿案件的流程如图6-8所示。

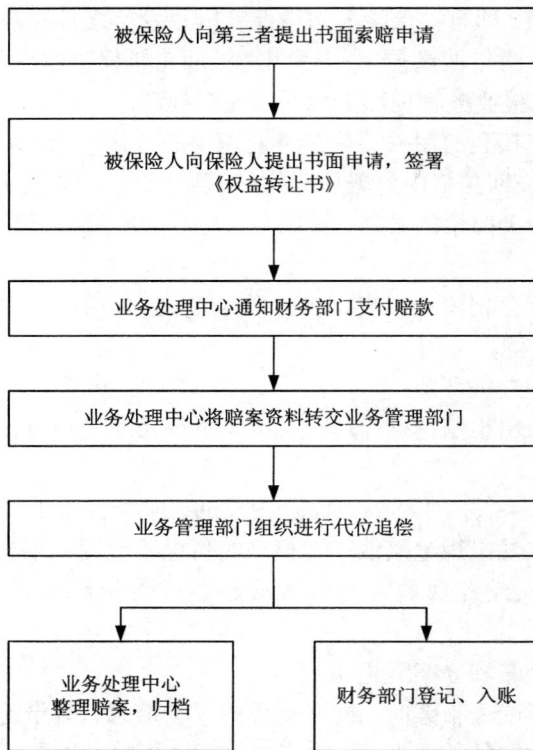

图 6-8　代位追偿案件的流程图

（5）预付案件

预付案件是指由于某些特殊原因需要预付部分赔款的案件。此类案件有两种情况：

承保公司自收到赔偿或者给付保险金的请求和有关证明、资料之日起 60 日内，对其赔偿或者给付保险金的数额不能确定的，但根据已有证明和资料可以确定最低赔付数额的案件。对其赔偿金额或者给付保险金的数额不能确定的，但根据已有证明和资料可以确定最低数额的案件，按案件可以确定的最低赔偿金额进行预付。

损失严重、社会影响面大、被保险人无力承担损失的，经审核确定为保险责任，但赔偿金额暂不能确定的重大案件，其预付金额不能准确界定，可以在估计赔偿金额的 50% 内先行预付。

发生预付赔款的案件在整体案件最终核赔完毕后，支付赔款数额应扣除预付赔款金额。

6.4　汽车保险的索赔

索赔是指机动车辆发生保险事故后，被保险人依据此次事故损失向保险公司提出索赔要求，这是理赔的必要环节，也是被保险人的权利。保险公司有责任按照保险条款对被保险人的合理损失进行理赔补偿。

1. 保险相关方的权益与责任

1）被保险人的索赔权益

①有及时获得损害赔偿的权益：保险公司进行查勘后，应将审查结果及时通知被保险人，如果认为有关证明和资料不完整的，应通知被保险人及时补充；如果保险公司认定事故属于保险责任的，被保险人有权获得及时赔偿；如果不属于保险责任，保险公司应以书面形式通知拒赔。赔款获取的时间根据《保险法》第 23 条规定，应在保险公司与被保险人达成赔偿协议后 10 日内支付；若超过 10 日，保险公司除支付赔款外，还应赔偿被保险人因未及时获得赔款而受到的损失。

②有及时获得相关费用赔偿的权益：在确定事故中，被保险人不可避免地产生一些费用开支。根据《保险法》第 64 条规定："被保险人为查明和确定保险事故的性质、原因和保险标的的损失程度所支付的必要的、合理的费用，由保险人承担。"《保险法》第 66 条规定："责任保险的被保险人因给第三者造成损害的保险事故而被提起仲裁或诉讼的，被保险人支付的仲裁或者诉讼费用以及其他必要的、合理的费用，除合同另有约定外，由保险人承担。"

③有对保险公司赔偿提出异议的权益：被保险人如果认为保险公司的赔偿决定与自己的预期不相符合时，有权对其提出异议，要求保险公司予以解释，必要时可以通过仲裁或者诉讼来保护自己的合法权益。

④有获得保险公司代位追偿超出其支付赔款的多余部分的权益：保险公司代位追偿的金额以向被保险人支付赔款的金额为限，如果保险公司代位追偿的金额大于向被保险人支付赔款的金额时，其超过部分应归还给被保险人，保险公司不能私自截留。

⑤可就自己的实际损失与保险公司赔偿的差额部分向第三方继续请求赔偿的权益：如果被保险人因事故的损失大于保险公司的赔偿时，即使向保险公司转让了代位追偿权，也不影响被保险人就保险公司赔偿不足部分向第三者继续请求赔偿的权利。

2）保险公司的理赔责任

机动车辆保险事故发生后，保险公司按照《中华人民共和国道路交通安全法》和《中华人民共和国保险法》有其相应的赔偿责任和义务。

根据《中华人民共和国道路交通安全法》第 76 条规定："机动车发生交通事故造成人身伤亡、财产损失的，由保险公司在机动车第三者责任强制保险责任限额范围内予以赔偿；不足的部分，按照下列规定承担赔偿责任：

机动车之间发生交通事故的，由有过错的一方承担赔偿责任；双方都有过错的，按照各自过错的比例分担责任。

机动车与非机动车驾驶人、行人之间发生交通事故，非机动车驾驶人、行人没有过错的，由机动车一方承担赔偿责任；有证据证明非机动车驾驶人、行人有过错的，根据过错程度适当减轻机动车一方的赔偿责任；机动车一方没有过错的，承担不超过 10% 的赔偿责任。交通事故的损失是由非机动车驾驶人、行人故意碰撞机动车造成的，机动车一方不承担赔偿责任。"

根据《中华人民共和国保险法》第 65 条规定："保险人对责任保险的被保险人给第三者造成的损害，可以依照法律的规定或者合同的约定，直接向该第三者赔偿保险金。"所以，保险公司在保险事故中应承担相应的义务：

保险公司在保险事故赔偿中负有先行赔付的义务；受害人以侵权诉讼时，只有受害人不是故意造成交通事故的，受害人可以将保险公司作为并列被告；超过交强险责任限额以外的部分，只有肇事车主有事故责任时保险公司才承担赔偿责任。

2. 保险索赔的程序

当保险事故发生后，被保险人可以就自己的事故损失向保险公司提出索赔请求，其具体流程如图6-9所示。

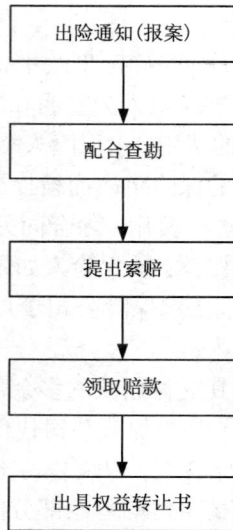

出险通知(报案)

配合查勘

提出索赔

领取赔款

出具权益转让书

图6-9 索赔流程图

1)出险通知(报案)

根据《中华人民共和国保险法》第21条规定："投保人、被保险人或者受益人知道保险事故发生后，应当及时通知保险人。故意或者因重大过失未及时通知，致使保险事故的性质、原因、损失程度等难以确定的，保险人对无法确定的部分，不承担赔偿或者给付保险金的责任，但保险人通过其他途径已经及时知道或者应当及时知道保险事故发生的除外。"事故一般要求在保险事故发生后48小时内通知保险公司。

可以通过上门、电话、传真、网上、业务员转达等方式进行报案，其中电话报案是最为快捷方便的报案方式，各大保险公司都提供了全国统一报案电话，如中国人民保险集团股份有限公司95518、中国太平洋保险(集团)股份有限公司95500、中国平安保险(集团)股份有限公司95511等。保险公司可受理报案部门有理赔部门、客服中心等。

报案的主要内容包括：被保险人姓名、保单号、保险期限、保险险别；出险时间、地点、原因、车牌号码、厂牌车型；人员伤亡情况、伤者姓名、送医时间、送医医院名称；事故损失及施救情况；驾驶员、报案人姓名及与被保险人关系、联系电话等；如涉及第三者，还需说明第三方车辆的车型、牌照号码等信息。

在异地出险，可向保险公司在当地的分支机构报案，并在48小时内通知承保的保险公司。在当地公司代查勘后,再回到投保所在地的保险公司填出险通知书后向承保公司办理索赔。现在有些公司由于建立异地理赔便捷网络,一些事故可以直接在当地保险机构直接领取赔款。

2)配合查勘

被保险人应接受保险公司或其委托的相关人员在出险现场检查相关车辆的受损情况,并提供相应的协助,以保证保险公司及时准确地查明事故的原因,确认损害的程度和损失的大致金额。

3)提出索赔

被保险人向保险公司索赔时,应当在公安机关交通管理部门对交通事故处理结案之日或车辆修复起的 10 天内,向保险公司提供与确认事故的性质、原因、损失程度、事故责任认定等必要的单证作为索赔证据。

4)领取赔款

当保险公司确定了赔偿金额后,应通知被保险人领取赔偿。根据《中华人民共和国保险法》第 23 条规定:"保险人收到被保险人或者受益人的赔偿或者给付保险金的请求后,应当及时作出核定:情形复杂的,应当在 30 日内做出核定,但合同另有约定的除外。保险人应当将核定结果通知被保险人或者受益人;对属于保险责任的,在与被保险人或者受益人达成赔偿或者给付保险金的协议后 10 日内,履行赔偿或者给付保险金义务。保险合同里对赔偿或者给付保险金的期限有约定的,保险人应当按照约定履行赔偿或者给付保险金义务。"接到领取保险金通知后,被保险人应提供身份证明(原件),找人代领的,需被保险人签署《领取赔款授权书》和代领人的身份证明(原件)。

5)出具权益转让书

如果事故是由第三方引起的,保险公司可先向被保险人赔偿,但被保险人需将向第三方索赔的权利转让给保险公司,再由保险公司向第三方追偿。

3. 保险索赔的注意事项

(1)索赔时要提供的证明材料

1)常见的车损情况下被保险人索赔时须提供的材料

①索赔申请书及相关索赔凭证(被保险人为单位的需加盖单位公章)。

②交警部门出具的事故认定书、道路交通事故快速处理书或法律法规认可的事故证明、协议书。

③事故损害赔偿调解书或简易程序处理调解书。

④仲裁、诉讼案件需提供仲裁机构、法院的仲裁书、调解书、判决书。

⑤保险公司出具的事故车辆及其他财物损失定损单。

⑥事故车修理的发票、施救费发票、物损发票及经济赔偿凭证原件。

⑦肇事保险车辆的行驶证、驾驶证年检有效的正、副证复印件,B 证及以上驾驶证需提供体检回执,临时牌照或临时移动证,被保险人身份证原件及复印件。

⑧驾驶专用机械车辆、特种车辆的人员需提供国家有关部门核发的有效操作证,驾驶出租机动车或营运性机动车需提供交通运输管理部门核发的营运许可证、道路运输许可证或其他必备证件。

⑨经公安管理部门同意机动车辆报废的，需要机动车报废证明。

⑩对于火灾或自燃造成车辆损失的案件需提供公安消防部门出具的火灾原因认定书，对于自燃灾害造成车辆损失的案件需提供当地的气象证。

⑪保险车辆发生保险责任范围内的损失，应由第三方负责赔偿的却无法找到第三方的，需提供公安部门的报警回执、立案及破案证明等。

⑫其他与保险事故相关的证明材料与单据。

2）涉及人身伤害的保险案件还需要提供下列材料

①县级以上医院出具的诊断证明书、门诊病历、住院证明、转院证明（需要转院的）、各类检查报告、后续医疗证明、病休证明（需要病休的）、护理证明（有护理需要的）等。

②医疗费专用票据及费用清单。

③医疗机构或鉴定机构出具的营养费、康复费、整容费证明。

④伤残、死亡人员和护理人员的误工证明，收入情况证明及实际收入减少的证明。收入证明应包括由工作单位劳资部门出具的工资表及其他收入签收单复印件并加盖单位公章，或由银行代发工资的存折原件及复印件。对于一些高收入的人员，还应提供完税证明，根据纳税情况确定实际收入。

⑤道路交通事故伤残鉴定书。

⑥残疾用具证明及发票。

⑦医院或公安法医鉴定机构出具的死亡证明书、尸检证明。

⑧死者销户证明、火化证明。

⑨派出所户籍部门出具的伤、残、亡者家庭成员情况证明和被扶养人关系证明及齐全的户籍本复印件，并加盖派出所户籍专用章。

⑩医疗期间发生的护理费、交通费、住宿费及伙食费的票据。

⑪具有法律效力的经济赔偿凭证原件。

（2）索赔阶段的常见错误做法

在索赔阶段，被保险人的错误做法，会使索赔时发生纠纷，甚至导致索赔受阻。常见的有：

1）未经保险公司认可擅自修复受损车辆

实践中，一些被保险人为了不耽误车辆使用，往往先将车送修，然后再向保险公司索赔，其实这是一种错误做法。根据车险条款规定，车辆出险后，被保险人应会同保险公司检验车辆，协商确定修理项目、方式和费用。否则，保险公司有权重新核定或拒绝赔偿。

2）被保险人对第三者自行承诺赔偿金额

按照车险条款规定，事故牵扯第三者的，保险公司将按照有关规定在责任限额内核定赔偿金额。未经保险公司书面同意，被保险人自行承诺的赔偿金额，保险公司有权重新核定，容易造成索赔纠纷。

3）被保险人在保险公司赔偿前放弃向第三者索赔的权利

在保险公司支付赔款前，向第三者请求赔偿的权利属于被保险人，此时被保险人有权放弃向第三者请求赔偿的权利，但这也意味着放弃了向保险公司索赔的权利。当保险公司向被保险人支付赔款后，被保险人未经保险公司同意，放弃对第三者请求赔偿权利的行为无效。

4）被保险人索赔时弄虚作假

被保险人在索赔过程中，若有隐瞒事实、伪造单证、制造假案等行为发生，则被保险人除将有可能因此而受到法律制裁外，还有可能遭到保险公司拒赔。

（3）被拒赔的常见情况

被保险人投保后，如有下列情形时，在保险事故发生后，也可能会遭到保险公司拒绝赔偿：

1）车辆未按期进行检测

保险合同只对合格车辆生效，对未按期检测的机动车，保险公司视为不合格车辆，在该情形下发生事故，保险公司不予赔偿。

2）车辆无牌照

根据《中华人民共和国道路交通安全法》以及《机动车商业保险条款》第 6 条第 10 项规定："除另有约定外，发生保险事故时被保险机动车无公安机关交通管理部门核发的行驶证或号牌，保险人均不负责赔偿。"车辆出现时必须具备公安交通管理部门行驶证或号牌，否则保险公司将拒赔。

3）车辆在收费停车场或营业性修理厂出险

如果车辆在收费停车场停车或营业性修理厂送修期间发生了碰撞损坏、被盗等损失的，因为收费停车场或营业性修理厂有妥善保管车辆的责任，因此保险公司都不会赔偿。

4）驾驶证未按期审核

驾驶员的驾驶证没有年审，驾驶车辆的行为属于违法行为，保险公司可以根据保险合同拒绝任何理赔。

5）酒后肇事

交通安全法规严令禁止酒后驾驶车辆，并在机动车保险条款中明确规定，保险公司不负责因驾驶员饮酒造成的损失或经济赔偿责任。目的就在于，约束驾驶人严格遵守交通法规，杜绝酒后驾驶，尽可能地保证车上人员和驾驶人员的安全。

6）被保险人、车辆驾驶人及其家庭成员受害

第三者责任险中的第三者就是排除 4 种人：即保险人、被保险人、本车发生事故时的驾驶员及其家庭成员、被保险人的家庭成员。当车险事故使得被保险人、本车发生事故时的驾驶员及其家庭成员成为受害人时，保险公司按规定不予赔偿。

7）车辆改装、加装的设备不赔

很多车主会加装音响、行李尾架等，但一旦撞车造成损失，保险公司不会对这些新增设备进行赔偿。

8）非被保险人允许的驾驶人使用车辆肇事

保险条款规定，驾驶人使用保险车辆必须征得被保险人的允许，否则，造成的车辆损失，保险公司不负责赔偿。

9）利用保险车辆从事违法活动

利用保险车辆从事违法活动不利于社会安定、不符合保险稳定社会生产和社会生活的宗旨，保险公司不予赔偿。

思考题

1. 如何理解汽车保险理赔的重要意义?
2. 对车险理赔原则中"主动、迅速、准确、合理"的八字方针如何理解?
3. 汽车保险理赔业务一般经过哪几个步骤?
4. 接受报案的主要工作内容有哪些?
5. 简述车辆定损的程序及注意事项。
6. 简易案件的条件是什么?其处理需要经过哪些程序?
7. 保险索赔的工作流程是什么?哪些情形会导致拒赔?
8. 某企业为一辆汽车投保了交强险,按照责任限额 500000 元投保中国人民保险集团股份有限公司机动车辆第三者责任险,在出险时给第三方车辆造成 150000 元损失,车上人员医疗费 50000 元,死亡丧葬费 120000 元,该车负主要责任,承担 70% 的损失,依据条款规定应承担 15% 的免赔率。试计算保险公司应支付的赔款。

第 7 章　汽车保险事故的查勘与定损

7.1　现场查勘概述

承保的车辆出险后，需要查勘人员及时进行现场查勘，并依据查勘结果进行定损。查勘定损人员所采用的查勘技术的科学、合理，是现场查勘工作的关键，直接关系到事故原因的分析与事故责任的认定，也是计算事故损害赔偿的依据。查勘人员接到查勘任务后，应迅速做好查勘准备，尽快赶赴事故现场，会同被保险人及有关部门进行事故现场勘查工作。

1. 现场查勘的目的

现场查勘是证据收集的重要手段，是准确立案、查明原因、认定责任的原始依据，也是保险赔付、案件诉讼的重要依据，因此现场查勘在事故处理过程中具有非常重要的意义。

（1）查明事故的真实性

通过客观、细致的现场勘查证明案件是否为普通单纯的交通事故，是否为骗保而伪造事故，即确定事故的真实性。

（2）确定保险车辆在事故中的责任

通过对现场周围环境、道路条件的查勘，可以了解道路、视野、视距、地形、地物对事故发生的客观影响；对事故进行分析调查，查明事故的主要情节和交通违法因素，分清保险车辆在事故中所负的责任。

（3）确定事故的保险责任

通过现场的各种痕迹物证，对当事人和证明人的询问和调查，对事故进行分析调查，查明事故的主要情节，结合保险条例和相关法律，确定事故是否属于保险责任范畴。

（4）确定事故的损失情况

通过对受损车辆的现场查勘，分析损失形成的原因，确定事故中的保险车辆及第三者的损失范围，通过对第三者受损财物的清点统计，确定受损财物的型号、规格、数量以及受损程度，为核定损失提供基础性材料。损失较小的可以现场确定事故损失。

2. 保险事故现场

保险车辆出险都会有现场，在发生交通事故地点上遗留的树木、人、车辆等与事故有关的物体及其痕迹，都是推断事故过程的依据和分析事故原因的基础，所有物证和痕迹所占有的空间就是事故出险现场。根据出险现场的完整真实程度一般分为原始现场、变动现场和恢复现场四类。

（1）原始现场

原始现场是指事故发生以后，在现场的车辆和遗留下来的一切物体、痕迹仍保持着事故发生的原始状态没有变动和破坏的现场，也称为第一现场。第一现场保留着事故的原始状态，为事故原因的分析和责任认定提供直接证据，是现场勘查的最好出险现场。

（2）变动现场

变动现场是指事故发生后，由于自然因素或人为因素，致使现场原始状态发生了部分或全部改变的事故现场，包括正常变动现场、伪造现场、逃逸现场等。

1）正常变动现场

现场变动的原因有很多种，以下属于正常变动现场：

①抢救伤者：因抢救伤者而变动了现场的车辆和有关物体的位置。

②保护不善：因保护不力，现场的痕迹被过往车辆和行人破坏或者消失。

③自然影响：因风、雨、雪、冰、风沙等自然因素影响，造成事故现场的痕迹被破坏。

④疏导交通：为了疏导交通，使发生在主干道和繁华地段事故现场被改变。

⑤特殊情况：执行有特殊任务的车辆发生事故后，因任务需要驶离现场致使事故现场发生改变。

⑥其他情况：例如车辆发生后，当事人没有觉察而离开现场的，这种事故通常为轻微事故。

2）伪造现场

伪造现场是指为企图达到逃避责任或嫁祸于人的目的，事故有关人或被唆使人员有意改变现场的车辆、物体、痕迹或其他物品的原始状态而伪造的事故现场。

3）逃逸现场

逃逸现场是指当事人为逃脱责任而驾车逃逸，导致事故现场原始状态发生改变的现场。

（3）恢复现场

在保险查勘中，为了分析事故和复查案件，证明保险事故发生的真实性，对已撤离的事故现场根据相关资料重新恢复到事故发生的"原始"状态的现场。

3. 对现场查勘的要求

（1）现场勘查的要求

①赶赴现场必须迅速、及时。查勘人员接到查勘任务，要力争在案发后短时间内遗留痕迹、物证明显清晰的有利条件下进行，绝不能拖延时间，失去勘查时机，贻误收集证据的时间，给事故调查、处理工作带来困难。

②现场查勘必须全面、细致。全面、细致的勘查现场是获取现场证据的关键，无论什么类型的事故现场，查勘人员都要力争把第一现场的一切痕迹都进行记录，一切物证甚至微小物证都要收集起来。特别对变动现场一定要调查、了解有关情况，做更加细致的勘查工作。

③现场查勘一般应由两人参加。

（2）对现场查勘人员的要求

现场查勘人员的工作包含有现场查勘、填写勘查报告和初步确定保险责任等工作，它关系到事故的定责、是否应该立案、最后赔偿等,是理赔服务的基础,也是保险理赔工作的关键。由于现场查勘中包含众多保险知识和汽车知识,并查勘人员又是外出独立工作,对现场查勘人员有下列要求:

1)良好的职业操守

查勘工作是与保险双方当事人的经济利益直接相关的,工作过程具有相对的独立性,对专业技术要求高,从而使查勘工作具有较大的自主空间。在现代社会发展的经济大潮中,制度的不健全、不良的修理厂、被保险人对查勘检验人员以各种方式的利诱而不当得利,因此要求查勘检验工作人员要有良好的职业操守。

建立良好的职业操守,首先应加强思想教育工作,使查勘工作人员树立建立在人格尊严基础上的职业道德观念。其次,建立完善的监督管理制度,形成相互制约和相互监督的机制(例如查勘定损分离、双人查勘等)。同时,加大执法力度,对查勘从业人员起到震慑和教育的作用。最后,对查勘人员实施准入制度,使查勘人员收入和技术劳动服务相适应。

2)全面的专业知识

现场查勘涉及知识面广,要求查勘人员具有汽车构造、汽车维修、机动车保险、交通法律法规等知识,这些都是分析事故原因、分清事故责任、确定保险责任范围和确定损失所必需的知识。

3)丰富的实践经验

丰富的实践经验一方面能够帮助查勘人员准确判断损失原因,科学合理地确定修理方案,另一方面,在事故处理过程中,丰富的实践经验对于施救方案的确定和残值的处理起到重要作用,同时对于日益凸显的道德风险和保险欺诈有着重要的识别和防范作用。

4)灵活的协调能力

理赔工作面对各个方面关系的利益和角度不同,经常产生意见分歧,甚至冲突。现场勘查人员在工作中在以事实为根据、保险合同及相关法律法规为准绳的前提下,尽量使保险的各方"求大同,存小异",灵活处理各方矛盾,协调各方利益,从而使各方对保险事故形成统一认识,使案件得到顺利处理。

7.2　现场查勘程序与方法

1. 现场查勘的工作程序

现场查勘工作的主要程序包括在接受报案后,理赔工作人员赶赴现场的准备工作、现场查勘、询问当事人与调查证人、制作询问笔录等现场查勘结束工作等。

(1)赶赴现场的准备工作。

查勘人员接到出险通知后,应立即赶赴出险现场进行现场勘查,尽快全面地掌握第一手资料,出发前应做好以下准备工作:

1)查阅抄单

首先复核出险时间是否在保险期限以内,对应出险时间接近保险起迄时间的案件做出一定标记,以便现场勘查时重点核实。其次记录承保险种,注意对承保险种所涉及资料的收集和情况询问。

2）阅读报案记录

阅读报案登记表里的主要内容，对被保险人名称、标的车牌号、出险的时间、地点、原因、损失概要等，了解查勘时间、地点以便及时赶赴查勘现场，熟悉被保险人的联系电话，方便对现场情况的掌握。

3）带好必要的资料和查勘工具

根据出险的原因及损失概要带好必要的资料和查勘工具，资料部分有《机动车保险索赔须知》《出险通知书》《汽车保险理赔现场查勘报告》《定损单》及相应车型的汽车技术资料等。工具有现场查勘工作中必需的照相机、卷尺、记号表、记录工具等。

4）查勘出发前的检查

在出查勘现场前，检查勘查车辆的车况，离合、制动性能是否良好，备胎情况及更换工具是否齐全，燃油油量是否满足当天查勘工作需要。另检查所携带查勘工具是否完备、良好。

（2）现场查勘的程序

查勘工作人员赶赴现场以后，所涉及的现场勘查工作很多，通过询问、嗅问、查看、丈量、摄影等工作手段，收集证据、绘制现场图，为后期分析判定事故原因、确定保险责任提供依据。在这个程序中，有下列几个重要环节：

①组织现场施救，减少保险财产损失。

②查验保险凭证和涉事的行驶证、驾驶证。

③询问当事人事故经过，确认被保险人和驾驶人的关系。

④勘验现场并拍摄现场照片，拍摄标的损失照片及痕迹细节。

⑤分析判断事故原因，初步确认保险责任。

⑥根据案情需要制作询问笔录。

⑦当现场丈量、摄影和绘制草图等工作结束后，应复核一遍，做到准确无误。非第一现场的，必要时复勘。

⑧第一现场估算损失金额。

⑨向被保险人告知索赔事宜，发放索赔须知和索赔单证。

⑩现场查勘资料交与内勤归档。

2. 现场查勘的工作及方法

（1）现场查勘的方法

现场查勘所采用的方法主要有沿车辆行驶路线勘查法、由内向外查勘法、由外向内查勘法、分段查勘法等四种。

①沿车辆行驶路线勘查法要求事故发生地的痕迹必须清楚，以便顺利取证、摄影、丈量与绘制现场图，进而分析事故原因和进行责任认定。

②由内向外查勘法适用于范围不大、痕迹与物件集中且事故中心点明确的出险现场，此时，可由事故中心点开始，按由内向外辐射顺序取证、摄影、丈量与绘制现场图，进而分析事故原因和进行责任认定。

③由外向内查勘法适用于范围较大、痕迹较多且较分散的出险现场，此时，可由外围向

中心的顺序取证、摄影、丈量与绘制现场图，进而分析事故原因和进行责任认定。

④分段查勘法适用于范围很大的事故现场，此时，先将事故现场按照现场痕迹、散落物的特征分成若干的片或段，分别取证、摄影、丈量与绘制现场图，进而分析事故原因和进行责任认定。

（2）现场查勘的工作

现场查勘的工作主要包括车辆查验、调查取证、收取证物、现场摄影、现场丈量、绘制现场草图和填写现场查勘记录表等。

1）车辆查验

①查验保险标的。

查验汽车牌号。查验事故车辆牌号是否与保单记载的一致；如临时牌照要查验其真实性、有效性和使用地是否符合规定要求。

查验车架号（VIN 码）、发动机号是否与保单记载的一致，详细记录事故车辆已行驶里程、车身颜色，并与保单或批改单核对是否相符。

查验行驶证登记的信息。首先核对登记车辆类型是否与保单车辆类型一致，其次查验车辆是否在法定检验有效期内，最后核对登记汽车使用性质，确认保费费率选择是否正确。

②查验标的是否加装、改装。

车辆的改装会影响车辆的行驶安全，导致发生事故的几率增大。几乎所有保险条款都规定在保险期内，保险车辆加装、改装，应及时书面通知保险人。否则，因保险车辆危险程度增加而发生的保险事故，保险人不承担赔偿责任。

在不影响安全和识别牌号的情况下，机动车所有人可以自行变更：小型、微型载客汽车加装前后防撞装置。货运机动车加装防风罩、散热器、工具箱、备胎架等。机动车增加车内装饰等。

其他加装、改装都是不合法的。

2）调查取证

调查取证是现场勘查重要环节，主要通过询问、统计等方式获得下列内容：

①调查出险时间、地点、原因及经过。

出险时间的确定非常重要，主要目的是判断事故是否发生在保险期内，它关系到是否属于保险责任。对于接近保险起迄时间的案件应特别注意。对有疑问的案件，要详细了解车辆启程或往返时间、行驶路线、运单、伤者住院治疗时间等。

查明出险地点，主要是判断事故是否发生，是否超出保单所列明的行驶区域，是否保单所列明的责任免除地点等。

查明出险原因是现场查勘的重点，出险原因必须是近因，近因原则是保险的基本原则，如果事故近因属于被保险风险范围内的则是保险责任事故，反之不是保险责任事故。对于所查明的事故原因，应说明是客观原因还是人为原因，是车辆自身因素还是车辆以外因素，是违章行驶还是故意违法行为。

出险经过原则上要求当事驾驶员自己填写，当事人不能填写的，要求被保险人或相关当事人填写，并与公安部门的事故证明进行对比，其关键内容应基本一致。如不相同，原则上应以事实为根据，以公安部门的证明为依据。

②在积极施救的基础上对财产损失情况和人员伤亡情况做统计。

查勘人员达到事故现场时，如果险情没有尚未得到控制，应结合现场情况积极施救，采取合理的施救方案，避免财产损失进一步扩大。对于根据保险条款约定可以施救的事故以及所发生的相关费用，保险公司可以给予报销。

查清标的车辆和第三者车的车辆损失，会同被保险人及第三者详细记录标的车辆损失情况，其中对于投保附加设备险的车辆上的附加设备应单独列明。

查清标的车辆和第三者车的货物损失及其他财产损失情况，记录下受损物品、规格、型号、数量等信息。查清各方所承担的事故责任比例，确定损失程度。

查清伤亡人员的关系，区分出谁是车上人员，谁是第三者，记录伤亡人员的姓名、性别、年龄及受伤程度，为医疗核损人员提供查勘的原始依据。

3) 收取物证

物证是再现交通事故发生过程和分析事故原因最为客观的依据，收取物证是现场查勘的核心工作。各种勘查技术、方法、手段均为收取物证服务，物证的收取工作就是认识物证、发现物证和用科学方法与手段取得物证的过程。事故现场物证的类型有散落物、附着物和痕迹。

①散落物。散落物可分车体散落物、人体散落物和他体散落物三类。

②附着物。附着物可分喷洒或黏附物、创痕物和搁置物三类。

③痕迹。痕迹可分车辆行走痕迹、车辆碰撞痕迹及涂污和喷溅痕迹三类。其中车辆行走痕迹主要包括轮胎拖印、压印和擦印等；车辆碰撞痕迹主要包括车与车之间、车与地面之间及车与其他物体之间等情形的碰撞及刮擦痕迹；涂污和喷溅痕迹主要是油污、泥浆、血液和组织液等涂污与喷溅形成的。不同痕迹，各有其形状、颜色和尺寸，是事故遗留的直接证据，是事故现场收集的重点。

4) 现场摄影

现场摄影是真实记录现场和受损标的客观情况的重要手段之一，是作为公正客观地认定事故责任的依据，也是车辆理赔的依据，甚至可能作为刑事或民事诉讼的证据。因此现场摄影是现场勘查的一项重要工作。

①事故现场摄影的目的。

要完整客观地反映事故现场环境和状况；要具体表现事故现场形态；利用照相技术把事故现场路面和车辆上的痕迹物证完好无缺地记录下来；真实记录车辆受损的情况，对一些重要部位(例如标的车辆的发动机号、车辆 VIN 代码等)要有细部特写。

②事故现场摄影的要求。

现场摄影的内容应当与交通事故现场查勘笔录和现场测绘图的有关记录一致；现场摄影不得有艺术夸张，要客观、真实、全面地反映被摄对象；摄影时要求使用标准镜头，以增强真实感；对事故现场照片做好资料归档，以便核损、核赔时审查。

③事故现场摄影的方法。

事故现场摄影的基本顺序是：首先拍摄现场方位，其次拍摄现场概貌，然后在现场拍摄现场的重点部位，最后拍摄现场的细微之处。

事故现场摄影要遵循：先拍摄原始状态，后拍摄变动状态；先拍摄现场路面痕迹，后拍摄车辆、物体痕迹；先拍摄易消失、易破坏的痕迹，后拍摄不易消失、不易破坏的痕迹。

事故现场拍摄的方法有方位摄影、概览摄影、中心摄影、细目摄影和宣传摄影等方法。

5）现场丈量

现场丈量必须准确，必要的尺寸不能缺少。现场丈量前，要认定与事故有关的物体和痕迹，然后逐项进行并做好相应的记录。

①确定方位、选定坐标和现场定位。

确定方位就是确定公路走向，通常用道路中心线与指北方向的夹角来表示，如果事故路段为弯道，可以用弯道的直线与指北方向的夹角和转弯半径表示。

选定坐标就是在事故现场附近选择一个永久性的固定点，作为固定现场的基准点。例如采用里程碑和电线杆等，但必须注明相应的里程和号码，这是恢复现场所必需的。

现场定位就是通过一定的方法将现场固定在一个特定位置上。有直角坐标定位法、三点定位法和极坐标法等（图 7 - 1 至图 7 - 3）。

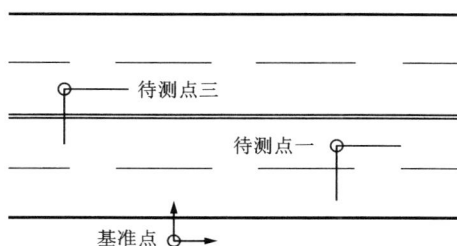

图 7 - 1　直角坐标定位法

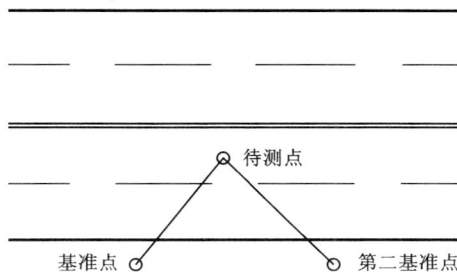

图 7 - 2　三点定位法

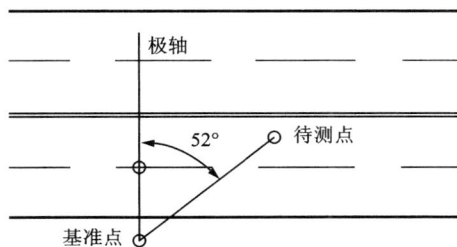

图 7 - 3　极坐标法

②丈量道路。

丈量道路包括勘查道路的走向、附近的交通标志、安全设施、行车视距，以及丈量路面、路痕及边沟的宽度和深度等。

③丈量主要物体和痕迹。

首先丈量车辆位置及行驶方向。为了固定事故车辆的停放位置，一般以其停放点为基准，丈量车辆四个轮胎外缘与地面接触中心点到道路边缘的垂直距离，并且根据现场遗留的痕迹判断车辆的行驶方向。

其次丈量制动痕迹。车辆制动时，轮胎与地面摩擦留下炭黑的拖印痕迹。如果有压痕，丈量时一并测量。

同时要测量车辆与车辆、人、畜或与其他物体接触后留下的痕迹。对事故现场的微小痕迹也必须测量。如指纹、毛发等不易发现的微小印痕。

最后对现场其他遗留物的测量。如轮胎花纹、车身漆皮、玻璃碎片、脱落了的车辆碎片等进行测量。

④丈量事故接触部位。

事故接触部位是形成事故的焦点，也是判断事故责任的重要依据。事故中的接触部位具有多样性，但都有其特定的空间和平面位置，对事故的接触部位首先进行科学分析，认真判断。

6）绘制现场查勘草图

现场查勘草图是根据现场查勘程序，在出险现场边绘制边示意，当场完成的出险现场示意图，是现场查勘的主要记录资料，是正式的现场查勘图绘制的依据。由于现场查勘草图在现场查勘绘制，绘制时间短，对草图的要求可以不工整，但内容必须完整，尺寸数据要准确，物体的位置、形状、尺寸、距离的大小应基本成比例。

①事故现场草图的内容。

事故现场草图实际上是保险车辆事故发生地点和周围环境的小范围地形图。要能够表明事故现场的地点与方位，现场的地物地貌和交通条件；要能表明各种交通元素，以及与事故有关的遗留痕迹和散落物的位置；能表明各种事物的状态。

②事故现场草图的绘制过程。

事故现场草图的绘制过程是：首先根据出险情况，选取适当比例进行草图的总体构思；其次按照近似比例画出道路边缘线和中心线；再用同一比例绘制出险车辆，以出险车辆为中心绘制各有关图例；根据现场具体条件，选择基准点和定位点，为现场出险的车辆、主要物品的事故痕迹进行定位并标注尺寸，必要时加注文字说明；根据需要绘制立体图、剖面图和局部放大图；最后绘图人员、校核人员、当事人、见证人分别签名。

7）填写现场查勘记录

现场查勘工作非常重要，而现场查勘的内容又非常多，为防止疏忽某些细节，同时为规范查勘工作，各保险公司一般都制定了《机动车辆保险现场查勘记录》，查勘人员根据现场查勘情况，如实填写现场查勘记录表即可。

3. 特殊事故现场的查勘（水、火、盗抢）

（1）水灾损失现场查勘

每到夏季，因暴雨、洪水等自然灾害造成的汽车损害频繁发生，在沿海地区，海上的风暴大浪也会造成严重的水灾，给车主和保险公司造成较为严重的经济损失。

1）水淹车辆的特点

①季节性较强：水淹损失一般常发生在每年的 6—10 月。

②受灾害性天气影响：当地有过暴雨、台风和洪水等灾害性天气发生。

③容易出险的地点：在内涝地区、低洼地段、地下停车场等。

④意外事故导致车辆受水淹。

2）水淹损失现场查勘

一些经验不够丰富的驾驶人和处理水灾经验不多的查勘人员，因采取措施不当，扩大了汽车的损失。与碰撞损失现场查勘不同，汽车水灾损失应下列几点。

①水灾损失时的汽车状态。

汽车因水导致损失时，它是处于行驶状态还是停驶状态，这是区分是否属于保险责任事故的重要前提。

如果汽车处于停驶状态受损，此时发动机不运转，因水损不会导致发动机内部机件损伤。如果拆解后发现发动机内部的机件产生了机械性损伤，则可以界定为操作不当所造成的损失扩大。如果汽车处于行驶状态，当水位低于发动机进气口时，通常不会造成发动机的损伤。但水是液体，在其他外界物体作用下液面可以上下不定地变动，可能被发动机吸入缸体引起发动机机件的损坏。根据现在目前的车辆损失险的条款，凡是属于发动机进水造成的内部机件损失，一律属于免责条款。

②被淹汽车的施救。

如果查勘人员到达现场时车辆仍处于水淹状态，则必须对水淹汽车进行施救，施救时必须遵循"及时、科学、正确"的原则，既要保证进水车辆能够及时得到救援，又要避免车辆损失进一步扩大。施救车辆时要注意下列几项：

a. 严禁水中启动汽车。车辆因进水熄火后，驾驶人应及时拨打保险公司的报案电话，或同时拨打救援组织的电话，等待救援。决不能抱侥幸心理贸然启动车辆，否则会造成发动机进水导致损失进一步扩大。在实际水损保险案件中，大约90%的驾驶员所驾驶车辆在水中熄火后，因再次启动车辆，而导致发动机损失扩大。

b. 科学拖车。对水淹汽车进行施救时，一般采取硬牵引的方式拖车，或者将前轮托起后牵引，不要采用软牵引的方式。如果采用软牵引的方式拖车，一但牵引车减速，被拖汽车往往只能选择挂挡、利用发动机运转阻力进行减速，这样会拖动发动机转动，最终导致发动机损坏。对于装有自动变速器的汽车，注意不要长距离拖拽，以免损伤变速器。前轮托起后牵引方式适用于前驱汽车，可以避免误挂挡而损坏发动机，后驱汽车一定要挂空挡拖拽。

c. 及时告知车主和维修厂商。在将受水淹汽车拖出水域后，及时告知车主和承修厂商，最好印制统一格式的告知书，交与被保险人或当事人签收，最大限度地防止损失进一步扩大。

d. 及时检修受损车辆。汽车水淹后要及时对受损部位进行排查。当积水过多时，水会进入车体内部，电器部分受影响最大。可能危及到行车电脑，导致电控系统发生故障甚至损坏，造成控制系统紊乱而汽车瘫痪。汽车上各类可拆卸电机采用"拆解—清洗—烘干—润滑—装配"的流程进行处理，对于无法拆卸的电机可以考虑一定的损失赔付。机械零部件在水进入后，对零件本身的机械性能影响不大，而各部件运动部位有杂质沉积，影响其运转性能和润滑效果，导致这个机械部件的性能丧失，汽车无法正常工作。常采用"拆解—清洗—除锈—装配—更换传动（润滑）液"的流程进行检修处理。对进水汽车内饰部分因进水而受潮产生异味，对其按照"清洗—脱水—晾晒—消毒—再美容"的流程进行检修处理。

e. 谨慎启动。在未对汽车进行排水处理前，严禁采用启动、人工推车或拖车方式启动被淹车辆的发动机，只有对被淹发动机进行彻底的处理，并进行相应的润滑处理，恢复汽车性能后，才能尝试启动。

3）水灾损失中的水要素影响

在水灾损失中，汽车损失大小受下列几条要素影响。

①水的种类影响。

水灾损失中的水分为海水和淡水。在内地保险事故中，由于地域特点，海水水淹汽车损失很少。常见的淡水多数为雨水、山洪形成的泥水和倒灌形成的积水，这些水中含有泥、沙和各种化学物质，其对汽车各个部分的损伤各不相同，必须现场查勘仔细，并明确记录。

②水淹高度的影响。

水淹高度是确定水淹损伤程度的一个重要因素，是以汽车重要构件的具体位置作为参考的。以轿车为例，水淹高度共分6级：

1级：制动盘和制动鼓下沿以上，车身地板以下，乘员舱未进水。

2级：车身地板以上，乘员舱进水，而水面在驾驶人座椅面以下。

3级：乘员舱进水，水面在驾驶人座椅面以上，仪表工作台以下。

4级：乘员舱进水，水面在工作台中部。

5级：乘员舱进水，水面在工作台以上，顶棚以下。

6级：水面超过车顶。

不同的水淹高度级别，造成的损失程度不同，对车辆评定损失的损失率不同。

③水淹时间的影响。

汽车被水淹的时间（H）长短，也是其水淹损伤程度的一个重要因素。水淹时间按照时间长短共分6级，水淹时间的计量单位常以小时为单位，通常分为：

1级：$H \leqslant 1$ 小时。

2级：$1 < H \leqslant 4$ 小时。

3级：$4 < H \leqslant 12$ 小时。

4级：$12 < H \leqslant 24$ 小时。

5级：$24 < H \leqslant 48$ 小时。

6级：$H > 48$ 小时。

每个级别的损失程度差异较大，在现场查勘时确定水淹时间是一项重要的工作。

4）水灾损失的现场查勘

由于水灾损失案件往往集中发生在某一时段或区域，具有受灾车辆多和需要现场勘查车辆集中等特点，快速、准确地填写水灾损失现场查勘报告，是实现快捷查勘工作的基本要求。应特别注意下列几点：

①到达现场后，进行快速处理，拍摄现场照片，特别要拍出水淹的水线位置，确定车辆被浸泡的高度，了解受损的大概情况。

②拍摄完照片，应及时、合理地进行车辆抢救，协助客户联系施救企业，及时使车辆离开水侵现场，防止损失扩大。

③对驾驶人员进行询问，询问重点是车辆水淹后如何熄火、有没有再启动、再启动次数，这些问题要求事故车驾驶员明确回答，并记录在案。

④填写具有格式化的现场查勘报告是实现快捷查勘的前提，专业的保险知识和汽车专业知识是实现快捷查勘的依据。

（2）火灾损失现场查勘

汽车火灾令人触目惊心，无论是什么原因导致的起火燃烧，都会造成车辆和驾乘人员的伤害。准确分析起火原因，掌握避免火灾的方法和及时补救措施，了解汽车受火灾损失的理赔规则，无论对车主还是对查勘理赔人员，都具有十分积极的意义。

1）汽车起火燃烧的要素及分类

①在查勘汽车火灾现场、分析起火原因时，需了解导致汽车燃烧的三大基本要素：

a. 导致汽车起火的火源。

b. 汽车周围是否存在易燃品。

c. 燃烧过程中是否有充足的空气。

只要把握这三点，结合查勘车身不同位置的烧损程度，首先准确找出起火点的位置，进而分析出起火原因，为下一步的准确理赔奠定基础。

②按照起火原因，汽车火灾主要分为三种类型：

a. 自燃。自燃是指在没有外界火源的情况下，由于本身的油路、电路、部件高温及车载货物等原因起火燃烧的，主要原因有下列几条：

燃油的泄漏是引发汽车严重自燃的主要原因之一，供油管路大部分是采用橡胶材料制成，在汽车运行过程中，由于机械运动的疲劳作用、高温的烘烤和燃油对橡胶材料的氧化作用等破坏，在管路本身和接口处容易造成燃油泄漏，遇到汽车其他电器的火花和高温，就会造成起火。

汽车上的电器设备的漏电是自燃的另一主要原因。漏电有两种类型：一种是高压漏电，高温高压使点火线圈老化，对某一特定部位持续高压放电，瞬间电压可以达到10000 V以上，足以引燃一定浓度的汽油混合气；另一种是低压线路搭铁漏电，主要是导线老化、磨损、线路接触不良和汽车电器过载造成线路短路或局部高温，引起火灾。

汽车轮胎和制动器部件高温自燃是造成汽车自燃的原因之一。汽车轮胎在长时间连续行驶、气压不足和超载等综合作用下，轮胎外部摩擦和内部摩擦形成大量的摩擦热，使轮胎温度升高而造成自燃。制动器的工作机理是利用摩擦降低汽车速度，但产生大量的摩擦热而温度升高，在长时间制动、频繁制动和散热不充分的情况下，会增加制动器周围油路被点燃的风险，极端状态下会引起火灾。

车载货物自燃。货物超载时，在高速行驶中，车底部的货物会发生挤压、移动，摩擦升温，从而导致货物自燃起火。

b. 引燃。引燃是指由车辆本身以外的火源引起的火灾原因，其有两种情况：一种是自身高温引起周围物体燃烧起来后，引燃车辆本身燃烧形成车辆火灾的；另一种是由外界火源引起，在时间或空间上失去控制的燃烧火灾（例如故意纵火的烧毁车辆）。

c. 碰撞起火。碰撞起火是指车辆与车辆或外界物体发生意外撞击，导致其电器短路、碰撞火花点燃泄漏燃油所引起的火灾。

2）汽车火灾保险责任

汽车起火烧损，作为标的车辆可能构成车辆损失险、自燃险项下的赔偿责任，作为第三者的机动车来说可能构成交强险、商业三者险项下的赔偿责任。在区分保险责任与除外责任的同时，要认真研究、分析起火原因。

①火灾损失的车辆损失险责任。

由外界火源以及其他保险（碰撞）事故造成的火灾导致保险车辆的损失，对此保险公司可以承担赔偿责任。但是对于由于本身电路、油路等问题引起的自燃，以及违反车辆安全操作原则造成的车辆损失，均属于车险事故中的除外责任。

②火灾损失的自燃损失险责任。

标的在火灾中受到损失，其购买了自燃损失险，保险公司承担的赔偿责任有：赔付因保险车辆电路、线路、供油系统、机械部件发生故障或所载货物自身原因起火燃烧造成本车的损失；发生保险事故时，被保险人为防止或者减少保险车辆的损失所支付的必要的、合理的施救费用。但是自燃仅仅造成电器、线路、供油系统的损失和所载货物自身的损失保险公司是无赔偿责任的。

③火灾损失的交强险责任。

如果认定标的车与第三者机动车发生事故，导致对方起火烧损，应视是否有责任以及责任比例确定是否赔偿和赔偿比例。如果认定标的车辆承担责任，无论责任比率大小，均在有责限定额度以内给予对方赔偿；如果无责，应该在无责限定额度以内给予对方赔偿。

④火灾损失的商业三者险责任。

如果认定标的车与第三者机动车发生事故，导致对方起火烧损，应视是否有责任以及责任比例确定是否赔偿和赔偿比例。如果认定标的车辆无责，那么保险公司无须承担任何赔偿责任，如果认定标的车辆承担责任，则视事故责任大小，按照保险合同的约定，分别计算赔偿金额，但赔偿金额不应超出限额值。

3）汽车火灾的现场查勘

汽车火灾事故的起火原因复杂多样，并且造成损失较大。各种起火原因不同，其标的车辆的购买保险险种不同，保险公司承担了不同的保险责任，对最终的赔付有决定性的影响。现场勘查要收集、甄别各种信息，查明起火原因。汽车火灾现场查勘的主要内容有以下几点。

①汽车基本信息的鉴别。

通过现场勘查对汽车进行鉴别，通过车辆识别标牌或发动机号确定火灾的车辆与保险车辆的信息的一致性，如果无法辨认，可以从汽车的结构、类型、年代等其他信息仔细查勘，甚至可以向公安交通警察等有关部门寻求帮助。

②火灾现场的查勘。

首先到达现场时查勘人员要向驾驶员了解保险车辆了解事故发生经过，着火的详细经过，发现着火时驾驶人员采取的抢救措施，注意观察驾驶员的言行举止，并且核对当事人与已知事实的一致性。

其次查勘车辆的着火现场路面上的各种痕迹，观察制动拖痕、搓划印痕的形态。测量起始点至停车制动拖印的距离；查勘着火车辆在路面上散落的各种物品和碰撞被抛洒的车体部件、车上物品位置,推算着火车辆的行驶速度。

对车辆的燃烧痕迹进行重点检查,重点查看车辆的电器、油路和电路情况,查勘发动机机舱和车内仪表台的受损情况;初步判断燃烧起火点及火源,分析燃烧的着火原因。

③起火原因的认定。

跟踪公安消防部门认定的火灾发生原因,与通过访问、观察、检验等现场查勘的方法分析得出的着火原因进行比较,最终认定起火原因。

(3)盗抢损失现场查勘

机动车被盗抢,是指投保车辆发生全车被盗被抢,根据保险条例,由保险公司在明确保险责任的前提条件下,对出险时的车辆进行理赔。

1)汽车盗抢保险责任

机动车被盗抢后,对于保险人有保险责任和责任免除两种情形。

①下列几种情形之一的保险人有保险责任。

a.保险车辆(含投保的挂车)全车被盗窃、被抢夺、被抢劫。经县级以上公安刑侦部门立案证实,满两个月未查明下落的。

b.保险车辆全车在被抢夺、被抢劫过程中,因发生事故造成损失需要修复的合理费用。

c.保险车辆被盗窃、被抢夺、被抢劫后,受到损坏或车上零件、附件设备丢失需要修复的合理费用。

以上的损失,保险人承担保险车辆的被盗抢损失。

②下列几种情形之一的保险人责任免除。

a.非全车遭盗抢,仅车上零件或附属设备被盗窃、被抢夺、被抢劫;

b.保险车辆被盗抢未遂造成保险车辆的损失;

c.保险车辆被诈骗、罚没、扣押造成的全车或部分的损失;

d.全车被盗窃、被抢夺、被抢劫后,保险车辆肇事导致第三者人员伤亡和财产损失;

e.保险车辆与驾驶员同时失踪;

f.被保险人因民事、经济纠纷而导致保险车辆被抢夺、被抢劫的;

g.被保险人及其家庭成员、被保险人允许的驾驶人员的故意行为或违法行为造成的损失;

h.被保险人未能向保险人提供出险地县级以上公安部门出具的汽车被抢案件的证明、车辆已报停手续及车辆登记证书。

以上的损失,保险人不承担保险车辆的被盗抢损失,保险责任免除。

2)盗抢案件现场查勘注意事项

机动车被盗抢的现场痕迹、证物往往很少,其现场查勘要通过询问、走访、调查、取证等方式进行案件性质的确定。盗抢案件现场查勘注意事项如下:

①查勘人员应及时赶赴第一现场查勘,对当事人进行询问并做好询问笔录,进行现场拍照并检查现场有无盗抢痕迹,有无遗留作案工具。注意分析报案人的言语,分析车辆被盗抢经过有无可疑之处。

②走访、调查现场有关人员,调查车辆停放、保管、被盗抢情况,做好询问笔录,如果是收费停车场,要求被保险人提供停车收费凭证,为以后追偿留下依据。

③调查车钥匙及证件是否一同丢失。调查被盗车辆的钥匙配备情况,对遗留钥匙进行判

别是否为原件，调查车辆相关证件及车主证件是否缺失。

④核实报警情况，走访接报案公安部门，核实客户报案时间，记录接报案的详细情况，被盗案件是否立案，丢失车辆是否录入公安网上系统。

⑤了解车辆的基本信息及车主的近期财物状况，对案件的定性有一定帮助。

⑥跟踪案件立案后两个月内是否破案。

7.3　车辆损失的评估

对发生事故并造成了损失的承保汽车进行准确评估，是保险公司一项十分重要的工作。及时赶赴事故现场，做好救援工作；对事故车辆所造成的损失，做出公正、合理的鉴定；对更换的配件价格做出正确报价；及时地按质量要求把事故车辆维修好，是车辆损失评估工作的主要内容。

1. 事故车辆的鉴定和维修与汽车正常的鉴定和维修的不同

（1）维修起因不同

事故车辆的维修主要依据事故对车辆所造成的损坏，是否达到了需要修理的程度，而汽车正常的维修主要是依据使用时间和行驶里程，并根据现有的行驶性能来决定是否需要进行正常维修。

（2）目的不同

汽车正常维修鉴定时，需要发现和确定所存在的所有技术问题，依据"技术可行，经济合理"的原则，提出维修解决方案，汽车正常维修是排除车辆所存在的故障，使汽车恢复正常性能。事故车辆的鉴定是确定本次事故造成的损失，确定在本次事故中受损零部件的维修、更换的费用和修理所需的工时费用，计算车本次事故所造成的经济损失，事故车辆的维修是通过相应受损零部件的修理使受损汽车的技术状态恢复到事故前的。凡是与本次事故无关的部分，在事故车辆的鉴定和维修时不予关注。

（3）依据标准不同

汽车正常的维修是对常见故障的排除，其修理过程和修理方式已经有标准，行业规范和各厂家对其修理费用有规定标准。而事故车辆碰撞形成的损坏是各不相同的，其修复过程差异很大，要求定损人员要有全面的技术知识和丰富的实际经验，这样才能对事故的损失估价做到合理、准确。

2. 事故车辆定损的原则及程序

出险车辆经现场勘查后，以明确属于保险责任而需要维修时，保险公司应对出险车辆的修复费用进行准确、合理的估价。在对车辆进行估价时，特别是更换配件时，既要考虑保险公司利益，也要考虑事故车辆修复能基本恢复到事故发生前的状态。

（1）定损基本原则

事故车辆的修理范围仅限于本次事故中的车辆损失，能修理的零部件尽量修复，不要随意更换；能局部修复的不扩大到整体修理（如喷漆）；能更换零部件的不更换总成。

依据所损坏具体零部件的原始来源，根据保险公司内部的报价系统或市场价格确定汽车零部件价格；若更换配件，其损坏配件残值应折价给被保险人，并在赔款中扣除；根据修复的难易程度，参照当地工时费水平，准确确定工时费用。

在核定车辆损失之前，对于损失情况严重和复杂的，在可能的条件下应对受损车辆进行必要的解体，以保证查勘定损工作能够全面反映损失情况，减少可能存在的隐蔽性损伤部位，尽量减少二次检验定损的工作量。

（2）损失保险责任范围的界定

1）修理范围的鉴别

区分新旧碰撞的界限。区分时一般根据事故部位的痕迹进行判断。本次新事故的碰撞部位，一般有脱落的漆皮痕迹、新的刮痕和印痕；对于旧事故的碰撞部位，一般有油污和锈蚀。

区分事故损失与长期使用损失的界限。对于车辆损失险，保险公司只承担条款载明的保险责任所导致事故损失的经济赔偿。凡是由于长期使用过程中，因保养维护不当而形成的制动失灵、机械故障、轮胎爆裂以及零部件的锈蚀、老化、变形、断裂等所造成的损失，不负赔偿责任。若因这些原因而造成碰撞、倾覆等保险责任的，对当时的事故损失部分给予赔偿，非事故损失部分不予赔偿。

区分事故损失与质量缺陷损失的界限。若由于产品质量和维修质量引发的车辆损毁，应由相应的零部件供应厂家、销售商家和维修企业负责赔偿。汽车零部件的质量可以委托机动车的司法鉴定部门进行鉴定。

2）事故车辆的送修规定

送修车辆未经保险人同意而自行送修的，保险人有权重新核定修理费用或拒绝赔偿；经定损后，被保险人要求自选修理厂修理的或自行扩大修理范围的，由此产生超出定损费用的差价应由被保险人自行承担；受损车辆在维修解体过程中，如发现尚有本次事故造成损失的部位没有定损的，经定损核实后，可以追加修理项目和费用。

3）事故行为人的行为性质界定

造成事故损失行为有过失行为与故意行为。由过失行为造成的事故损失属于保险责任，而故意行为造成的事故损失属于责任免除。

（3）定损的程序

1）接受定损调度

接受客服中心的客服调度时，应及时记录事故发生的地点、客户姓名、联系电话、车牌号码等基本信息，及时和修理厂联系，并告知客户和修理厂预计到达的时间。如果定损人员正在处理其他案件的，应积极协调各方面关系，尽快到达定损现场。

2）预约定损安排

接到定损调度后，及时与客户约定时间定损，当事故中对方全责或负主要责任的、损失严重责任未分的、有较多隐损需拆检定损的和对方有损失争议的需通知当事人或标的车主到场。

3）到达定损点定损

定损人员到达定损点后，首先积极、主动地询问相关人员，仔细了解事情经过、车辆损坏的部位及施救的过程，有查勘现场的应及时与查勘现场的工作人员取得联系，了解事故现场情况。其次对车辆发动机号码、车架号码、行驶证、保险单、交警出具的事故认定书及车辆碰撞痕迹进行核对。根据所了解情况,分析碰撞痕迹是否吻合、判断事故的真实性、对本次事故造成损失进行预判。

定损的重点是:核实事故经过,分析车辆受损原因,确定肇事起源点;确定维修方案,并据此对损坏的零部件按表里顺序、按修换类别登记;根据已确定的维修方案及修复工艺难易程度确定工时费用;根据所掌握的汽车配件价格确定材料费用。

定损时被保险人、第三者、修理厂和保险公司均应在场,明确了修理范围、项目,并确定了所需费用,签订了"事故车辆损失单"协议后,方可让事故车进厂修理。

4)定损后的事项

定损人员在勘查定损完毕后,要对本次事故的真实性、碰撞痕迹以及是否有损失扩大做出总结,并填写查勘工作日志;应在要求的时限内将损失照片和定损单上传至理赔系统上,并转入核价审核平台,定损人员对修换配件名称必须标明、规范,必要时须注明零件编码或指明安装位置及作用;定损完毕后,对于修理厂要求增补项目和工时的,要求承修厂必须出具增补报告,定损人员认真核查增补项目是否为本次事故造成的损失,核实后的增补项目和工时,报案件负责人再补录到理赔系统中。

3. 汽车碰撞损坏

在汽车责任保险中,因碰撞造成的损失是最常见的。因此,定损人员必须了解汽车的基本结构,掌握碰撞造成损失的一般规律,掌握事故车辆维修时常用的方法,掌握汽车零部件的修换原则,掌握修复损失部位的工时标准及工时费的计算等。

(1)汽车碰撞事故分类及特征

汽车碰撞事故可以分为单车事故和多车事故,其中单车事故又分为翻车事故和与障碍物碰撞事故。

单车事故中汽车受前、后、左、右、上、下等方向撞击物的载荷冲击,其撞击物特性和形状的千变万化导致的结果对事故车辆及乘员造成不同类型、程度的伤害。

翻车事故一般是驶离路面或高速转弯造成的,其损伤程度主要与事故车辆的车速和翻车时的路况有关,既可能人车均无大恙也有可能造成车毁人亡的严重后果。

与障碍物碰撞根据碰撞部位的不同分为前端碰撞、后端碰撞、侧面碰撞、底部碰撞和顶部碰撞等几种。前端碰撞和侧面碰撞主要是由于驾驶人员对车辆失去控制碰撞障碍物或人,一般情况下行驶速度较快,对车辆和人员的损伤较大;后端碰撞主要发生在倒车过程中,行驶速度较慢,对车辆和人员的损伤较小;底部碰撞通常因为路面凸凹不平,与汽车底部发生磕碰,造成汽车底盘部件的损坏;顶部碰撞多为高空坠物所致,常致使车身部件受损。

多车事故为两辆及两辆以上的汽车在同一事故中发生碰撞的。对于相撞的特征以考虑两车相撞的特征作为代表特征,两车相撞有正面碰撞、追尾碰撞和侧面碰撞三种情形。根据统计,两车事故中的70%以上是正面碰撞和侧面碰撞,发生事故两车相对速度较大,事故发生具有极大的危险性。追尾碰撞一般相对速度较低,事故损失一般不大,但极端状态会导致被撞车辆中的乘员颈部损伤,或前车静止后车速度过快,造成后车车毁人亡的事故。

实践中,由于事故发生时的偶然性、事故发生因素的复杂性和事故发生环境的多样性,造成事故发生的状态和结果千差万别。除了上述两种事故类型以外,还有综合性的其他事故类型,这要求查勘定损人员仔细、认真地分析事故特征,找出事故发生的原因。

（2）汽车碰撞事故的影响因素

汽车在发生碰撞时，汽车和被碰撞物体发生相互接触和力的作用，事故损失的大小是由碰撞力的作用点、大小和作用方向所决定的，驾驶人员的反应措施也是影响因素之一。

1）碰撞力的作用点

碰撞力的作用点是事故发生的起源点，是事故车辆碰撞时的接触部位。碰撞接触部位面积大，损坏程度就小；碰撞接触部位面积小，损坏程度就大。

2）碰撞力的大小

碰撞力的大小是造成车辆损失大小的重要因素，碰撞力的大小由碰撞物体间的相对速度大小、碰撞物体的质量大小所决定。如在追尾碰撞中，两车同向行驶碰撞损失较小，前车静止后车高速发生追尾碰撞的损失较大；同样速度下质量大的载货货车比质量小的轿车发生同样碰撞时的损伤大。

3）碰撞力的作用方向

汽车碰撞过程中，碰撞作用力的方向和碰撞车辆的质心形成一定的角度（图 7 - 4 至图 7 - 5）。冲击力的方向指向汽车质心时，汽车自身将吸收大部分冲撞能量，对车辆本身损伤较大；冲击力的方向不通过车辆质心时，一部分冲击力分力将形成使汽车绕质心旋转的力矩，使事故车辆在地面上旋转，一部分冲击分力所在平面高于车辆质心水平面的将形成使汽车绕质心翻转的力矩，使事故车辆在地面上翻滚。这样的冲击分力虽减小了碰撞冲击力对汽车零部件的损伤，但旋转、翻滚的事故车辆容易引起其他车辆、人员和物品的二次伤害。

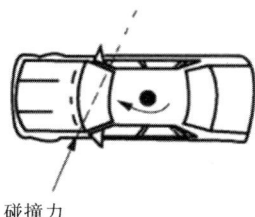

碰撞力

图 7 - 4　碰撞力不通过质心

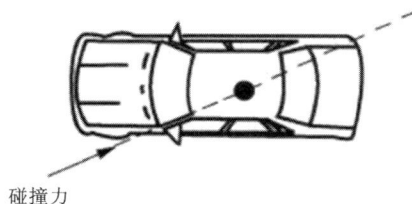

碰撞力

图 7 - 5　碰撞力通过质心

4）驾驶人员的反应措施

汽车碰撞事故中，驾驶人员对即将发生事故的反应措施也是影响碰撞事故的因素之一。驾驶人员正确的反应措施可以降低车辆碰撞导致的损失，例如在正面碰撞中，驾驶人员意识到碰撞不可避免时，第一反应就是转动方向盘，这样导致汽车碰撞往往是侧面损坏（图 7 - 6）。第二反应是试图踩制动踏板，汽车进入制动状态，汽车在制定力作用下，车头下沉，使正面碰撞点比正常接触部位低，车速降低导致碰撞力下降，车辆损失减小。反之，事故发生时手忙脚乱，油门当作刹车踩，往往使碰撞损失加大。

（3）汽车碰撞损伤类型

汽车发生碰撞事故后，其碰撞冲击力在汽车及碰撞物上形成损伤，按照碰撞损伤的形式分为直接损伤和间接损伤两类。

直接损伤是汽车直接碰撞部位出现的损伤，在直接碰撞点及周围造成零部件的破坏、变形及开裂，致使零部件全部或部分丧失原有功能。

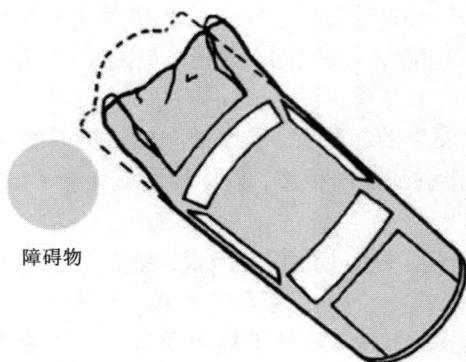

图7-6 驾驶员急打方向导致的侧弯变形

间接损伤是指距离碰撞点有一定距离，是因为碰撞冲击力传递而造成汽车零部件的坏损，根据坏损形式的不同，把间接损伤分为五类：

1）断裂

汽车发生碰撞时，其碰撞冲击应力超出构件的应力极限时，致使汽车部件断裂损伤。通常事故中，断裂损伤发生在塑料制件中（汽车前护挡、塑料仪表板等）；另一常见的断裂损伤发生在零部件支架上，在碰撞发生时，为了保护重要零部件免受损伤，设计的支架应力较低而吸收碰撞的应力；例如对于正面碰撞事故中，水箱的功能结构使其整体的应力极限较低，碰撞冲击力很容易让其局部裂损，造成整个零部件失效，此种损伤一般难以修复。

2）扭曲及弯曲

汽车发生碰撞时，由于碰撞冲击力的作用，对汽车车身的损伤作用较为复杂，主要产生各种扭曲及弯曲的变形，其常见的变形现象及特点见下表7-1。

表7-1 常见变形现象及特点

变形种类	变形特点	常见的变形现象
左右弯曲	由于侧面碰撞在水平面上引起产生的偏离汽车轴线的车身左右弯曲或一侧弯曲	通常在汽车的前部、后部，严重时在中部发生对折性的弯曲
上下弯曲	汽车受到前方碰撞或后方碰撞，在汽车前部或者是后部发生弯曲，弯曲后，车身外壳水平位置会比正常的高或低，结构上有前后高、中间低的现象	门框上窄下宽、车门下垂等现象

续表 7 - 1

变形种类	变形特点	常见的变形现象
平面变形	汽车一角受到前方或后方的撞击，在同一水平面的车身一侧整体向前或者向后发生位移，致使车身或车架不再是矩形的变形	通常在发动机舱和行李舱发生褶皱和断裂的组合变形
扭曲	碰撞冲击力不与汽车质心在同一水平面，引起车身一角垂直变形，而另一角反方向垂直变形的现象	汽车一角会比正常高度时高，另一对角比正常高度低，应力集中部位有褶皱和断裂

扭曲及弯曲变形部位（图 7 - 7、图 7 - 8）过渡连续、平滑，在维修过程中通过拉拔矫正往往可以使变形恢复。

图 7 - 7 扭曲变形

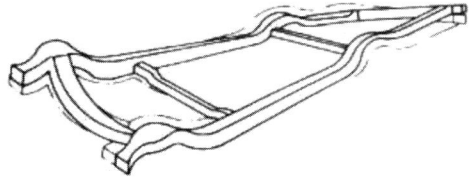

图 7 - 8 车架扭曲变形

3）褶皱及压溃

汽车发生碰撞时，其碰撞冲击应力沿着车身扩散中，碰撞力具有穿过车身坚固部位抵达薄弱部件，在超出受力构件材料的受压允许应力时，致使汽车内部部件挤压损伤，其表现为变形剧烈，曲率半径小于 3 mm，如车架在翼子板处向上褶皱变形。褶皱变形的严重情况就是压溃，这种损坏使汽车框架上的构件长度比规定标准短，在很短的长度上变形率达 90% 以上。在维修过程中通过拉拔矫正不能完全恢复其变形，通常的处理工艺不能够使构件力学性能恢复。褶皱及压溃变形如图 7 - 9 所示。车架褶皱及压溃变形如图 7 - 10 所示。

图 7 - 9 褶皱及压溃变形

4）移位

移位是指汽车零部件偏离原始安装位置的损伤，此损伤会使汽车行驶的操控性和车辆运行性能发生严重故障。移位有两种情况，一种是由于汽车碰撞事故中，车身构件在冲击力的作用下产生各种变形，而车身是安装各个总成的基础，变形使得汽车里零部件及各总成相对位置发生变化；另一种是由于零部件本身在碰撞事故中的惯性力作用下，使各部件的自身安

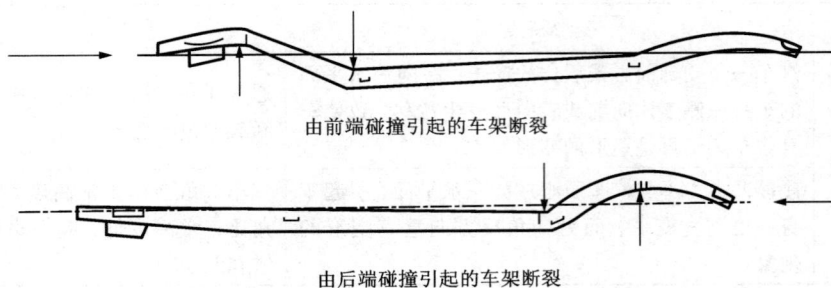

由前端碰撞引起的车架断裂

由后端碰撞引起的车架断裂

图 7-10　车架褶皱及压溃变形

装位置发生移动的。

（4）碰撞损伤的鉴定步骤

①了解车身结构的类型。

②目测确定碰撞部位。

③目测确定碰撞的方向及碰撞力大小，并检查可能的损伤。

④确定损伤是在车身，还是在主要零部件上。

⑤沿着碰撞受力传导路线系统地检查部件损伤。

⑥测量汽车的主要零部件，通过比较维修手册上的标定尺寸与实际检查尺寸来检查汽车的变形、移位的程度。

⑦用专用工具和仪器检查重要部件（如悬架、车身）的损伤情况。

要准确评估事故汽车的损失，就要依照碰撞损伤的鉴定步骤，根据汽车碰撞受损的种类、变形和范围，对汽车碰撞受损情况作出准确的诊断。确定完这些，才能制定维修工艺，确定维修方案。

4.汽车车身及覆盖件的损伤评估

汽车碰撞损坏中，有大量的损失是车辆的车身损坏构成，其损坏主要集中于车身结构件、车身钣金覆盖件、车身塑料覆盖件几大部分。

（1）汽车车身的损失评估

汽车车身是保证汽车行驶各种性能的基础件，其修复性能决定汽车修复后的行驶性能，对汽车车身构件的修与换是车辆车身损坏后的主要修理方式，而车身部件修与换也是理赔的经济性成本决定因素。在保证汽车修理质量的前提条件下，"用最小的维修成本完成汽车受损部位的修复工作"是定损事故汽车的基本原则。

车身构件按照其承受力和形状分为车身结构件和车身覆盖件，车身覆盖件按材料性质分为板件覆盖件、塑料覆盖件、玻璃制品件和车身装饰件。

美国汽车撞伤修理业协会经过大量的研究，得出损失结构件的修复和更换的判断原则是"弯曲变形即修，褶皱变形即换"。我国于2011年5月8日颁布施行的JT/T 795—2011《事故汽车修复技术规范》对比有如下规定：

车身结构件损坏以弯曲变形为主应进行修理，褶皱变形应进行更换。

车身板件有严重褶皱变形和撕裂的，应予以更换。

车门防撞杆、防撞梁、中柱加强板和前后保险杠加强梁等超高强度车身板件，损坏后在冷态不能矫正的，应予以更换。

连接车身与车架、车身板件的车身紧固件损坏后，应予以更换。

特别要注意的是承载式车身构件碰撞受损后的修复工作，应完全遵守制造厂的建议，即使需要切割和分割板件时，也要严格遵守汽车制造厂要求的施工工艺。

（2）汽车覆盖件的损失评估

①覆盖钣金件的损失评估。

承载式车身非结构性的覆盖钣金件，包括可拆卸部分和不可拆卸部分。可拆卸部分有前翼子板、车门、发动机舱盖、行李箱盖、车顶等，不可拆卸部分有后翼子板等。

a.前翼子板的修与换评估。损伤程度没有达到必须将其从车上拆下来才能修复的，如整体形状还在，只是中部的局部凹陷，一般不予更换；而损伤程度达到必须将其从车上拆下来才能修复的，并且前翼子板的材料价格低廉，材料价格达到或接近整形修复工费，应考虑给予更换；如果每米长度有超过 3 个褶皱、破裂变形，或已无基准形状，应考虑给予更换；如果每米长度有超过 3 个褶皱、破裂变形，但基准形状还在，应考虑给予整形维修；如果修理工费明显少于更换费用的，应考虑给予更换。

b.车门的修与换评估。如果车门门框产生塑性变形，这个变形是各个部位受碰撞力产生的综合变形所致，变形的影响构件很多，一般来说是无法修复的，应考虑给予更换；车门门板如果是单独零件供应的，面板损失可以单独更换，而不必更换车门总成；其他表面变形的修与换评估同前翼子板。

c.发动机舱盖和行李箱舱盖的修与换评估。绝大多数汽车的发动机舱盖和行李箱舱盖是采用两块冲压成型的冷轧钢板经翻边黏结制成的。首先根据经碰撞损伤的发动机舱盖和行李箱舱盖变形的情况，其基本形状保持较好、变形产生的冷作硬化程度小，可以采用钣金修复法修复；其次根据是否要将两层分开进行修理，如果不需要分开，则不应考虑更换；如需要分开整形修理，工时费加辅料的成本接近或超出其价值时，则应考虑更换，反之应考虑整形修复。

d.车顶的修与换评估。车顶与发动机舱盖制造材料和工艺基本相同，只有在严重碰撞和翻滚倾覆时才会造成损伤，如果车顶的变形能够通过整形修复，原则上不予更换。

e.后翼子板的修与换评估。三厢车中的后翼子板是不可拆卸的板材覆盖件，也是车身结构件的一部分，如果将其从车身上切割下来更换，由于修理厂的施工设备和修理技术很难达到汽车制造厂的工艺要求，极易造成车身结构性能的降低，形成新的修理损失，所以后翼子板只要有修理的可能性，都应采用修理的方法进行修复。

②塑料覆盖件的损失评估。

现代汽车的轻量化设计，使汽车上用到大量的各种塑料，其中塑料覆盖件（保险杠、格栅、仪表工作台、仪表板等）被广泛应用。在汽车上使用的塑料根据理化性能分为热塑性塑料和热固性塑料两种。如果是热塑性塑料的损伤以修复为主，是热固性塑料的损失以更换为主；塑料覆盖件一般尺寸较大，受损多为划痕、擦伤，小的撕裂或穿孔，由于拆装麻烦，更换成本高，应考虑以修理为主；表面无漆面且表面要求美观的塑料覆盖件，一般来说修理会留下明显痕迹的，应考虑给予更换；塑料覆盖件作为其他构件的安装基础件，其安装固定爪损失破损较少时以焊接修复为主，如固定爪有较多破损时，以更换修复为主。

③玻璃覆盖件的损失评估。

玻璃覆盖件主要有前、后风窗玻璃和天窗玻璃等几种，由于玻璃是易碎材料，受碰撞损坏时断裂是其主要的破坏形式，前、后风窗玻璃的裂纹影响驾驶人的视线，影响行车安全，其损坏时基本上以更换修复为主。天窗玻璃破碎也是更换修复。

④装饰覆盖件的损失评估。

装饰覆盖件主要有车顶内装饰件、车身地板装饰件、车门内装饰件、ABC 柱内装饰件等。装饰覆盖件的材料是柔性材料，材料成本低，碰撞受损的形式主要是污损、破损。破损装饰覆盖件一般以更换为主。局部污损能清理的以清理修复为主，大面积污损清理后影响美观的以更换为主。

⑤车身涂装的损失评估。

汽车碰撞受损后，对车身外表的漆面产生划痕和撞击痕。如果事故只是小的剐蹭，对汽车外观影响不大的，只需局部修补漆面；当大的损伤不仅影响汽车外观，还对底漆造成腐蚀的，甚至漆面基础件如采用修理方式修复，在修复过程中会对漆面加大损伤，使车身零件的漆面损伤变成全面性的时，在该覆盖件重新安装之前应进行整体喷涂做漆作业，以修复车身涂装的损伤。

5. 汽车主要零部件的损伤评估

（1）发动机及其附件的损伤评估

一般性的碰撞事故中，发动机内部不会有损伤，损失是发动机外表及附属系统部件的损坏，只有在严重碰撞、发动机进水、发动机托底时才会导致其内部损坏。

1）发动机舱盖附件的损伤评估

发动机舱盖锁遭到碰撞变形、破损的，多以更换为主；发动机舱盖铰链碰撞后，会产生变形，应以更换为主。发动机舱盖撑杆有铁制和液压两种，铁制撑杆变形后基本可以矫正修复，而液压撑杆撞击变形后则以更换为主。发动机舱盖拉索在轻度碰撞后不会损坏，如严重碰撞造成断裂应予以更换。

2）发动机壳体的损伤评估

发动机壳体由缸体、缸盖和油底壳组成，发动机缸体、缸盖往往是用球墨铸铁或铝合金铸造而成的，在遭受冲击载荷作用下，常常造成固定支架的断裂、表面裂纹等损伤，通过焊接工艺可以修复，并能保证其强度、刚度和使用性能恢复原状的，以焊接修复为主。而裂纹延伸至缸筒、气门附件、冷却水道和油道等处时，以更换缸体和缸盖为主。发动机油底壳在发动机底部，由冷轧钢板冲压成形，轻度变形一般无须修理，放油螺栓处碰伤及中度以上的变形以更换为主。

3）散热器及附件的损伤评估

散热器及附件包括散热器、进水管、出水管、膨胀水箱、风扇皮带等。现代汽车的散热器基本上是铝合金的，散热器上有两个塑料膨胀水箱，塑料膨胀水箱在遭碰撞后最易破裂，一般予以更换；水管破损一般以更换的方式修复；轻度风扇护罩变形一般以整形矫正为主，严重变形常常采用更换的方法修复；风扇叶破损的，如果是可拆装的可以单独更换风扇叶，否则要更换风扇电机总成；风扇皮带一般不易碰撞损坏，如需要更换，拆下后应确定是否为碰撞所致。

4）发动机内部零件的损伤评估

发动机因严重撞击，造成发动机内部零部件损失，这些损失分直接损失和间接损失。

①直接损失：受撞击后，发动机壳体破损，机油泄漏，并导致机件变形、损坏而无法工作。

②间接损失：受撞击后，造成汽油机机油泄漏、柴油机飞车等损失时，驾驶员没有及时熄火，导致发动机内部零件在非正常情况下工作，造成内部的曲轴、连杆、凸轮轴、活塞等损坏的损失。

a. 曲轴的拆检：重点检查曲轴的曲轴与连杆、曲轴与机座的配合轴颈部位，如果表面没有明显划痕、烧蚀程度较轻，经专业人员修复能恢复使用性能的，以修复为主；轴颈部位有明显划痕、烧蚀程度较重的，送专业加工单位检测有无修复可能和价值，再决定修复还是更换。

b. 连杆及连杆盖的拆检：连杆零件的工作性能主要是由连杆孔和连杆盖与曲轴和活塞销的配合精度决定的，主要检测连杆孔和连杆盖是否有严重烧蚀、变形及其尺寸。如果超出规定标准值，应予以更换。

c. 凸轮轴的拆检：凸轮轴是控制气门工作的关键零件，检查凸轮轴轴颈的划痕与烧蚀现象，并检测凸轮轴轴颈与安装孔座的配合是否符合标准值，如超差，应予以更换。同时要注意准确区分正常磨损和事故损坏。

d. 活塞、活塞环和缸筒的拆检：活塞、活塞环和缸筒是发动机工作过程中的易损件，检查它们的表面是否有较深的划痕，还要检测活塞与缸筒之间的间隙是否超出标准值，对准确区分出不是磨损而是事故损坏的，有较深痕迹、间隙超差的零件给予更换修复。

（2）变速器及附件的损伤评估

变速器的主要构成件有传动轴、变速器以及相关附件。碰撞一般会造成传动轴、半轴等变速器附件弯曲变形，其传动性能难以修复，一般以更换为主。

变速器外壳大多数由铸铁材料做成，受碰撞损坏形式为裂纹和断裂，一般通过焊接修复。但裂纹在轴承安装孔处，影响传动轴运行精度时，一般予以更换。

变速器内部机件有损坏，一般可以独立更换，而齿轮、同步器、轴承等的损坏，只有断裂、掉牙的碰撞损坏才属于保险责任，在定损时注意界定正常磨损和碰撞损坏。从保险实践来看，变速器本体的损失主要是托底，其他碰撞损失较小。

（3）前悬架系统和制动系统及相关部件的损伤评估

悬架系统由悬架臂、转向节、减震器、稳定杆、制动盘等组成；汽车在碰撞变形时，首先检查车轮轮胎的磨损和减震器的油污情况，初步判断是磨损还是碰撞损伤，由于前悬架系统和制动系统及相关部件都是安全件，碰撞变形后均应予以更换。

（4）转向操纵系统的损伤评估

转向系统中的操纵系统受撞击后从安全角度出发，一般都是以更换修复为主。变速操纵机构受撞击变形的，轻度损伤的常以整修修复为主，中度以上的以更换修复为主。方向盘上安装有安全气囊的，受撞击被引爆后，不仅要更换气囊，通常要更换气囊传感器和控制模块。

（5）冷凝器及制冷系统的损伤评估

空调系统由压缩机、冷凝器、干燥器、膨胀阀、蒸发器、管道及电控元件组成。

现代汽车空调冷凝器均采用铝合金制成，中低档汽车的冷凝器一般价格较低，中度以上的损伤采用更换的方法处理，高档汽车的冷凝器一般价格较贵，中度以下的损伤常采用氩弧焊进行修复。

干燥器碰撞变形一般以更换为主。如果空调系统在碰撞中以开口状态暴露于潮湿的空气中较长时间，则应更换干燥器，否则会造成空调系统再次工作时形成"冰堵"。

压缩机碰撞损伤常见的有壳体破裂、带轮移位、离合器变形等，一般以更换修复方式为主。

汽车的空调管有多根，损伤的空调管一定要注明是哪一根。空调管有铝管和胶管两种，铝管碰撞损伤常见的有变形、折弯、断裂等，变形一般采用矫正的方法修复，而折弯和断裂采用更换的方法修复，如果是价格较高的空调管，可以截去变形处，再以氩弧焊焊接修复；胶管的破损一般采用更换修复方法。

汽车空调蒸发器通常包括蒸发器壳体、蒸发器和膨胀阀，最常见的损伤多为热塑性塑料制成的蒸发器壳体的破损，如是局部破损可用塑料焊接修复，严重破损一般需要更换；蒸发器修与换同冷凝器；膨胀阀被撞损坏的可能性极小。

空调系统的压缩机最常见的撞击损坏是壳体破损、转子轴弯曲变形等，这种破损主要以更换为主。

重新加注制冷剂的量因制冷量的大小不同而不同。

(6)电器件的损伤评估

汽车中的电器部分由发电机、蓄电池、刮雨器电机和车门玻璃升降电机组成。

发电机常见的撞击损坏有壳体破裂、转子轴变形和散热叶轮变形。叶轮变形以矫正修复为主，而壳体破裂和转子轴变形以更换发电机总成为主。

蓄电池的撞击损坏是以四侧面壳体破裂为主，一般以更换为主。

刮雨器电动机和喷水电机的碰撞损坏一般以更换为主。

常见车灯由灯罩和灯泡两部分组成，灯罩一般由 ABS 等热塑性塑料制成，如碰撞不影响使用和美观的可以采用塑料焊接的方式修复，如玻璃灯片损坏，一般以更换为主。灯泡受撞击破损的以更换为主。

车门玻璃升降电机及附件是受碰撞损伤时经常损坏的部件，一般以更换为主。

有些时候汽车上的有些电器件遭受碰撞后，外观没有损伤，仅由于碰撞产生的大电流造成电路系统过载保护，需要更换相关的熔断器等保护元器件即可，无须更换相连的电器件，此种情况要进行认真鉴别。

(7)易损材料零件的损伤评估

汽车中有大量的连接件和黏接件，如车门铰链、车门装饰条、风挡玻璃密封条等，这些零件损坏后修复困难，修复后性能难以保证，且其更换成本低，一般以更换为主。

7.4 保险事故非车损的评估

汽车保险事故除了能导致车辆的损失外，还可能导致车上承运货物、第三者的财产损失及人员伤害等损失，从而构成交强险、第三者责任险和车上人员责任险等赔偿责任。

1. 非车辆财产损失的评估

车辆发生碰撞，常常导致自身车辆所载货物、第三者车辆所载货物、道路、道路安全设施、房屋建筑、电力和水利设施、道路旁树木、花卉及道路旁农田庄稼等发生损毁，事故中非车辆财产损失涉及范围广，所以其定损标准、技术和定损的尺度比碰撞车辆损失评估要复杂。

保险人应根据事故造成的现场财产实际损毁情况，依据保险合同的规定给予赔偿。确定时可与被害人协商，协商不成可申请仲裁和诉讼。但间接损失、第三者无理索要和处罚性质的赔偿不予赔付。

（1）非车辆财产损失的评估原则

第三者财产和车上货物的评估应坚持损失修复原则，以修复为主。

无法修复和无修复价值的财产可采用更换法处理。更换时应注意品名、数量、制造日期、主要功能等。对于能更换零配件的，不更换部件；能更换部件的，不更换总成件。

根据保险事故造成的损失项目、数量、维修项目和维修工时及工程造价，确定维修方案。对于损失较大或定损技术要求较高的事故，可委托专业人员确定维修方案。

（2）非车辆财产损失的种类

交通事故常见的非车辆财产损失主要有市政及道路交通设施损失、家禽与牧畜损失、路边建筑物损失及车上货物损失等。

1）市政及道路交通设施

常见的市政及道路交通设施有广告牌、路灯杆、防护栏、隔离柱、绿化树等，当肇事车辆对这些市政及道路交通设施造成破坏时，市政部门及道路维护部门对肇事者进行索赔，在索赔赔偿中包括了处罚性质及间接损失的赔偿。在事故评估中，在第三者索赔中要准确区分直接损失费用、间接损失费用和处罚性质费用，其中间接损失费用和处罚性质费用不予赔偿。同时为了使评估合理，定损人员要准确掌握和收集损坏物的制造成本、安装费用及赔偿标准。

2）道路及路边建筑物

保险事故造成路边建筑物的损坏时，首先应了解房屋结构、材料、损失状况，然后确定维修方案，同时请当地建筑施工单位进行修复费用预算招标，确定修复费用，这样便于准确对损失进行评估。

对道路损坏的要确定保险责任，在事故中如超载造成道路损坏的，不予赔偿。其他的道路损坏，因道路修复事故由路政部门组织实施，应会同路政管理部门协商评估定损，但评估定损人员应掌握道路维修费用标准，以使评估定损合理。

3）家禽与牧畜

保险事故中致使家禽与牧畜受伤的，要了解家禽与牧畜的品种，对市场同品种家禽与牧畜的价格进行调查，一般受伤的家禽与牧畜以治疗为主，受伤后失去使用价值或死亡的，凭畜牧部门证明或协商折价赔偿。对于宠物受伤，如提出较高的精神损失补偿要求的，不应该通过保险进行赔付。

4）车上货物损失

车上货物损失应根据不同的物品分别定损。对于一些精密仪器、家电、高档物品等应核实具体数字、规格、生产厂家，可向市场和生产厂家了解物品价格；对于易变质、易腐烂的（食品、水果等）物品在征得保险公司同意后，尽快现场变现作价处理；另外，对于车上货物还应取得运单、装箱单、发票，核对装载货物情况，防止虚报损失。定损人员只需对损坏的货列出物数量清单，并分类确定其受损程度，对诈骗、盗窃、丢失、哄抢的货物损失不予赔偿；保险责任人只对车上货物的直接损失费用进行赔偿，超出部分应进行协商解决。

（3）非车辆财产损失评估的方法

简单财产损失应会同被保险人一起根据财产价值和损失程度确定损失金额，必要时请生产厂家进行鉴定。

对于出险时市场已经不销售的财产，可按客户提供原始购置发票数额为依据，客户不能提供发票的，可根据原产品的主要功能和特性，按照当前市场同类型产品推算。

对受损财产技术性强、定损价格较高、定损难度较大的商品，若较难掌握赔偿标准时，可聘请技术监督部门或专业维修部门鉴定，严禁盲目评估。

根据车险条款规定，损失残值应协商折价归被保险人，并由被保险人进行处理。

评估定损金额应以出险时保险财产的实际价值为限。

2. 汽车事故中人员伤亡费用的确定

在机动车辆保险理赔案件中，除了机动车辆损失和其他财物损失赔偿外，人员伤亡相关赔偿占总赔款的相当比例，据不完全统计能占到机动车辆保险赔款总额的50%～60%。且随着生活水平及法律意识的提高呈现逐年上升的趋势。

（1）道路交通事故人员伤情的特点

1）机动车内人员伤情特点

在道路交通碰撞事故中，驾驶人员与前排乘坐人员受伤发生概率较后排人员高。人员受伤的基本机理是惯性作用所致，在撞击的瞬间，由于车辆的突然减速撞向车前部，甚至经前窗抛出而受伤。就受伤部位而言：驾驶人员较多发生在面部、上肢，其次为胸部、脊柱和腰部；在翻滚事故中，乘客可能被抛出而造成摔伤、减速伤、砸伤等，困在车内的乘客经多次抛投、撞击、挤压，造成严重的多发伤；在追尾的事故中，乘客受伤，出现颈椎、颅内损伤等。

2）摩托车驾驶人的伤情特点

摩托车驾乘人员上半身由于没有车体的保护，易于受伤。多数在受到撞击时被抛出摔伤，而摩托车碰撞事故中受伤致死的摩托车驾驶人80%和摩托车乘坐人员90%是死于头颈部创伤。

3）自行车、电动车驾驶人的伤情特点

自行车行驶速度比较慢，当与机动车辆发生相撞时，如果头部先着地，则造成颅脑损伤，大多为上肢和下肢损伤，如有碾压造成继发碾压伤，或受二次冲撞造成腹部内脏损伤。

4）行人的伤情特点

交通事故中，行人的损失多是由于机动车辆碰撞致伤，受伤主要是撞击伤、摔伤和碾压伤。不同的车辆对行人形成的损伤特点各异。小轿车正面撞击行人，直接碰撞行人的下肢和腰部，行人常被撞击弹起至车体上方，碰撞到风挡玻璃、车顶而致伤，继而摔至地面，引发头颅或软组织二次损伤，又可能再次遭受碾压；轿车侧面碰撞行人，行人被撞击抛出，可能在其他车辆发现不及的情况下，遭另外车辆碾压；大型车辆发生事故，多撞击行人头部或胸腹部、易造成两手、双膝和头面部损伤。

造成人员伤害是道路交通事故的直接后果，但是不同的车辆及车辆的不同状态造成人员伤害的特点不同，在同样的条件下，车速快、质量大的车辆造成的人员伤害要比车速慢、质量小的车辆严重。其人员伤害程度要从撞击形式、撞击部位、撞击力和致伤物几个方面去认真分析。

（2）事故人员伤亡案件的医疗查勘

人员伤害案件可能涉及法律纠纷，前期能否取得真实可靠的信息对于后期的理赔工作有着极大的影响，要求所有医疗查勘过程中得到的信息必须及时准确、真实反映在查勘报告中或复查报告中。其医疗查勘有以下内容：

①确认医院符合《道路交通安全法》等有关交通事故处理法律法规的规定；为了保证抢救治疗质量，尽量要求在县级以上公立医院。

②核对伤员个人基本信息、创伤治疗信息、既往疾病史。个人基本信息主要是指个人的基本信息及联系方式；创伤治疗信息，包括伤者门诊治疗的医院、伤者诊断、实际已发生的医疗费、事情经过及责任认定情况、伤者治疗效果、下一步治疗方案等；既往疾病史，包括疾病名称，创伤前是否服药治疗及治疗效果等。

③向伤者核实并记录出险经过和原因。核实肇事车辆机动车的牌号、肇事驾驶员出险时的状况、事故导致人车物的损失情况、肇事机动车的交强险投保信息等。注意核实伤者的医疗费用是否属于交强险责任免除或垫付医疗费义务的交通事故。

④伤者及护理人员的职业状况、收入情况、护理人数及护理时段。

⑤对于涉及整容、治牙、引发既往病症、评残等复杂案件，应重点核对这些医疗事件与交通事故损伤的关联性及合理性。

⑥向主管医生咨询伤者具体诊断、医疗方案、后续治疗的医疗专业问题，预计达到伤残评定的标准，估评伤残等级。

⑦对需要垫付、支付医疗费的案件、告知按照道路交通事故人员创伤诊疗指南和当地的社会基本医疗保险的标准诊治。并向医院索取伤者病历和诊断证明、抢救费用单据和明细，收集治疗医院交强险医疗费专用账号，医疗费管理部门联系人、联系方式。

⑧复印伤者的病历、诊断证明或其他治疗费资料。拍摄病房内伤者病床卡等相关照片。

⑨制作伤人事故查勘报告。绘制人体损伤部位图，描述具体损伤部位。

⑩对于送医院抢救无效死亡和经治疗出院后由于交通事故损伤原因导致死亡的案件，还要核实交通事故创伤或创伤所致并发症是否为导致死亡的主要原因，对于死亡原因不明的案件，尤其是伤者有严重既往病史或怀疑医院因素时，应要求被保险人方面尽快向司法部门申请进行死亡原因鉴定。并要收集死者的常住地的收入情况、实际年龄、被扶养人、赡养人等信息。

（3）人员伤亡费用的确定

人员伤亡的各项赔偿标准，保险公司是根据《最高人民法院关于审理人身损害赔偿案件适用法律若干问题的解释》以及机动车辆保险条款的有关规定进行逐项计算的。

1）医疗费

医疗费是指在交通事故中受伤人员的医疗费用，根据《最高人民法院关于审理人身损害赔偿案件适用法律若干问题的解释》第十九条规定：医疗费根据医疗机构出具的医药费、住院费等收款凭证，结合病历和诊断证明等相关证据确定。赔偿义务人对治疗的必要性和合理性有异议的，应承担相应的举证责任。

医疗费赔偿数额，按照一审法庭辩论终结前实际发生的数额确定。人体器官功能训练恢复训练所必要的康复费、适当的整容费以及其他后续治疗费用，赔偿权利人可以待实际发生后另行调解或起诉。但根据医疗证明或者鉴定结论确定必然发生的费用，可以与已经发生的医疗费一并予以赔偿。

2）误工费

误工费是指受伤人员因伤害治疗期至恢复期间、定残日以前，不能劳动而减少的收入，以及死亡受害人的家属办理丧葬事宜所导致的合理误工损失。根据《最高人民法院关于审理人身损害赔偿案件适用法律若干问题的解释》第二十条规定：误工费是根据受害人的误工时间和收入状况确定的。

误工时间根据受害人接受治疗的医疗机构出具的证明确定，还应严格执行《人身伤害受伤人员误工损失日评定准则》（GA/T 521—2004）的规定。

受害人的收入状况分两种情况：有固定收入的，误工费按实际的收入计算；无固定收入的，按照其最近三年的平均收入计算；受害人如不能举证其近三年收入状况的，可以参照受诉法院所在地相同或相近行业上一年度职工的平均工资计算。

3）护理费

护理费是指伤者、残者或死者生前，在医院抢救治疗期间或康复过程中所必需的陪护人员误工费或工资。护理费根据《最高人民法院关于审理人身损害赔偿案件适用法律若干问题的解释》第二十一条规定：护理费根据护理人员的收入状况和护理人数、护理期限确定。

护理人员有收入的参照误工费的规定计算；护理人员无收入或者雇佣护工的，参照当地护工从事同等级别护理的劳务报酬标准计算。护理人员原则上为一人，但医疗机构或者鉴定机构有明确意见的，可以参照确定护理人员人数。

护理期限应计算至受害人恢复生活自理能力时为止。受害人因残疾不能恢复生活自理能力的，可以根据其年龄、健康状况等因素确定合理的护理期限，但最长时间不超过20年。

4）交通费

根据《最高人民法院关于审理人身损害赔偿案件适用法律若干问题的解释》第二十二条规定：交通费是指受害人及其必要的陪护人员因就医或转院治疗以及受害人死亡后其亲属办理丧葬事宜时实际发生的交通费用。交通费用应以正式票据为凭；有关凭证应与就医地点、时间、人数、次数相符合。

5）住院伙食补偿费

住院伙食补偿费是指受害人住院治疗期间伙食费用的一定补助，受害人确有必要到外地治疗，因客观原因不能住院的，受害本人及其陪护人员实际发生的住宿费和伙食费，其合理部分应予赔偿。根据《最高人民法院关于审理人身损害赔偿案件适用法律若干问题的解释》第二十三条规定：住院伙食补偿费可以参照当地国家机关一般工作人员的出差伙食补助标准予以确定。

6）营养费

营养费是指受害人通过平时的食品摄入尚不能达到受伤前身体康复的要求，而需要增加营养品作为对身体补充所支出的费用。根据《最高人民法院关于审理人身损害赔偿案件适用法律若干问题的解释》第二十四条规定：营养费根据受害人伤残情况参照医疗机构的意见确定。

7）残疾赔偿金

根据《最高人民法院关于审理人身损害赔偿案件适用法律若干问题的解释》第二十五条规定：残疾赔偿金根据受害人丧失劳动能力程度或者伤残等级，按照受诉法院所在地上一年度城镇居民人均可支配收入或者农村居民人均纯收入标准，自定残之日起按 20 年计算。但 60 周岁以上的，年龄每增加 1 岁减少 1 年；75 周岁以上的，按 5 年计算。

受害人因伤残但实际收入没有减少，或者伤残等级较轻但造成职业妨害严重影响其劳动就业的，可以对残疾赔偿金作相应调整。

超过确定的残疾赔偿金给付年限，赔偿权利人确实没有劳动能力和生活来源的，赔偿权利人向人民法院起诉请求继续给付残疾赔偿金的，人民法院应予受理，人民法院应判令赔偿义务人继续给付相关费用 5 ~ 10 年。

8）残疾辅助器具费

残疾辅助器具费是指为了补偿因伤致残的受害人遭受创伤的肢体器官功能、帮助其实现生活自理或者从事生产劳动而购买、配置的生活自助器具所支付的必要费用。根据《最高人民法院关于审理人身损害赔偿案件适用法律若干问题的解释》第二十六条规定：残疾辅助器具费按照普通适用器具的合理费用标准计算。伤情有特殊需要的，可以参照辅助器具配制机构的意见确定相应的合理费用标准计算。辅助器具的更换周期和赔偿期限参照配制机构的意见确定。

超过确定的残疾辅助器具费给付年限，赔偿权利人向人民法院起诉请求继续给付残疾辅助器具费的，人民法院应予受理。赔偿权利人确实需要继续配制辅助器具的，人民法院应判令赔偿义务人继续给付相关费用 5 ~ 10 年。

9）丧葬费

丧葬费是指在交通事故中死亡人员的有关丧葬费用，包括：整容、寄存尸体、火化、骨灰盒、搬运尸体等必要的费用。根据《最高人民法院关于审理人身损害赔偿案件适用法律若干问题的解释》第二十七条规定：丧葬费按受诉法院所在地上一年度职工月平均工资标准，以六个月总额计算。

10）被扶养人生活费

被扶养人生活费是指死者生前或伤残者丧失劳动能力前实际抚养的未成年子女或没有其他生活来源的配偶、父母等亲属在物质和生活上提供辅助与供养的费用。根据《最高人民法院关于审理人身损害赔偿案件适用法律若干问题的解释》第二十八条规定：被扶养人生活费根据抚养人丧失劳动能力程度，按照受诉法院所在地上一年度城镇居民人均消费性支出或者农村居民人均生活消费支出标准计算。被扶养人为未成年人的，计算至18周岁；被扶养人无劳动能力又无其他生活来源的，计算 20 年。但 60 周岁以上的，年龄每增加 1 岁减少 1 年；75 周岁以上的，按 5 年计算。

被扶养人是指受害人依法应当承担抚养义务的未成年人或者丧失劳动能力又无其他生活来源的成年近亲属。被扶养人还有其他抚养人的，赔偿义务人只能赔偿受害人依法应当负担的部分。被扶养人有数人的，年赔偿总额累计不超过上一年度城镇居民人均消费性支出或者农村居民人均生活消费支出额。

11）死亡赔偿金

死亡赔偿金是指对于在交通事故中死亡人员的一次性补偿。根据《最高人民法院关于审理人身损害赔偿案件适用法律若干问题的解释》第二十九条规定：死亡赔偿金按照受诉法院所在地上一年度城镇居民人均可支配收入或者农村居民人均纯收入标准计算 20 年，但 60 周岁以上的，年龄每增加 1 岁减少 1 年；75 周岁以上的，按 5 年计算。

12）精神损害抚慰金

根据《最高人民法院关于审理人身损害赔偿案件适用法律若干问题的解释》第十八条规定：受害人或者死者近亲属遭受精神伤害，赔偿权利人向人民法院请求赔偿精神损害抚慰金的，适用《最高人民法院关于确定民事侵权精神损害赔偿责任若干问题的解释》予以确定。

13）后续治疗费用

后续治疗费用是指对损伤经治疗后体征固定而遗留功能障碍需要再次治疗的或伤情尚未恢复需二次治疗所需的费用。后续费用可待实际发生后予以赔偿，但根据医疗证明或鉴定结论确定必然发生的费用，也可与已经发生的医疗费一并赔偿。

7.5 汽车其他保险事故的损失评估

1. 汽车水灾损失评估

随着环境的恶化，强暴雨频繁发生，加上排水系统的不完善，造成水灾保险事故频繁发生。

（1）汽车进水损坏的形式

1）静态进水损坏

汽车在停放过程中被暴雨或洪水侵入甚至淹没属于静态进水，如在地下车库、城市道路下穿桥等地最容易发生这样的水灾事故。

汽车在静态条件下，根据水淹线的高度等级、水淹时间的等级会造成车辆的不同程度损失。如车内进水造成内饰被浸泡，如不及时清理，内饰件容易发霉、变质，会出现各种异味；电路进水后，造成短路、电脑芯片直接损坏，不及时清理电路接头处容易氧化，出现接触不良等电路软故障；发动机、排气管、车身等铁金属材料件水淹后，造成进水氧化生锈。有时发动机汽缸也会进水，此时如强行启动汽车，极可能使发动机内部零件损坏，甚至发动机报废。

2）动态进水损坏

汽车动态进水是指在行驶过程中，发动机因汽缸吸入水而导致发动机熄火、强行涉水未果、发动机熄火后被水淹没等情况。此时发动机是在运转情况下被迫熄火的，除了静态条件下可能造成的损失外，还有可能导致发动机的直接损坏。

（2）汽车水淹各级损坏的评估

对车辆水灾现场的查勘，可以对水淹汽车的水淹高度和水淹时间做出明确界定，根据水淹高度等级和水淹时间等级，对汽车水淹各级损坏率做出如下评估，如表 7-2 至表 7-7 所示。

表 7 – 2　水淹高度 1 级时

水淹时间/h	1	2	3	4	5	6
水淹损坏现象	制动盘或制动鼓进水	制动盘或制动鼓进水时间较长，导致生锈，造成四轮制动系统要保养维修				
损失率	0	车价的 0.1%				

表 7 – 3　水淹高度 2 级时

水淹时间/h	1	2	3	4	5	6
水淹损坏现象	除 1 级损失外，还有四轮轴承进水；全车悬架下部连接处进水生锈；部分配有轮速传感器的磁通量传感失准；车身地板进水容易在损伤处产生锈蚀；少数安装在地板附近的电子器件进水损坏等。					
损失率	车价的 0.5% ~ 2.5%					

表 7 – 4　水淹高度 3 级时

水淹时间/h	1	2	3	4	5	6
水淹损坏现象	除 2 级损失外，还有座椅的潮湿和污染；真皮座椅及内饰损伤严重；车窗电机进水；变速器、差速器等进水；部分电器(如启动电机、音响、功放等)受水淹损坏；行车电脑部分控制模块损坏等					
损失率	车价的 1.0% ~ 5.0%					

表 7 – 5　水淹高度 4 级时

水淹时间/h	1	2	3	4	5	6
水淹损坏现象	除 3 级损失外，还有蓄电池放电、进水；各种继电器、熔丝盒进水损坏；发动机进水；空调等电器控制面板损毁；行车电脑控制模块全部损坏等					
损失率	车价的 5.0% ~ 15.0%					

表 7 – 6　水淹高度 5 级时

水淹时间/h	1	2	3	4	5	6
水淹损坏现象	除 4 级损失外，还有全部电器装置被水浸泡；发动机进水程度严重；绝大部分内饰被水浸泡；车架大部分被水浸泡；离合器、变速器、后桥有可能进水等。					
损失率	车价的 10.0% ~ 50.0%					

表 7-7　水淹高度 6 级时

水淹时间/h	1	2	3	4	5	6
水淹损坏现象	水淹高度超过车顶，除 4 级损失外，还有顶棚内饰损毁；有电动天窗的电机进水损坏；轨道锈蚀损坏等					
损失率	车价的 15.0% ~60.0%					

（3）汽车水灾损失的分类

按保险公司的业务划分，因暴雨造成的汽车损失类型主要有五类：

①由于暴雨淹及汽车车身，导致车内进水，使得汽车金属部件生锈、电子器件损坏、内饰损坏的。

②由于汽车发动机已经进水，然而汽车驾驶员未采取任何排水措施，甚至在水中直接重新启动发动机，导致其发动机内部的零件损毁。

③一些水中漂浮物或其他原因对汽车车身、汽车玻璃等外表面发生碰撞、摩擦的损坏。

④汽车落水后，为了从水中将其抢救出来，或者为了将受损车辆拖拽至修理厂而产生的施救费、拖车费等损失。

⑤汽车被水冲失，造成全车的损失。

2. 汽车火灾损失评估

（1）火灾对车辆损坏情况的分析

火灾对车辆所造成的损坏，一般分为整体燃烧和局部燃烧。

①整体燃烧：是指发动机舱内线路、电器、发动机附件、仪表台、内装饰件、座椅烧损，机械件壳体烧熔变形，车体金属覆盖件脱碳，表面漆层大面积烧损等现象。

②局部烧损：第一种情况是发动机机舱着火造成前部线束、发动机附件、部分电器、塑料件烧损；第二种情况是驾驶室着火，造成仪表台、部分电器、装饰件烧损；第三种情况是货运车辆的货箱内着火烧损。

（2）估损的方法

①对明显烧损的进行分类登记。

②对机械类零部件应进行测试、分解检查。特别是转向、传动和制动系统的密封橡胶件是否烧损变形。

③对受火焰烘烤后的金属结构件和壳体检查是否有退火、变形。

④对于因火灾使保险车辆遭受损害的，分解检查工作量很大，且检查、维修工期较长，一般很难在短时间内拿出准确估价单，只能是边检查边估损，反复进行。

（3）火灾损失的分类

汽车起火燃烧以后，其损失评估的难度相对较大些。汽车的起火燃烧被及时扑灭了，可能只导致一些局部的损失，损失范围也只是局限在过火部分的车漆、相关的导线及非金属管路、过火部分的汽车内饰。只要参照相关部分的市场价格，并考虑相应的工时费，即可确定出损失。

如果汽车的起火燃烧持续了一段时间之后才被扑灭，虽然没有对整车造成毁灭性的破坏，但也可能造成比较严重的损失。凡是过火的车身外壳、汽车轮胎、导线线束、非金属管路、橡胶件、密封件、塑料件、装饰件等可能都会报废，定损时按照需要更换件的市场价格，并考虑相应的工时费用等。

如果汽车的起火燃烧程度严重，车身外壳、汽车轮胎、导线线束、非金属管路、橡胶件、密封件、塑料件、装饰件等都完全报废；部分零件，如行车电脑、传感器、铝合金铸造件等，被火烧毁，失去任何使用价值；如发动机、变速器、车桥、车架、轮毂、悬架等车体结构件在长时间的高温烧灼下，会因此失去原有的性能和精度，致使无修复价值而整车完全报废。

（4）火灾损失的评估

根据保险条款的解释，当发生"在时间或空间上失去控制的燃烧所造成的灾害，主要是指外界火源以及其他保险事故造成的火灾导致保险车辆的损失"时，保险公司可以在车辆损失险范围内承担保险责任。而因本车电器、线路、供油系统等发生问题产生自燃，以及违反车辆安全操作规程，造成保险车辆损失，均属于车辆损失险的除外责任。

对因火灾造成保险车辆损失的定损评估中，首先认真勘查火灾现场，分析、研究着火原因；其次对火灾损失程度进行定损，最后结合火灾的保险责任对保险车辆进行最终的火灾损失评估。

3. 汽车盗抢损失评估

盗抢汽车是全球性的犯罪行为，汽车被盗会给保险公司和车主造成巨大的经济损失和心理创伤。

保险车辆在被盗窃、被抢劫、被抢夺后，车主应如实向公安部门和保险公司告知事故发生的日期、时间、地点、车内财物、车辆行驶里程等，保险公司还会了解汽车失踪后到公安部门报案的间隔时间。

如被盗抢车辆在 60 天内未能追回的，被保险人即可向保险公司提出索赔。对盗抢车辆损失评估要做到下列几条：

①被盗抢车辆必须具有国家规定的车辆管理部门核发的正式牌照，有其他约定除外。

②被保险人得知或应当得知车辆被盗窃、被抢劫、被抢夺后，应在 24 小时内向当地公安部门报案，同时通知保险人，并在保险人指定的媒体上登出声明。

③被保险人须提供保险单、机动车行驶证、购车原始发票、购置税凭证、原车钥匙以及由县级以上公安刑侦部门出具的汽车被盗抢立案证明、车辆已报停手续、机动车辆登记证书等。如被保险人自公安部门出具的被盗抢证明之日起，60 天如不提交上述证明单证的，视为自动放弃索赔权益，保险人不承担保险责任。

④在保险金额内计算赔偿，并实行 20% 的绝对免赔率。但假如被保险人未能提供机动车行驶证、购车原始发票、车辆购置税凭证、机动车辆登记证书的，每缺少一项，增加 1% 的免赔率；缺少原车钥匙任何一把增加 3% 的免赔率；未能提供县级以上公安刑侦部门出具的汽车被盗抢立案证明，保险人不承担保险责任。

⑤在保险车辆被盗窃、被抢劫、被抢夺过程中及其以后发生事故造成的保险车辆、附属设备丢失或损坏需要修复的合理费用，保险公司在保险金额内按实际修复费用计算赔偿。

⑥如保险车辆全车被盗夺后被找回的，在 60 天之内的，归还车辆；超出 60 天的，如果被保险人不愿收回原车，则保险人在实际赔偿金额内取得保险车辆的权益，车主应协助保险公

司办理有关手续；如果车主愿意要回原车的，则被保险人退回已领的赔款。

7.6 保险事故修复费用的确定

事故车辆修复所产生的费用包括工时费、表面涂饰费、材料费、材料管理费、保险事故施救费、税收相加，得到修理总费用。

1. 车辆维修工时费的计算

保险车辆出险事故后，经查勘定损人员对车辆损失做出基本确定，在事故车辆维修环节中，必须先确定各项维修方案，才能准确计算各自维修方案的工时费。

（1）维修项目种类的确定

1）更换项目的确定

需要更换的零部件一般有四种情况：

①结构上无法修复的零部件。如车辆上的车窗玻璃、灯具等零部件，由于制造材料的性能缘故，一旦受损，一般无法进行修复，只能更换。

②工艺上不可修复使用的零部件。如车辆上的各种胶贴装饰条、玻璃密封条、各种密封圈等，由于设计工艺就具有不可修复再使用性的零部件。

③安全上不允许修理的零部件。如对车辆行驶安全有重要影响的零部件，如车桥、悬架、转向系、制动系的零部件事故受损后，对行车安全有很大的隐患。为了保证汽车的使用安全，不允许修复再使用的零部件。

④无修复价值的零部件。受损零部件修复价值接近或超过其原有价值的，从经济学角度已无修复价值的受损零部件，可以直接更换。

2）拆装项目的确定

有些零部件或总成并没有损伤，但是更换、修复、检验其他部件需要拆下该零部件或总成，完成其他维修工作后再重新装回的。

拆装项目的确定要求汽车评估人员对事故车辆的结构非常清楚，对汽车修理工艺了如指掌。在对事故车辆拆装项目的确定有疑问时，可查阅相关的维修手册和零部件目录。

3）修理项目的确定

在现行的汽车损伤评估中以及绝大多数机动车保险条款中，受损汽车在零部件的修理方式上仍以修复为主，即使在工艺上、安全上允许的且具有修复价值的零部件也尽量修复。

4）待查项目的确定

在查勘定损过程中，经常遇到一些事故发生后从车上拆下来的零部件，凭经验、用肉眼和简单工具一时无法判断其是否受损及受损程度；对于影响行车综合性能参数的零部件（如转向节、悬臂等）其受损程度要有专业工具才能检测的，这些零件常常被列为"待查项目"。

由于"待查项目"零部件有无受损及受损程度的不确定性，造成受损零部件的修复费用确定具有较大随意性，采取一定措施对"待查项目"的仔细认定和事后监督是防止汽车修理厂不当得利和降低保险人保险赔付率的重要手段。

（2）工时费的确定

172

工时费由工时数和单位工时价格共同决定，综合工时费标准可以从《汽车维修工时定额与收费标准》中查到，其中单位工时费是由各地相应的收费标准规定的；受损保险车辆修复作业的工时包括更换、拆装项目的工时，修理项目的具体操作工时和辅助作业的工时等，表 7 - 8 至表 7 - 11 是某汽车修理单位各个部件修理工时定额及收费标准价目表。

表 7 - 8　某汽车维修有限公司发动机部分工时定额价目表（元）

序号	车型　　项目	低档车	中档车	高档车	备注
1	检修分电器	50.00	60.00	80.00	
2	更换点火线圈	30.00	30.00	60.00	
3	清洗化油器	50.00	100.00	150.00	
4	更换油量传感器	100.00	100.00	120.00	
5	更换汽油泵	60.00	80.00	100.00	
6	更换曲轴前油封	80.00	100.00	200.00	
7	更换曲轴后油封	200.00	250.00	400.00	
8	更换汽缸垫	200.00	300.00	400.00	
9	更换正时皮带	100.00	200.00	300.00	
10	更换飞轮齿圈	200.00	250.00	600.00	
11	更换上（下）水管	30.00	30.00	30.00	
12	更换水泵	80.00	100.00	250.00	
13	拆装水箱	40.00	40.00	40.00	
14	清洗水箱	80.00	80.00	80.00	
15	更换风扇叶	20.00	30.00	30.00	
16	更换电子扇	40.00	60.00	60.00	
17	更换水温传感器	30.00	30.00	50.00	
18	更换机油传感器	60.00	100.00	600.00	
19	更换油底壳垫	80.00	100.00	150—600	
20	更换各种皮带	20.00	40.00	50.00	
21	更换发动机支架胶	60.00	80.00	100.00	
22	吊装发动机	400.00	600.00	700.00	

表7-9 某汽车维修有限公司底盘部分工时定额价目表(元)

序号	项目	低档车	中档车	高档车	备注
1	更换离合器分离轴承	180.00	200.00	300～500	
2	更换后半轴油封	80.00	120.00	无	
3	更换后半轴	80.00	120.00	无	
4	更换前半轴油封	50.00	50.00	50.00	
5	更换前半轴	50.00	50.00	50.00	
6	更换变速箱后油封	50.00	50.00	60.00	
7	更换变速箱前油封	200.00	250.00	300～700	
8	更换变速箱总成	200.00	250.00	300～700	
9	更换离合器片	180.00	250.00	600.00	
10	更换离合器总泵	80.00	120.00	150.00	
11	更换离合器分泵	40.00	40.00	无	
12	换(前)后制动分泵	40.00	40.00	40.00	
13	换(前)后制动片	40.00	40.00	40.00	
14	更换制动总泵	60.00	80.00	100.00	
15	换后钢板	50.00	50.00	无	
16	换后减震器	30.00	30.00	60.00	
17	换前减震器	40.00	60.00	70.00	
18	更换后轮轴承	80.00	100.00	120.00	
19	更换前轮轴承	80.00	100.00	120.00	
20	更换转向助力泵	80.00	80.00	100.00	
21	更换悬架上球头	40.00	80.00	80.00	
22	更换悬架下球头	60.00	80.00	无	
23	更换前稳定杆胶套	30.00	30.00	30.00	
24	更换吊中球头	40.00	40.00	70.00	
25	更换横拉杆球头	30.00	30.00	50.00	
26	更换传动轴十字节	30.00	50.00	60.00	

表 7 – 10　某汽车维修有限公司电气部分工时定额价目表（元）

序号	项目＼车型	低档车	中档车	高档车	备注
1	检修防盗系统	60.00	60.00	60.00	
2	检修燃油路	100.00	100.00	100.00	
3	检修点火系统	100.00	100.00	120.00	
4	更换电动开关	10.00	10.00	20.00	
5	检修烦光线路	60.00	60.00	60.00	
6	排除仪表故障灯	80.00	100.00	150.00	
7	检修门窗升降机	30.00	40.00	50.00	
8	检修中央门锁	80.00	80.00	100.00	
9	检修组合开关	80.00	80.00	120.00	
10	检修喇叭	40.00	40.00	60.00	
11	更换后尾灯	10.00	10.00	20.00	
12	更换前大灯	10.00	10.00	20.00	
13	修雨刮喷水马达	50.00	50.00	100.00	
14	更换发电机	60.00	60.00	80.00	特别车型除外
15	更换起动机马达	60.00	60.00	120.00	
16	拆装仪表台	150.00	200.00	300.00	

表 7 – 11　汽车维修有限公司钣金油漆部分工时定额价目表（元）

序号	项目＼车型	低档车	中档车	高档车	备注
1	更换升降器总成	20.00	30.00	30.00	
2	更换全车锁	60.00	60.00	80.00	
3	更换排气管	20.00	20.00	40.00	
4	焊补安装排气管	25.00	30.00	50.00	
5	安装前或后风挡玻璃	100.00	150.00	200.00	
6	安装前或后保险杠	30.00	30.00	50.00	
7	调校机盖或后盖	20.00	30.00	40.00	
8	调校门锁	10.00	20.00	30.00	
9	拆换排气管垫	15.00	30.00	30.00	
10	全车喷漆	3000.00	4000.00	4500.00	
11	车顶喷漆	400.00	500.00	700.00	

续表 7 - 11

序号	项目 \ 车型	低档车	中档车	高档车	备注
12	修理前盖及喷漆	300.00	300.00	800.00	
13	修复前叶子板及喷漆	250.00	300.00	400.00	
14	修复后叶子板及喷漆	250.00	300.00	400.00	
15	修复后盖及喷漆	250.00	300.00	300.00	
16	修复门及喷漆	400.00	500.00	800.00	
17	前(后)保险杠喷漆	300.00	350.00	500.00	

1)更换、拆装项目的工时费确定

事故受损汽车修理中更换、拆装项目的工时大多数是相似的,有时是相同的,所以更换和拆装项目按同类工时处理。

汽车碰撞损失的更换、拆装项目工时的确定,可以先从评估基准的《汽车维修工时定额与收费标准》中查找,然而在我国绝大多数地区没有相应的工时定额与收费标准。通常采用先查阅生产厂家相应的工时定额,再根据当地的工时单价计算相应的工时费。

2)修理项目工时确定

零件的修理工时的确定复杂得多,其原因主要有以下几点:

①汽车品牌的差异:同一名称零件,在不同的汽车上价格差距甚远,维修行业中,维修工时费是由零件的价格决定的,从而造成同样一个名称的零件修理工时差距非常之大。

②地域的差异:各地的零件价格定位和单位工时价格不同,造成修理工时费变化幅度大。例如某一零件的市场价格在甲地为 100 元,而乙地为 200 元,同样的损失程度,甲地的修理工时数范围为 1 ~ 2 个工时,而乙地则定损为 1 ~ 4 个工时。

③修理工艺的差异:维修工作受到维修设备、检测设备和维修人员的技术水平等工艺的制约,不同的维修工艺措施会导致维修工时和维修价格差异很大。例如碰撞致车门凹陷,无拉拔设备的维修,必须拆装车门,额外产生的拆装、检测车门工时,造成维修费用的差异。

由于上述客观原因,造成汽车零件维修工时定额的制定相当困难,在实际估损工作中,评估人员要根据自己的理论知识和实践经验,结合评估基准和当地的《汽车维修工时定额与收费标准》,才能较准确地确定维修工时,为维修工时费的计算寻找依据。

3)辅助工时费的确定

汽车修理作业中除了更换工时、拆装工时、修理工时以外,还应包括辅助作业工时,辅助作业通常有:

①把损坏汽车安放到修理设备上并进行故障诊断。

②用推拉、切割等方式拆卸撞坏的零部件。

③相关零部件的矫正与调整。

④去除内漆层、沥青、油脂及类似物质;

⑤修理生锈或腐蚀的零部件。

⑥松动锈死或卡死的零部件。

⑦检查悬架系统和转向系统的定位。

⑧拆去打碎的玻璃。

⑨更换防腐蚀材料。

⑩修理作业温度超过 60℃时，拆装主要电脑模块。

⑪拆装及装回车轮和轮毂罩。

上述各项虽然每项工作用时不多，但对于较大的车辆碰撞，相关辅助作业较多，累计工时不可忽视。在各项工时累计时，各项损失项目在修理过程中有重叠作业，必须考虑将重叠作业工时减去。

（3）涂漆费用的确定

保险车辆事故中，造成车身覆盖件的漆面损坏是常见的损失，但漆面是关系汽车的外观和美观，在修复零件的基础上必须对汽车表面的漆面进行重新修复，产生的涂漆费用是保险理赔费用之一。

涂漆费用是由漆面面积和漆种单价共同组成的，但汽车修理做漆收费标准全国各地不尽相同，有的以每平方米多少元计价，有的以每块覆盖件的漆面多少元计价。

1）涂漆面积的计算方法

涂漆面积的计算单位以平方米计，涂漆面积不是数值的叠加，但是由于涂漆的价格不仅包括了漆料的原材料价格，还包括了辅助作业在内的各项操作项目的价格，如调漆、涂漆作业、烘烤等，许多项目的工作量与涂漆面积并非成正比增加。

2）涂漆单价的计算

涂漆的单价是指单位面积上的面漆材料价格和涂漆修复的工时费

①面漆材料价格。面漆材料的价格要考虑漆面的种类，现代汽车的面漆按照其固化原理分为烤漆和瓷漆两种，用蘸有硝基漆稀释剂（香蕉水）的白布擦拭漆面，观察漆膜的溶解程度。如果漆膜溶解，并在白布上留下印记，则为烤漆，反之是瓷漆。如果是瓷漆再用砂纸在损伤部位的漆面轻轻打磨，鉴别是否有透明漆层，如果砂纸磨出白灰，就是透明漆层，如果砂纸磨出颜色，就是单级有色漆层，最后借光线的变化，用肉眼看看颜色有无变化，如果无变化为变色漆。通过这些方法可以把汽车的漆面分为硝基喷漆、单涂层烤漆（常为色漆）、双涂层烤漆（常为银粉漆或珠光漆）、变色烤漆和环保水漆等几种。市场上销售的面漆种类品牌繁多，单价也各不相同，估价时常采用公众能接受的价格。

②涂漆修复的工时费。

在经济发达地区，材料费占比低而工时费占比高；在经济相对落后地区，则材料费占比高而工时费占比低，总体而言，每平方米做漆费用整体差别不大。

根据市场调查笔者制定了表 7 – 12，仅供参考。

表7-12　汽车涂漆(单位面积)收费参考表

漆种 \ 车型 单价	轿车				客车		货车	
	微型	普通型	中级	高级	普通	豪华	车厢	驾驶室
硝基喷漆					100		50	
单涂层烤漆	200	250	300	500	200	300		250
双涂层烤漆	300	350	400	600		400		
变色烤漆			500	800				

2. 受损汽车修复价值的确定

(1)确立更换零配件的材料价格

在目前的国内汽配市场上，同一地区、同一个配件有多种价格，如何采价也是困扰机动车辆评估的一大难题，根据评估学原理以及保险学原理，评估的基准时点应以出险时间为评估基准时点，以出险地为评估基准地，以重置成本法为评估基本方法，这样可以得到一种价格。

专业机动车保险公司、保险评估公司根据这些原理都制定了合作汽车配件的采价和报价系统。如北京的精友、美国的 Mitchell 国际公司、德国的 Dekra 公司、我国的中国人民保险集团股份有限公司等。

注意：由于我国不允许经销旧汽车配件，因此，在确定材料价格时不得使用旧汽车配件的价格。

(2)受损车辆的修复价值

任何一辆损坏的汽车都可以通过修理恢复到事故以前甚至和新车一样的状态。但是，这样往往是不经济的或没有意义的。

1)汽车现值

汽车是有一定使用寿命的，在事故发生前的价值，被称为汽车现值或实际价值。汽车现值不能简单地等同于汽车的年限折旧后的价值，有可能高于或低于汽车的实际年限折旧后的价值。这要依据车辆在发生事故前的使用情况、保养、维护等具体实际情况而定，有经验的评估人员能通过相关资料和信息查询后对汽车现值做出准确评定。

2)推定全损

虽然具体被评估的事故汽车肯定还有一定的价值，但当其修复价值已经达到或超过现值时，可以被推定为全损。被推定为全损和达到全损的被评估汽车，无修复价值而报废处理。鉴定为报废并理赔后，报废车辆归保险公司所有，保险公司有权对报废车辆进行处理，拍卖。车主无权再要求对车辆残值进行处理。

3)修复价值

被保险车辆事故损失较大，而又未达到全损和被推定为全损的被评估汽车，必须做汽车修复价值评定，否则评估报告容易引起保险索赔时的纠纷，因为它违反了财产保险的损失补偿原则。

（3）更换件的残值确定

在对被保险车辆的损失进行评估时，经常需要确定更换件的残值，保险条款一般规定汽车的残值按协商价折归被保险人所有，并在赔款中扣除，具体金额由保险人和被保险人协商。一般情况当保险公司与被保险人或修理厂协商残值价值时，保险公司为了提高效率和减少赔付，常常会做出一些让步。实际操作过程中，残值大多数折归修理厂，评估实务中的残值的实际价值往往高于评估单的残值价值。

当事故损失较大时，更换件也较多，通常需确定残值，残值的确定通常有以下几步：

①列出更换项目清单。

②将更换的旧件分类。

③估定各类旧件的重量。

④根据旧材料价格行情进行残值确定。

3. 保险事故施救费用的确定

（1）确定施救费用的原则

施救费用的确定要坚持必要、合理的原则，一般下列费用保险人予以赔偿：

①保险车辆发生火灾时，使用他人非专业消防单位的消防设备、施救保险车辆所消耗的合理费用及设备损失。

②保险车辆出险后失去正常行驶能力，被保险人雇佣吊车进行抢救的费用，以及将出险车辆拖运至修理厂的运输费用。

③抢救中，因抢救而损坏他人的财产，应由被保险人赔偿的费用。

④被保险人自己或他人义务派来抢救的抢救车辆在拖运受损车辆途中，发生意外事故造成保险车辆的损失扩大部分和费用支出增加部分。

⑤保险人只对保险车辆的施救保护费用承担责任。

（2）确定施救费用的注意事项

①抢救中，抢救人员个人物品的丢失，不予赔偿。

②受雇的抢险车辆发生意外造成保险车辆的损失扩大部分和费用支出增加部分，不予赔偿。

③保险车辆出险后，被保险人等奔赴肇事现场所支出的费用，不予赔偿。

④如果被保险人没有购买车上货物责任险，则车上货物的施救保护费用不予负责。

⑤进口车或特种车去外地修理的移送费，予以赔偿。但这属于修理中的附加费用，不属于施救费，车辆损失险施救费用是一个单独的保险金额，施救费和修理费用应分别理算。另外，护送车辆者的工资和差旅费，不予负责。

⑥保险车辆发生保险事故后，对其停车费、保管费、扣车费及各种罚款，不予赔偿。

⑦车辆施救前，如果估计施救费用和修理费用相加，预计达到或超过保险金额时，一般不予施救，可按推定全损处理，给予补偿。

⑧第三者责任险的施救费用不是一个单独的赔偿限额，它与第三者损失金额相加不得超过第三者责任险的赔偿限额，超过部分不予补偿。

（3）不合理施救费用的确定

在车辆进行施救时，由于不合理的施救行为，产生新的施救性损失，保险人不予赔偿。

常见的不合理施救产生的损失有：

①在施救过程中，对倾覆车辆进行吊装未进行合理的固定，造成二次倾覆损失。

②在施救过程中，使用吊车起吊事故车辆，未对车身进行合理保护，导致车辆大面积损伤的。

③对损坏车辆进行拖移施救，未对车辆进行检查，采取的施救方式不正确，造成车辆新的机械损伤。例如车辆转向失灵采用硬拖方式造成轮胎等新的损坏。

④在分解施救过程中拆解不当，造成车辆零部件损失或丢失现象。

思考题

1. 现场查勘工作包括哪些工作？

2. 简述车辆定损的程序及注意事项。

3. 进行碰撞损伤鉴定评估之前，应注意哪些安全事项？

4. 现场查勘的方法有哪些，各自有什么特点？

5. 现场查看时，主要应该看什么？

6. 汽车的碰撞损伤鉴定分哪几个步骤？

7. 非承载式车身的车架变形主要有几种形式？

8. 如何确定汽车在火灾中的损失？

9. 汽车受到水浸泡后，如何定损？

10. 人员伤亡费用由哪些部分组成？

11. 为什么在营业性的修理厂、停车场发生的汽车被盗，保险公司不予赔付？

12. 确定修理件的工时费时，主要应该考虑哪些因素？

13. 施救费用如何确定？

第8章　汽车保险与理赔典型案例分析

8.1　交通事故责任强制保险理赔案例分析

1. 乘客摔下车被轧伤，交强险该不该赔付？

【案情介绍】

2014 年 7 月 20 日，王某乘坐吴某驾驶的中巴车时，由于吴某未关车门，王某不慎从中巴车上摔下，随后被该中巴车碾轧致右小腿受伤。该起事故经交警大队认定，司机吴某负事故的全部责任。中巴车系吴某所有，吴某作为被保险人，为该车向某保险公司投保了交强险，保险期为 2014 年 3 月 11 日到 2015 年 3 月 10 日。但保险公司以受害人属于车上人员为由，拒绝承担赔偿责任。王某遂将吴某以及该保险公司诉至当地人民法院。法院在审理此案后作出一审判决，判令保险公司赔付原告王某住院伙食补助费、交通费等 42582 元。

【案情分析】

交强险是指由保险公司对被保险机动车发生道路交通事故造成本车人员、被保险人以外的受害人的人身伤亡、财产损失，在责任限额内予以赔偿的强制性责任保险。可以认定，这里的车上人员仅指发生意外事故时身处保险车辆之上的人员。基于第三者和车上人员均为特定时空条件下的临时身份，两者可以因特定时空条件的变化而变化。判断因保险车辆发生意外交通事故而受害的人属于第三者还是属于车上人员，必须以该人在交通事故发生当时这一特定的时间是否身处保险车辆之上为依据。本案中，交通事故发生前，王某确系乘坐于被保险车辆之上的车上人员，但由于该车行驶中司机吴某未关车门，将乘坐在车内的王某从车上摔下，随后又被该车碾轧致右小腿受伤。因此涉案交通事故发生时，王某不是在涉案车辆之上，而是在该车辆之下，其身份已由车上乘客转变为车外的第三者。故保险公司关于王某属于车上人员，不在交强险赔偿责任范围的抗辩理由不成立。保险公司应在交强险责任限额内依法承担赔偿责任。

2. 驾驶员下车问路被自己车撞死，交强险该不该赔付？

【案情介绍】

2013 年 5 月 15 日，李某驾驶自己的货车在运输货物途中，因道路不熟，将货车停靠在下坡路段下车问路，由于李某未拉手制动，货车沿坡道向前溜行，当场将李某撞死。事故发生后，经交警部门认定，李某驾驶的货车制动不符合技术标准，停车时又未拉手制动，因而导致事故发生，李某应负该起事故的全部责任。李某作为被保险人为该货车向保险公司投保了交强险。李某家属向保险公司申请理赔，保险公司以李某是车主和被保险人，不属于交强险合同中所指的第三者为由，拒绝理赔。李某家属遂向法院提起诉讼，请求判决保险公司支付保险金11万元。法院在审理此案后作出一审判决，驳回李某家属要求保险公司赔款11万元的诉讼请求。

【案情分析】

李某与保险公司签订的交强险合同中详细约定了第三者及保险责任范围，并有明确提示，文字清晰明了，不存在歧义，作为投保人理应能够理解并注意到。保险公司承担的第三者保险责任是指对被保险人依法应当对第三者遭受的损失支付的赔偿金额承担的保险责任。交强险保险合同已明确了保险人与被保险人不属于第三者范畴，故作为车辆所有人和被保险人的李某不属于第三者，该事故也不属于保险合同的承保险种第三者责任险的赔偿范围。

3. 无证驾驶致人死亡，交强险该不该赔付？

【案情介绍】

2012年6月26日，赵某驾驶轿车与骑电动自行车的李某相撞，致使李某当场死亡。经公安机关交通管理部门认定，赵某未取得驾驶资格，系无证驾驶，负事故全部责任。该轿车在某保险公司投保交通事故第三者责任强制险，事故发生在保险期间内。保险公司认为，本事故的肇事者赵某未取得驾驶证，根据《机动车交通事故责任强制保险条例》第22条规定，驾驶人未取得驾驶资格，发生道路交通事故的，造成受害人的财产损失，保险公司不承担赔偿责任。李某父母作为共同原告，将保险公司诉至法院，要求保险公司在保险合同约定的第三者责任险赔偿范围内承担赔偿责任。法院在审理后作出一审判决：保险公司向原告支付李某的死亡赔偿金计11万元。

【案情分析】

虽然《机动车交通事故责任强制保险条例》第22条规定驾驶人未取得驾驶资格造成受害人的财产损失，保险公司不承担赔偿责任。但是，人身伤亡和财产损失是完全不同的两个概念，该规定并没有免除保险公司人身伤亡赔偿的义务。因此，驾驶人无证驾车造成交通事故的，对受害人的人身死亡伤残损失，保险公司仍应在11万元死亡伤残赔偿限额内予以赔偿。

驾驶人无证驾车造成交通事故，保险公司在死亡伤残赔偿限额内对受害人予以赔偿，完全符合《道路交通安全法》以人为本的立法宗旨。对受害人来讲，无论机动车驾驶人是否具有驾驶资格，受害人对此无从知晓，也无法防范，更不负主要义务，只要交通事故对于受害人而言是偶然的、不可预料的，就应该视为保险事故。受害人因驾驶人一般过失行为尚且可以请求保险公司赔付，而当驾驶人具有无证驾驶的严重过失行为时，保险公司更应对受害人人身伤亡损失予以赔付，这充分彰显了创设机动车第三者责任强制保险制度的立法精神，体现了法治精神对交通事故受害方的人文关怀。

4. 肇事驾驶员逃逸又被找到，交强险该不该赔付？

【案情介绍】

2009年2月16日晚，方某驾驶一辆小型越野客车，在十堰市东岳路将骑自行车的李某挂倒致伤。事故发生后，方某驾车逃逸。经事故调处大队认定，方某负事故的全部责任。李某遗留 10 级伤残，入院治疗费用花去 1.6 万余元。该车辆的挂靠单位某运输公司为该车在某保险公司投保了交强险，时间为 2009 年 1 月 16 日至 2010 年 1 月 15 日。李某向方某、运输公司及保险公司索赔 4 万余元，但保险公司拒绝赔偿李某损失。保险公司称该交通事故驾驶员肇事逃逸，按照保险合同约定，不在保险赔偿范围之内。而方某称当时不知道车辆撞伤了原告，也不存在逃逸，要求保险公司依法予以赔偿。运输公司认为，自己的车辆投保了交强险，应由保险公司赔偿。因协商不能达成一致，李某向法院提起诉讼。法院审理后作出一审判决：李某的 4 万余元损失，由保险公司在保险合同约定的交强险范围内予以赔偿，不足部分由方某予以赔偿。

【案情分析】

交强险的初衷在于对受害人的损失直进行弥补。本案中，车辆造成他人受伤的事实不因肇事司机的逃逸而改变。虽然《机动车交通事故责任强制保险条例》规定在肇事司机逃逸的情况下由交通事故社会救助基金承担垫付责任，但是根据保护交通事故受害者的立法宗旨可知，此情形应当特指肇事车辆逃逸无法查知的情形。因为，如果肇事车辆无法查知，就无法确定交强险的承保人，在此情形下，无法确定承担责任的保险公司。但在能够查知承保人的情况下，承担责任的主体已经明确，就应当由承保人对受害者进行赔偿。保险公司提供给被保险人的格式条款中并没有将肇事司机逃逸规定为保险人的免责事由。《机动车交通事故责任强制保险条例》也未明确规定保险公司在此种情况下可以免责。

5. 司机无责，交强险该不该赔付？

【案情介绍】

2009 年 6 月 26 日，张某驾驶摩托车途经一立交桥下，向左转弯时与直行的李某驾驶的公交车右后轮发生碰撞，造成张某受伤及摩托车损坏。经肇事地公安交警部门处理，认定张某属酒后无证驾驶无牌照的摩托车，在转弯时未让直行车辆先行，应负此次事故的全部责任，公交车驾驶人李某无责任。经调查，张某的摩托车未参加任何保险，而李某驾驶的公交车在某保险公司投保了交强险，保险期限从 2009 年 4 月 16 日至 2010 年 4 月 15 日。事故发生后，张某经住院治疗，现已痊愈。张某打听到像这样的情况，因为对方驾驶人无事故责任，对方保险公司将不会进行任何赔偿。为此张某与李某一同到公交车投保的保险公司就张某能否得到赔付进行咨询。最终保险公司赔付了张某共计 12100 元。

【案情分析】

两机动车发生交通事故，一方投保有交强险，另一方没有投保交强险，没有投保交强险的一方给对方造成人身及财产损害的，应当由自己承担。投保交强险的一方给对方造成损失的，保险公司可按交强险的规定承担赔偿。虽然本案中的公交车驾驶人李某在事故中无责任，但公交车投保了交强险，故保险公司应在无责任的各赔偿限额内进行赔付，并非完全不予赔付。根据交强险条款的规定，保险公司应当在无责任死亡伤残赔偿限额 11000 元、无责任医疗费用赔偿限额 1000 元、无责任财产损失赔偿限额 100 元内对摩托车驾驶人张某进行赔付。因为张某的各项损失金额均已超过上述各项最高责任限额，所以保险公司最终赔付 12100 元。当然，由于交强险是强制保险，张某的摩托车没有投保就上路是要受到行政处罚的。

6. 交强险与商业三责险并存时的赔偿主体及顺序

【案情介绍】

2011 年 10 月 9 日，谢某驾驶越野车由渝东巫山往万州方向行驶，其妻刘某随车同行，当车辆行驶至沪蓉高速公路 1343 km + 978 m 大垭合隧道路段时，为避让由何某驾驶的重型厢式货车上掉落在隧道行车道内的尼龙装载物，与隧道右侧检修道相撞，造成越野车乘车人刘某死亡、车辆毁损。事故发生后，交警大队认定谢某和何某分别承担本次交通事故同等责任，乘车人刘某不承担责任。谢某和刘某育有二女，大女 12 周岁，二女 8 周岁，同时刘某的父亲 62 周岁，母亲 61 周岁，均需赡养。何某驾驶的货车的实际车主为凌某，挂靠在重庆某汽车运输公司名下经营。该货车在中国人民保险集团股份有限公司××分公司投保有交通事故责任强制保险和第三者责任商业险，第三者责任商业保险保险金额为 50 万元。为修复越野车，谢某支出维修费 96857 元，已由承保该车的保险公司赔偿了一半。2012 年 10 月，谢某与汽车运输公司签订协议书，约定由该汽车运输公司向谢某支付各项赔偿和补偿款项共计 28 万元。

2012 年 11 月 30 日，谢某起诉至法院，请求判被告何某、凌某、汽车运输公司以及中国人民保险集团股份有限公司××分公司赔偿死亡赔偿金 257497 元、鉴定费 5250 元、交通费 3000 元、住宿费 2500 元、误工费 525 元、被扶养人生活费 194668.37 元、车辆损失 51000 元、精神抚慰金 100000 元，诉讼费用由上列被告承担。

法院审理后作出如下判决：被告中国人民保险集团股份有限公司××公司在机动车第三者责任强制保险责任限额范围内赔偿原告谢某各项损失 112000 元，并根据第三者责任商业保险合同直接向原告谢某赔偿保险金 289156.73 元；被告凌某与汽车运输公司连带赔偿原告谢某 72289.18 元；驳回原告谢某的其他诉讼请求。

【案情分析】

原告谢某因本次交通事故产生的损失和费用，应首先由被告中国人民保险集团股份有限公司××分公司在交强险限额内赔偿，不足部分由货车的所有者凌某承担 50% 的赔偿责任，被挂靠的汽车运输公司承担连带责任，被告何某作为雇佣的驾驶员，不承担赔偿责任。原告的车辆维修费虽然已由承保该车的保险公司支付了一半金额，但保险公司是按照保险车辆方在事故中的责任比例进行赔偿，并没有代为清偿被告应赔偿的金额，因此不能免除被告对车辆损失应承担的相应责任。

经依法核对和具体计算，原告谢某所请求的并能够计入其损失范围的项目包括死亡赔偿金为 674534.82 元、尸检及车速鉴定费 8000 元、受害人亲属办理丧葬事宜住宿费 4450 元、误工费 1050 元、车辆维修费 96857 元、精神损害抚慰金 50000 元。上列费用，应当由被告中国人民保险集团股份有限公司××分公司，在交强险死亡伤残赔偿限额内赔偿精神抚慰金、死亡赔偿金、住宿费、误工费共计 110000 元，在财产损失赔偿限额内赔偿车辆维修费 2000 元。超出交强险限额的死亡赔偿金、住宿费、误工费、尸检及车速鉴定费、车辆维修费共计 722891.82 元，由被告凌某与汽车运输公司根据事故责任承担 50%，计为 361445.91 元，该笔费用由被告中国人民保险集团股份有限公司重庆分公司，根据第三者责任商业保险合同予以赔偿，但由于被保险车方负同等事故责任并违反安全装载规定，应计算 20% 的免赔率，故计算免赔率后的金额即为 289156.73 元。剩余的 72289.18 元则由被告凌某与汽车运输分公司承担连带赔偿责任。

8.2　车辆损失险理赔案例分析

1. 车辆过户未告知保险公司遭拒赔

【案情介绍】

李某于 2012 年 7 月在某保险公司为其购置的现代轿车投保了车辆损失险和第三者责任险，并缴纳了保险费。同年底，李某经二手车交易市场将该现代轿车卖给赵某，过户后李某未告知保险公司。2013 年 1 月，赵某驾驶该现代轿车与王某驾驶的小货车相撞。事故发生后，交警大队认定赵某负全部责任，王某无责任。赵某就事故造成的损失向保险公司索赔时，保险公司以现代轿车已过户但未告知保险公司变更合同为由拒绝赔付。赵某遂诉至法院，请求法院判决保险公司赔偿损失。法院在审理后驳回了赵某的诉讼请求，并判决诉讼费由赵某负担。

【案情分析】

本案争议的焦点是保险合同的标的转让是否应当通知保险人。本案保险标的是肇事车辆现代轿车，投保人是李某。《保险法》第四十九条规定：保险标的发生转让应当通知保险人，经保险人同意继续承保后，依法变更合同。因为保险公司只对保险标的的具有法律上承认的保险利益的人提供保险保障。李某作为现代轿车的所有人，可以投保财产保险合同，但其将现代轿车所有权转移给赵某时，则相应的保险利益亦随之转移给赵某，即李某已没有在该财产保险合同中作为投保人的资格。本案中，由于李某和赵某未通知保险公司保险标的的权利已转移，致使保险公司未就投保人和被保险人变更为赵某办理变更手续，故赵某不能因依法取得的现代小轿车所有权而自然取得保险赔偿请求权。

2. 事故责任不明，保险公司该不该赔付？

【案情介绍】

李某为他的帕萨特轿车在某保险公司投保了车辆损失险，保额为 20 万元。随后在保险期间内的某一天，李某将车借给朋友杨某。杨某驾驶该帕萨特轿车与骑自行车的董某相撞，致董某死亡，轿车受损。事故发生后，交警大队不能认定事故责任。经核损，帕萨特轿车的修理费需要 7 万余元。但保险公司认为事故责任无法认定，保险公司只能赔偿 50%，同时发生事故时驾驶员不是保单中记载的指定驾驶员，根据合同约定，在赔偿 50% 的基础上再扣除 10%，即全部损失的 40% 为 3.2 万元。李某与保险公司一再协商无果后，随后诉至法院。法院一审判保险公司赔偿核损保险费的 90%，共计 6.5 万余元。

【案情分析】

李某与保险公司之间的保险合同关系存在，保险公司应当按照保险合同约定承担赔偿责任。虽然交管部门未就交通事故作出责任认定，但保险公司在没有证据证明死者董某对交通事故负有责任的情况下，应当按约承担全额赔偿责任。发生保险事故时驾驶员杨某并非指定驾驶员，根据保险合同约定，应当扣除 10% 的赔偿款。

3. 二手车发生全损时该如何赔付?

【案情介绍】

田某花费 12.3 万元从北京市旧机动车交易市场购买了一辆二手奥迪轿车,并向某保险公司投保了车辆损失险、第三者责任险、盗抢险以及不计免赔特约条款,保险金额为奥迪轿车的新车购置价 32 万元,保险期限为 1 年。4 个月后该车因为火灾原因,全部被毁。事故发生后,田某认为自己是按 32 万元投保和缴纳保险费的,向保险公司提出索赔 32 万元。而保险公司只同意按照奥迪车的实际价值 12.3 万元承担责任。理由是依据《保险法》,保险金额不能超过保险价值,超过的部分无效,即使保险金额高于车辆实际价值,也只能以车辆的实际价值 12.3 万元理赔。双方争执不下,于是田某将保险公司诉至法院。法院经过审理判决:被告保险公司按车辆的实际价值,即新车购置价扣减折旧金额后承担责任,赔付原告田某 22 万元。

【案情分析】

本案中的关键问题在于:

第一,本案的判决结果是否违背了损失补偿原则?根据损失补偿原则,保险事故发生后,被保险人有权获得补偿,但保险人的补偿数额以使标的物恢复到事故发生前的状态为限。本案中田某购买奥迪轿车时仅花费了 12.3 万元,但其却得到 22 万的赔偿,是否获得了额外利益?需要注意的是,本案中保险条款规定:"按投保时车辆的新车购置价确定保险金额的:发生全部损失时,在保险金额内计算赔偿,保险金额高于保险事故发生时保险车辆实际价值的,按保险事故发生时保险车辆的实际价值计算赔偿。"而在保险金额如何确定一部分,规定:"保险金额可以按投保时保险车辆的实际价值确定。本保险合同中的实际价值是指同类型车辆新车购置价减去折旧金额后的价格。"理论上讲,出现在一份保险合同中的术语应作相同的解释,因此可以认为在发生全部损失时,"按保险事故发生时保险车辆的实际价值计算赔偿"中的实际价值也是指新车购置价减去折旧金额后的价格。根据合同自由原则,依照当事人双方的自由意愿订立的保险合同对当事人具有法律约束力,当事人必须严格遵守,按照约定履行自己的义务,依法成立的合同受法律保护。本案中,保险公司在制定保险条款、订立保险合同时自愿选择按照出险时的实际价值,即新车购置价扣减折旧后的金额赔付,虽与损失赔偿原则不符,但也应按此条款理赔。

第二,保险公司按实际价值承担责任,是否违背了公平原则?本案中被保险人一直坚持保险公司应赔付新车购置价,认为保险公司按照 32 万元的保险金额收取保险费,但是全损时却按照实际价值赔付,有失公平。车险合同是一份格式合同,投保人并不能参与合同条款的制定,但为了保证弱者的利益,中国《合同法》规定:"采用格式条款的一方应当注意免除或者限制其责任的条款,按照对方的要求,对该条款予以说明。"本案中保险公司虽然是按照 32 万元计收保险费的,但值得注意的是,影响保险费数额高低还有一个因素,即保险费率。若是车辆全损时,保险人一律按新车购置价承担责任,则保险费率将有所上升,而绝不是现行的费率。

4. 车辆被爆竹炸伤找不到肇事者计 30％ 免赔率

【案情介绍】

2015 年春节期间，市民张先生的奔驰轿车遭到了在其车旁燃放的爆竹的伤害，造成了车身漆面损伤。虽然事发后张先生第一时间赶到了现场，但肇事者早已无踪影。张先生之前为该奔驰轿车在某保险公司已经投保了车辆损失险，他随即拨打了保险公司的报案电话进行索赔。但是保险公司经过定损后却告诉张先生，他们只能赔偿车辆损失的 70％，计算 30％ 的免赔率。张先生对这 30％ 的免赔率感到非常困惑。

【案情分析】

根据上述案情，张先生的奔驰轿车被爆竹炸伤，多数保险公司在车损范围内会给予一定赔偿，但会计算一定的免赔率，当然也不排除个别保险公司会有拒赔的现象。车辆损失险的保险责任中包括一项条款：被保险车辆因火灾、爆炸等原因造成车辆损失，保险公司要负赔偿责任。烟花爆竹的伤害属于此类，保险公司应该给予赔偿。但保险车辆发生保险责任范围内的损失应当由第三方负责赔偿的，确实无法找到第三方的，保险公司予以赔偿，但在符合赔偿规定的范围内实行绝对免赔率。本案例中张先生所遇到的情况正属于无主肇事，无法找到第三方，因此保险公司只能赔偿给张先生奔驰轿车损失的 70％，其余的 30％ 损失需要张先生自己承担。

5. 被保险人未尽维护义务遭拒赔

【案情介绍】

某市运输公司为其所有的 12 部东风牌自卸货车向当地某保险公司投保了车辆损失险，每辆车的保险金额为 48000 元，并及时交纳足额保险费。保险期间的某天，运输公司某驾驶员驾驶其中一辆东风牌自卸货车，驶入逆行道与一辆摩托车发生相撞。事故发生后，该肇事车辆被公安局交通警察扣留，随后经市机动车检测线检测，结果显示该自卸货车制动和灯光不合格。市交警支队认定，运输公司驾驶员驾驶制动和灯光不合格的东风牌自卸货车，遇紧急情况采取措施不当，驶入逆行道造成事故，负事故主要责任。运输公司为处理该事故善后事宜，支付各项赔偿费和经济损失费用合计 66176 元，随后向保险公司提出支付保险赔偿费 48000 元的申请。但保险公司以肇事车辆的制动和灯光不合格为由拒绝赔付。运输公司认为其依约交付保费，却不能享受权利，作为原告提出诉讼请求，请求法院判令被告保险公司支付保险赔偿费 48000 元。法院在审理后作出判决，驳回了运输公司的诉讼请求。

【案情分析】

原告运输公司与被告保险公司签订的保险合同中车辆保险条款第十六条明确规定"被保险人应当做好保险车辆的维护工作，使保险车辆保持正常技术状态"。在该合同实际履行中，原告运输公司作为被保险人虽已尽支付保险费的义务，但并未使其投保的车辆保持正常的技术状态，致使其驾驶员驾驶制动和灯光不合格的东风牌自卸货车与他人驾驶的摩托车发生相撞事故，并且对公安交通管理部门认定其负有主要责任未提出异议，已予以认可，故原告未尽被保险人应尽义务的过错应予以确认。因此被告保险公司以肇事车辆制动和灯光不合格，运输公司未尽被保险人之义务为由，而要求免除赔偿责任的请求并无不当。

此案例提醒广大机动车辆被保险人，虽然自己的车辆已投保了机动车辆保险，但是不能放松平时对车辆的维护工作，甚至根本不进行维护工作。否则，因未尽维护义务而导致发生保险事故后，保险公司有权依据保险条款的规定拒赔。

6. 车辆全损赔偿后车主无权转让残车

【案情介绍】

个体运输专业户张某将其私有的解放牌汽车向某保险公司投保了足额车辆损失险和第三者责任险，车辆损失险保险金额为 5 万元，保险期限为 1 年。在保险期间内某天，该车在途经邻县一险要处时坠入悬崖下一条湍急的河流中，该车驾驶员（系张某堂兄）随车遇难。事故发生后，张某向保险公司报案索赔。保险公司经过现场查勘，认为地形险要，无法打捞，按推定全损处理，当即赔付张某人民币 5 万元。同时声明，车内尸体及善后工作保险公司不负责任，由车主自理。不久，张某考虑到堂兄尸体及采购货物的 2800 元现金均在车内，就将残车以 3500 元的价格转让给邻县的王某，双方约定：由王某负责打捞，残车归王某，车内尸体及现金归张某。随后残车被打捞起来，张某和王某均按约行事。保险公司知悉后，认为张某未经保险公司允许擅自处理实际所有权已转让的残车是违法的，遂成纠纷。

【案情分析】

保险公司推定该车全损，给予车主张某全额赔偿，根据《保险法》第四十四条规定，保险事故发生后，保险人已支付了全部保险金额，并且保险金额等于保险价值的，受损保险标的的全部权利归于保险人。保险公司已取得残车的实际所有权，只是认为地形险要而暂时没有进行打捞。因此，原车主张某未经保险公司同意转让残车是非法的。

保险公司对车主张某进行了全额赔偿，而张某又通过转让残车获得 3500 元的收入，其所获总收入大于总损失，显然不符合财产保险中的损失补偿原则。因此，保险公司追回张某所得额外收入 3500 元，正是保险损失补偿原则的体现。

王某获得的是张某非法转让的残车，但由于他是受张某之托打捞尸体及现金，付出了艰辛的劳动，且获得该车是有偿的，可视为善意取得，保险公司不得请求其归还残车。

8.3　第三者责任险理赔案例分析

1. 售票员无驾驶证配合驾驶员开车出险，保险公司该不该赔付?

【案情介绍】

某日，沈阳市个体客运户张某经营的小型客车，在北京街口跟随另一小型客车排队等候乘客上车时，驾驶员刘某发现点火系统有故障，便调整发动机点火。刘某要求无驾驶证的售票员刘某坐在驾驶座上，踩下离合器踏板并发动汽车。此时发动机盖已经打开，由于驾驶员李某用手牵拉油门拉杆，售票员李某发现油门踏板失去作用，欲站起来。当李某松开离合器踏板时，车辆突然前行，将正好从车辆间穿行的唐某父子二人撞成重伤，造成医疗费用等损失 18000 元。被保险人张某要求保险公司对客车造成的第三者损失给予赔偿。而最终保险公司只向张某赔付了第三者损失的一半，即 9000 元。

【案情分析】

本案实际上是多因一果的情况，应该分清事故的责任，按照被保险人允许的合格驾驶员对事故结果所起的作用大小确定赔偿金额。致使车辆突然前行的原因是售票员李某发动汽车、驾驶员刘某用手拉动油门拉杆、李某松开离合器这三个连贯动作所造成的。因此，事故发生前，并非李某一人在操纵汽车，而是二人共同操纵。售票员李某在事故前的一切行为都是遵照驾驶员刘某的指令所做的，应承担连带责任，造成的损失应根据二人对事故责任的大小来分摊。售票员李某无有效驾驶证，不是被保险人允许的合格驾驶员，其所承担的损失不能由保险公司承担，而刘某是被保险人允许的合格驾驶员，其依法应承担的损失，依据机动车第三者责任险条款的有关规定，保险公司应给予赔偿。因此本案中，保险公司应承担被保险人第三者责任赔偿金 9000 元。

2. 肇事驾驶员逃逸未遂，保险公司该不该赔付？

【案情介绍】

王某系挂靠于某运输公司的个体司机，驾驶中型货车从事长途运输业务。某年初，王某向保险公司投保了责任限额为 5 万元的第三者责任险。同年 3 月，王某驾车撞上了停靠于路边的一辆小货车。事故发生后，王某企图驾车逃逸，但驶出不远就被交警截获。交警扣押了王某及事故车辆，并对现场进行查勘。两周后，交警部门作出处理：事故发生后王某驾车逃逸，严重违反了《道路交通事故处理办法》，应承担本案的全部责任，赔偿被撞小货车修理费 2 万元，并处罚金，吊销驾驶执照。随后，王某就自己对被撞的第三者车辆所承担的损失向保险公司提出索赔。但保险公司认为王某肇事后有逃逸行为，构成了保单规定的免责事由，拒绝赔付。经过多次交涉双方未能达成一致，王某向法院提起了诉讼。法院在审理后作出判决，判令被告保险公司依第三者责任险合同赔付原告王某承担的 2 万元赔偿金。

【案情分析】

王某与保险公司之间的保险合同合法有效，双方均应按照合同行使自己的权利、履行自己的义务。王某由于过失导致事故发生，并承担了相应的经济责任，构成第三者责任险项下的保险事故，保险公司应予以赔偿。第三者责任险保单"责任免除"中笼统地规定了"肇事逃逸"一项，保险公司能否据此免责，不能一概而论，须结合个案作具体分析。就本案而言，王某肇事后有逃逸行为，但未实施完毕即被交警截获，其行为没有造成事故行为的扩大，也没有影响保险公司对现场的勘察或加重保险公司的义务。根据权利义务相平衡的原则，保险公司不能一概拒赔，王某承担的 2 万元赔偿金应由保险公司予以补偿。

第三者责任险是保险人对被保险人给第三方造成的责任所承担的风险。从形式上看是保险公司补偿被保险人对第三者的经济责任。但从这一险种的开办目的上看，保障的却是因被保险人的责任而受到损失的第三人，使其不至于因责任人没有清偿能力而在受到损害后得不到赔偿。本案中法院结合案情，对保单条款做出具体解释，较好地平衡了各方当事人的利益。

3. 紧急避险导致的车损，保险公司该不该赔付？

【案情介绍】

湖北省某市驾驶员刘某为其所有的小客车在某保险公司投保了车辆损失险及第三者责任

险。某天，刘某驾驶小客车在行驶途中，因天冷路滑，在急弯道内侧（占道）处与相对而行的张某驾驶的三轮车交会。为避免相撞，三轮车急转弯，倾覆于公路边沟内，造成三轮车受损以及驾驶员张某受伤。事故发生后，该市交警大队认定刘某负此次事故的全部责任。刘某赔偿张某各项损失共计6000余元，随后，刘某向保险公司索赔，而保险公司则以"两车未发生碰撞"及"紧急避险超过必要限度"为由拒绝赔付，刘某遂向法院提起了诉讼。法院在审理后作出判决，判令被告保险公司依第三者责任险合同对原告刘某进行补偿。

【案情分析】

这是一起因紧急避险问题而引发的第三者责任损失索赔案。本案中三轮车驾驶员张某实施紧急避险行为不是因为自然原因引起的，而是由于被保险人刘某在道路急弯处占据了一定路面，在即将发生碰撞危险时不得已而采取的突发性行为。虽然紧急避险前后被保车辆与三轮车均未碰撞，但是如果张某不采取紧急避险则极有可能造成保险车辆受损和人员伤亡的严重交通事故，故张某的行为属紧急避险行为，所谓的"两车未发生碰撞"及"紧急避险超过必要限度"的说法是站不住脚的。

张某因紧急避险所造成的车损人伤损失应由引起险情的被保险人刘某承担责任。另外，在此次事故中张某应视为第三方，可依据第三者责任方处理。根据机动车第三者责任险相关规定，被保险人在使用保险车辆过程中发生意外事故，致使第三者遭受人身伤亡或财产直接损毁，依法应由被保险人支付的赔偿金额，保险人依照保险合同给予赔偿。因此，保险公司应对被保险人刘某进行赔付。

4. 车辆被盗窃期间出险，该如何赔付？

【案情介绍】

刘某购得一辆夏利轿车自用，并向保险公司投保了车辆损失险和第三者责任险。投保一个月后，夏利轿车被盗。不久，市交警大队通知刘某夏利轿车被盗后在某县与王某驾驶的桑塔纳轿车相撞，刘某的轿车翻下山崖全部报废，窃贼跳车逃跑，桑塔纳轿车被撞坏，司机王某受伤。交警大队认定这起交通事故系窃贼驾驶技术不良所致，窃贼负全部责任，但是窃贼逃跑后一直没有下落。事故发生后，王某要求刘某赔偿经济损失5万元，刘某同时也向保险公司要求赔付夏利轿车全损以及第三者损失。保险公司同意对刘某的轿车全损进行赔偿，但同时表示对造成王某受伤及其桑塔纳轿车损坏的损失，第三者责任险不负赔偿责任。

【案情分析】

《机动车辆保险条款》规定：由于碰撞、倾覆、火灾、爆炸等原因造成保险车辆的损失，保险公司负责赔偿。在保险合同有效期内，保险车辆发生保险事故遭受的全部损失，按保险金额赔偿。本案中，刘某的轿车被盗并由窃贼驾驶该车肇事，致使该轿车翻下山崖并造成全损，符合该条规定的"碰撞倾覆"责任，故保险公司应予以赔偿刘某轿车的全部损失。

但同时《机动车辆保险条款》规定："被保险人或其允许的驾驶人员在使用保险车辆过程中发生意外事故，致使第三者遭受人身伤亡或财产的直接毁损，被保险人依法应当支付的赔偿金额，本公司依照保险合同的规定予以补偿。"本案的交通事故是由窃贼驾驶偷来的夏利轿车与王某的轿车相撞造成的，窃贼既不是《机动车辆保险条款》中规定的被保险人，也不是经被保险人刘某允许的驾驶人员，所以由此造成的第三者损失，第三者责任险不负赔偿责任。

本案窃贼除应被依法追究刑事责任外，还应承担一切经济责任，即赔偿刘某轿车的全损和王某所遭受的经济损失。由于保险公司已经赔偿刘某轿车全损，所以可以从刘某处得到代位求偿权向窃贼追偿。王某的桑塔纳轿车被撞坏的损失在窃贼没有赔付的情况下，应该由刘某投保的交强险承担赔偿责任。

5. 自家车撞了自家车，保险公司该不该赔付？

【案情介绍】

2011 年 12 月，为了方便妻子接送小孩，周先生家里购置了第二辆车。由于操作不熟练，一次妻子在倒车出库的时候，错将油门当刹车，方向也没把握好，撞上了停在旁边的家里的另一辆旧车。造成新车左后大灯毁损、保险杠移位，旧车的右后侧车门凹陷。周先生立即向保险公司报了案，并在第二天来到保险公司的快速处理中心办理理赔。但是保险公司却告知周先生，由于两辆车同在周先生名下，所以这种"自家车"撞"自家车"的事故，保险公司只能就负全责的新车的损失进行理赔，而无责的旧车的损失则属于保险公司的免责范围。周先生随即将保险公司诉至法院，要求保险公司赔偿旧车的损失。法院在审理后作出判决，判令被告保险公司对于原告周先生旧车的损失应当依据第三者责任险予以赔付。

【案情分析】

机动车第三者责任险是指被保险人或其允许的驾驶人员在使用保险车辆过程中发生意外事故，致使第三者遭受人身伤亡或财产直接损毁，依法应当由被保险人承担的经济责任，保险公司负责赔偿。同一人名下在同一公司保险的车辆相互之间发生了事故，此时的"被保险人"与"第三者"应当是相对而言的。本案中，是新车作为被保险车辆，周先生作为被保险人，而此时旧车相对而言成了受损害的第三者。保险公司对于旧车的损失应当依据第三者责任险予以赔付。

第三者责任险的保险范围都强调是"本车人员及被保险人以外的受害人"或"投保人、被保险人、保险人以外的受害者"。但当同一投保人的两辆被保险车辆之间发生交通事故时，此时的"被保险人"与"第三者"是相对而言的，后一辆车的损失是其作为"第三者"的损失，而非其作为"被保险人"的损失。

8.4　全车盗抢险理赔案例分析

1. 对盗抢险的折旧率与免赔率该如何正确理解？

【案情介绍】

张某在保险公司为其所有的一辆价值 9 万元的机动车辆投保了机动车辆保险，附加投保了盗抢险，按照车辆的折旧率 20% 计算，双方约定的保险金额为 7.2 万元，保险期限 1 年。半年后，该车辆丢失，三个月后，保险公司依照《机动车辆保险条款》关于盗抢险赔偿扣 20% 绝对免赔的规定，赔付张某 5.76 万元。而张某认为原保险合同中在盗抢险"保险金额"旁同时注明"赔偿限额"，保险公司合同载明的赔偿限额就是出险时应当赔偿的金额依据，要求保险公司再赔付被扣除的 20% 绝对免赔金额 1.44 万元。

【案情分析】

根据《中华人民共和国保险法》规定：保险金额是指保险人承担赔偿或者给付保险金责任的最高限额。而"赔偿限额"不等于"赔偿金额"，既然为限额，明确为赔偿金额的最上限，而非确定不变的赔偿金额。不存在上述对格式条款的"有两种以上解释"，字义非常明确。因此不能适用上述"……对格式条款有两种以上解释的，应当作出不利于提供格式条款的一方"的原则。

全车盗抢险条款规定对于全车损失，按基本险条款有关规定计算赔偿，并实行20%的绝对免赔率。此外，按照全车盗抢险条款规定："保险金额由保险人与被保险人在投保车辆的实际价值内协商订立。"实际价值是指同类型车辆市场购置价减去该车已使用年限折旧金额后的价格。折旧的标准是按每满一年扣除一年计算，不足一年的部分，不计折旧，折旧率为每年10%。由于该车已购买满两年，因此，在投保时，全车盗抢险的保额应当按照原值扣除两年的折旧20%，这与免赔20%在数字上虽碰巧一致，但内涵是完全不同且无关联的。前者为投保时确定实际价值的折旧比例，后者系为了增强被保险人安全防范意识设立的绝对免赔率，并非同一概念的重复扣除。

2. 车辆停车时丢失，停车场该不该赔偿?

【案情介绍】

2005年2月，张先生驾驶一辆2003年购买的帕杰罗越野车前往朝阳区一家饭店用餐。在交纳了4元钱停车管理费后，张先生将车停在了饭店对面的停车场里。过了一个多小时，用餐完毕的张先生从饭店出来准备驾车离开，却发现自己的帕杰罗已经不翼而飞了，张先生立即拨打了110并联系保险公司。由于此前投保了全车盗抢险，张先生从保险公司得到了34万元的赔偿，但是当时买这辆车的时候花了50多万元，张先生要求停车场赔偿剩余的损失。可是停车场认为他们虽然收取了停车费4元，但是张先生并未把车辆钥匙、行车证交给停车场管理人员，车辆始终在张先生的控制之下，所以双方之间没有形成保管合同关系，因此停车场不应承担赔偿责任。于是张先生将停车场诉至法院，请求法院判令停车场管理公司赔偿损失，法院审理后判决停车场向张先生赔偿损失人民币11万元。

【案情分析】

根据《合同法》第367条规定"保管合同自保管物交付时成立"，停车场在向张先生收取了停车费并出具了盖有其财务公章的北京市停车收费定额专用发票后，保管合同已经成立。张先生是否把车辆钥匙、行车证交给停车场不影响该保管合同的成立。因停车场保管不善，造成张先生车辆丢失，停车场应对此承担损害赔偿责任。保险公司根据保险合同做出的赔付不足以弥补张先生的损失，剩下的部分应由停车场赔偿。

3. 车辆被盗三个月后复得，该如何赔付?

【案情介绍】

某市焦先生购买了一辆夏利轿车，购车费6.8万元，附加费1.5万元。他在某保险公司为该车投保了全车盗抢险，双方约定保险金额为8万元，保险期限为一年。按照该合同中有关盗窃保险条款的规定，如果该机动车被盗，保险公司将按保险金额予以全额赔偿。半年后，夏利轿车被盗，焦先生立即向公安机关和保险公司报了案。3个月后，轿车仍未找到。

焦先生持公安机关的证明向保险公司索赔，保险公司称要向上级公司申报。然而半个月后，焦先生被盗的夏利轿车被公安机关查获，保险公司将轿车取回，同时保险公司认为，既然被盗轿车已经被找回，因轿车被盗而引起的保险赔偿金的问题已不存在，因此焦先生应领回自己的轿车，并承担保险公司为索赔该车所花费的开支。但这时焦先生不愿收回自己丢失的轿车，而要求保险公司按照保险合同支付 8 万元的保险金及利息。多次协商无果，焦先生将保险公司诉至法院。法院审理后判决焦先生的轿车归保险公司所有，保险公司在判决生效后 10 日之内向焦先生赔偿保险金 6.4 万元，并承担本案的诉讼费用。

【案情分析】

这是一起车辆被盗 3 个月后追回，保险公司应该赔付保险金还是还车的案例。被盗车辆被追回，但如果被保险人看到车辆已不值被盗前的价格，一般愿意选择保险公司支付保险金。当时适用的全车盗抢险条款规定："保险人赔偿后，如被盗抢的保险车辆找回，应将该车辆归还被保险人，同时收回相应的赔款。如果被保险人不愿意收回原车，则车辆的所有权益归保险人。"也就是说，被保险人具备要车或者要保险金的优先选择权。因此，焦先生要求保险公司按照保险合同支付保险金是合理的。

焦先生与保险公司订立的保险合同符合法律规定，双方理应遵守。本案中的失窃汽车虽为公安机关查获，但已属于保险合同中约定的"失窃 3 个月以上"的责任范围。故法院判决焦先生的汽车归保险公司所有，保险公司在判决生效后 10 日之内向焦先生赔偿保险金 6.4 万元（计 20% 免赔率），并承担本案的诉讼费用。

4. 丢失车钥匙后车辆被盗，该如何赔付？

【案情介绍】

侯先生购买了一辆客车，在华安北京分公司投保了全车盗抢险。当年 6 月，侯先生丢失了一把原厂车钥匙。7 月，客车被盗。侯先生报案后通知了保险公司，同时提交了另一把原厂车钥匙和两把自配钥匙，并向保险公司索赔。保险公司以侯先生没能提供全部车钥匙为由，拒赔其中 5% 的损失。侯先生将保险公司诉至法院，要求保险公司全额赔偿。法院经审理判决保险公司胜诉。

【案情分析】

双方的分歧主要是对保险合同"未能提供车钥匙，增加 5% 的免赔率"这一条款的理解。保险公司认为，车辆配备两把原厂车钥匙，侯先生只提供了一把，未能提供全部车钥匙，符合免赔规定，因此增加 5% 的免赔率。而侯先生则认为"未能提供车钥匙"应该理解为一把都没提供，合同没有要求提供全部车钥匙。

双方对合同条款有争议的，应当按照合同的目的、交易习惯以及诚实信用原则，确定条款的真实意思。本案中，仅从文意表述上不能确定应提供车钥匙的数量，所以应按照双方订立此条款的目的进行解释。车钥匙的失控必然会增加投保车辆被盗的风险，增加 5% 的免赔率即是为防范这个风险。因此，"被保险人未能提供车钥匙"应理解为侯先生在索赔时提供全部车钥匙。因此法院判决认为，钥匙丢失增加了车辆丢失风险，保险公司的处理并无不妥。

5. 车辆被熟人盗窃，保险公司该不该赔付？

【案情介绍】

某公司经理文先生购买了一辆奥迪轿车，随即向当地某保险公司投保了车辆损失险及附加盗抢险，保险金额为 45 万元，保险期限为 1 年。保险期间内的一天晚上，文先生陪同客户吃饭，并喝了点酒，饭后欲驾车回家，客户之一的赵某主动提出他有驾驶证，可以为文先生驾车护送其回家。赵某驾驶奥迪轿车送文先生到其住处，文先生刚一下车，赵某就趁其不备将车开走。文先生拦截一辆出租车追赶，但没能追上。当天晚上文先生就向当地派出所报了案，派出所立案审查后，对赵某作出收审决定，并先后两次派警员前往赵某居住地逮捕赵某，但赵某已潜逃外地，收审无法进行。3 个月后，公安机关正式出具了机动车丢失证明，证明文先生的奥迪轿车已于 3 个月前在其住所附近被人抢夺，至今尚未侦破结案。文先生拿着保险公司的保险单和公安机关出具的丢车证明，要求保险公司赔偿。但是保险公司作出了拒赔决定，文先生随即向法院起诉要求保险公司依据盗抢险合同进行赔偿。法院经审理后作出判决，判令保险公司赔偿原告 36 万元。

【案情分析】

保险公司认为根据当时适用的《机动车辆保险条款》，文先生的车并未全车失窃。全车失窃是指保险车辆在停放过程中被他人偷走或在行驶过程中被盗匪抢走。本案中，被保险人车主文先生是亲自将车钥匙交给赵某后由其开走的，不符合全车失窃规定的要件，因此作出了拒赔决定。

文先生认为车主作为投保人和被保险人已履行了应尽的义务，公安机关已排除了他与抢夺人共同故意行为的可能性，被抢夺的车辆属于保险责任范围内。未经车主本人同意而抢夺车辆也是盗窃的一种方式，保险公司应该赔付。

法院经审理认为原告文先生投保的车辆被他人非法占有，车辆已脱离原先控制，应视为车辆全车失窃，因此作出判决，判令保险公司赔偿原告全额保险金 36 万元（计 20% 免赔率）。

8.5 自燃损失险理赔案例分析

1. 车辆起火烧毁，车损险拒赔

【案情介绍】

王某于 2014 年 7 月 24 日新买了一辆奥迪 A6 轿车，并于当天到某保险公司投保了车辆损失险和第三者责任险两项主要险种，但未投保自燃损失险。在保险期间内的某一天，王某开车送孩子上学，车至校门口，车头引擎盖四周突然冒出浓烟。王某赶紧关掉点火开关跑下车，在旁人帮助下打开引擎盖，用学校大厅存放的灭火器喷射灭火。事故发生后，消防部门出具《火灾原因认定书》认定，起火原因不明。事后王某修理轿车花费了 115072 元修理费以及其他各项费用 36000 元，在向保险公司索赔时，保险公司以"起火原因不明"为由拒绝理赔。随后王某将保险公司诉至法院，要求保险公司赔付上述费用。法院在审理后作出判决，驳回了王某的诉讼请求。

【案情分析】

虽然车辆损失险的保险责任包括火灾所造成被保险机动车的损失，但是车辆损失险的责任免除中也明确包括了自燃以及不明原因火灾造成的损失，保险人不负责赔偿的条款。王某虽然投保了车辆损失险，但此次火灾事故消防部门认定起火原因不明，因此保险公司不负责赔偿。此类事故想查明火灾原因获得赔偿，举证很难。除非当时投保有特殊约定把自燃损失险包括在内，或者直接投保自燃损失险，否则索赔很难成功。

2. 外来火灾原因不明，保险公司该不该赔付？

【案情介绍】

李某以 25 万元的价格购买了一辆货车用于经营。李某随即与某保险公司签订一份机动车辆保险合同，根据合同约定，保险车辆在使用过程中，因"碰撞、倾覆、火灾、爆炸"等原因造成车辆损失的，保险公司负责赔偿。而保险车辆因"自燃以及不明原因产生火灾"造成车辆损失的，保险公司不负责赔偿。合同签订后，原告李某按约缴纳了保险费，合同有效期为一年。

保险期间内某天，李某的货车在某市场内发生火灾，车辆被毁。火灾发生后，当地公安消防部门在火灾原因认定书中认为"火灾原因不明"，李某不服。上级公安消防部门对火灾原因重新进行认定，最终认定："维持当地公安消防部门《火灾原因认定书》的认定结论，即该火灾起火点位于北数第一辆车(李某的货车)与第二辆车中间立柱东侧地面上，起火原因不明。"李某持该认定书向保险公司索赔，保险公司认为该火灾属不明原因产生的火灾，按保险合同的约定属免赔责任。李某遂将保险公司诉至法院。法院在审理后作出判决，判令被告保险公司承担赔偿责任。

【案情分析】

原告李某的保险车辆在市场内发生火灾后，当地公安消防部门出具的火灾原因认定书对火灾原因认定为"火灾原因不明"，而上一级公安消防部门在火灾原因重新认定决定书中重新认定为："维持当地公安消防部门做出的《火灾原因认定书》的认定结论，即该火灾起火点位于北数第一辆车(原告被毁车辆)与第二辆车中间立柱东侧地面上，起火原因不明。"从最终的火灾原因认定书中可以看出，"火灾原因不明"是该火灾的起火点起火原因不明。

中国保监委关于《机动车辆保险条款解释》中规定："火灾"指在时间或空间上失去控制的燃烧所造成的灾害，这里指车辆本身以外的火源以及基本险第一条所列的保险事故造成的燃烧导致保险车辆的损失。"自燃以及不明原因产生火灾"是指保险车辆发生自燃和保险车辆因不明原因产生火灾而造成的损失，保险人不负责赔偿。从以上的规定中不难看出，保险车辆由于本身以外的火源造成保险车辆损失的，保险公司应承担赔偿责任。反之，如果保险车辆发生自燃和保险车辆本身因不明原因产生火灾而造成的损失，保险公司是不承担赔偿责任的。

结合本案实际情况综合分析，原告李某车辆受损的原因是由于在两辆车之间有一不明原因起火点起火，导致保险车辆受损，而并非保险车辆本身因不明原因起火造成损失的。所以，根据原、被告双方签订的车辆保险合同的约定，本次事故是由于车辆本身以外的火源造成保险车辆受损的，保险公司应承担赔偿责任。

3. 点火照明致车辆烧毁，保险公司该不该赔付？

【案情介绍】

某市政府购置了一辆公务小客车，一直在当地某保险公司参加保险，并由驾驶员陈某负责其日常维护保养。由于陈某精心维护，几年来从未出现大的事故。对于车辆经常出现的小故障，陈某凭着对该车的熟悉，一般都能自己动手解决。某天，陈某外出时车辆意外抛锚，因天色已晚陈某急于赶路，便下车打开发动机前舱盖检查。他隐约闻到一股燃油味，但看不清来自何处，遂从兜里摸出打火机照明。突然，一股火苗从发动机下部窜起，迅速蔓延全车。陈某虽奋力抢救，但车辆最终被全部烧毁。事后经当地消防中队认定，系车辆供油管道渗漏遇外来火源起火。事故发生后，保险公司内部就此案该不该赔付产生了分歧意见。

【案情分析】

本案中陈某怀疑车辆供油系统渗漏，为了防止出现更大的事故，急于强行检修。但他忽视了应远避火源的原则，反而用明火照明，这是引起火灾的主要原因。无疑陈某对起火负有严重过失责任。但严重过失并不是保险的除外责任。本起事故应属于保险责任中的"火灾"，保险公司应按照保险合同的规定予以赔偿。

在《机动车辆保险条款》中，被保险人及驾驶员的故意行为所致的保险事故和损失被列为保险人的责任免除。但"故意"行为与被保险人的"过失"是两种完全不同的心理状态。由于被保险人或驾驶员的过失而引起的保险事故，保险人均应当依据保险合同的规定予以赔偿。

4. 车辆自燃能否获得双份赔偿？

【案情介绍】

2005 年 11 月 25 日，吕某为其所有的一辆别克轿车在某保险公司投保了车辆损失险、自燃损失险等险种，其中自燃损失险的保险金额为 12 万元，保险期限自 2005 年 11 月 25 日零时起至 2006 年 11 月 24 日 24 时止。2006 年 1 月 29 日 18 时许，吕某驾驶别克轿车行驶至110 国道顺义天竺路口北 500 米处，车辆突然起火。吕某随即拨通火警电话，并向保险公司通报了出险情况，同时进行了扑救。此次事故造成别克轿车全损，经北京市顺义区公安消防支队认定，起火原因是由于发动机电线短路所致。事后，车辆经销商赔偿了吕某全部损失，吕某认为车辆投保了自燃损失险，保险公司也应该赔偿其损失，便向其提出索赔，但遭到了保险公司的拒绝。故吕某起诉至法院，要求被告保险公司赔偿车辆自燃险保险金 12 万元。北京市东城区人民法院依法审理了此案，判决驳回了原告吕某的诉讼请求。

【案情分析】

被告保险公司提出原告吕某已于 2006 年 4 月 20 日在北京市顺义区人民法院起诉了投保车辆经销商。根据达成的调解协议，车辆经销商已向吕先生赔偿了别克凯越黑色轿车一辆。因此，原告的损失已实际得到了补偿，故不同意原告吕某要求被告保险公司赔偿车辆自燃险保险金 12 万元的诉讼请求。

在财产保险法律关系中，应贯彻损失补偿原则，任何人不得谋求与补偿不相容的利益，包括被保险人不能谋求超过保险项下损失的利益，以及保险人谋求阻碍被保险人获得足额补偿的利益。保险损失补偿原则的目的是在被保险人遭到损失后，由保险人依约补偿，使之恢复到损失发生前的经济状况，但禁止被保险人获得补偿外的利益，这正是禁止不当得利原则在保险制度中的体现。

8.6　驾驶员资格问题理赔案例分析

1. 驾照未年审出险，保险公司该不该赔付？

【案情介绍】

2011 年 11 月份，舒城县的张某驾车撞上了另外一辆停在路边的车，导致两车损坏，车上人员受轻伤。事后，张某支付了两车的修理费以及人员的医药费共计近 4 万余元。当张某拿着费用单据到保险公司要求理赔的时候，保险公司却答复只能在交强险内赔付部分损失，理由是事故发生时，张某的驾驶证没有及时年审，已过有效期。原来张某所持有的驾照已逾期近一个月没有及时年审更换，张某认为自己没有及时年审换证，又不是因为违法被吊销驾驶证，保险公司应该赔偿全部损失，便将保险公司诉至法院。法院依法审理并判决保险公司给付张某交强险及商业险理赔款 3.5 万元。

【案情分析】

保险公司认为双方间的商业险合同条款中明确注明"驾驶证有效期已届满"属于免赔范围，且国家规定的《机动车驾驶证申请和使用规定》上也明确表示，驾驶证应按照规定审验和换发，所以商业险部分公司不予赔偿。

事故发生时，张某的驾驶证虽然已届满没有及时更换，但并不意味着驾驶证就此失效或作废。另外，《机动车驾驶证申请和使用规定》属于管理性规定，违反该规定也不必然导致机动车驾驶证被注销。因此保险公司不能以双方所签订的保险合同条款中"驾驶证有效期已届满"为拒赔理由。

2. 学员驾考出事故，保险公司该不该赔付？

【案情介绍】

某驾驶培训学校的学员驾驶该驾校的教练车进行考试，因操作不当与在候考区等候考试的郑某发生碰撞，造成郑某受伤。郑某被送往医院抢救治疗，随后司法鉴定认定郑某的伤残等级为八级。事故发生后，公安局交通警察大队对此次交通事故作出认定：驾校的学员承担此次事故的全部责任，郑某无责任。肇事车辆属于驾驶培训公司所有，该车已向保险公司投保了机动车交通事故责任强制保险。关于这起学员学车交通事故，保险公司内部就是否应在交强险责任限额内予以赔偿的问题，产生了分歧意见。

【案情分析】

交通事故发生后，伤者需要抢救的，不论被保险人的责任大小，接到交警部门的通知和医院的清单，保险公司就要在医疗费用赔偿限额内垫付抢救费用。如果被保险人无责任的，也要在无责任医疗费用赔偿限额内垫付抢救费用。只有在条例规定的无证、醉驾、盗抢车辆、被保险人故意制造事故四种情形下，为了保护保险公司的利益，惩治违法的侵权人，才规定保险公司对垫付的抢救费用，有权向致害人追偿。不存在这四种情况的，保险公司不享有抢救费用的追偿权。

《机动车交通事故责任强制保险条例》规定：交通事故造成本车人员、被保险人损害和受害人故意造成道路交通事故损失，是保险公司对交通事故人身伤亡唯一的免赔条件，并没有规定未取得驾驶资格发生交通事故可免除保险公司对人身伤亡的理赔义务。保险公司承保的涉案车辆的使用价值在于让未取得驾驶资格的学员通过学习获得合格的驾驶资格。因此，作为学员在学习过程中无证驾驶车辆为一种必然现象，这是一般人所能够知晓的常识。保险公司作为专业的风险经营者，更应该知道承保的教练车必然存在上述情形，而保险公司在明知存在上述情况下，仍然作出承保的决定，且未在交强险保险合同中对此作出特别约定，应视为其放弃对学员在学习过程中无证驾驶致人损害免责的抗辩。

因此，学员在学习驾驶中有道路交通安全违法行为或者造成交通事故的，保险公司应在交强险责任限额内承担赔偿责任。

3. 驾考合格但驾驶证未发出险，保险公司该不该赔付？

【案情介绍】

某日，江西省抚州市李某参加驾驶员执照考试，理论和驾车考试均通过，B型执照待交警支队发放。次日上午，李某驾驶自购的大货车前往广东，途经某地因一妇女突然横穿公路，加之李某车速快、判断失误，将妇女撞成重伤，货车翻车，损失惨重。出险后，李某立即向保险公司报案。保险公司派业务人员前往现场调查取证，要求李某出示驾驶证，李某称驾驶证在交警支队。保险公司业务人员马上驱车前往交警支队调查，查明李某考试合格属实，但驾驶证还未填好，未发放。事故发生后，交警队认定李某负事故的全部责任，并经调解赔偿伤者医疗费4万余元，车损2万多元自负。李某随后到保险公司索赔，保险公司最后作出了拒赔的决定。

【案情分析】

本案例的焦点问题是判别李某的驾驶资格是否成立的问题。当时的《机动车辆保险条款》在责任免除规定时强调"饮酒、吸毒、药物麻醉、无有效驾驶证"为除外责任，并在相应的条款解释时规定下述情形为无有效驾驶证：①没有驾驶证。②驾驶与驾驶证准驾车型不相符合的车辆。③持军队或武警部队驾驶证驾驶地方车辆，持地方驾驶证驾驶军队或武警部队车辆。④持学习驾驶证学习驾车时，无教练员随车指导，或不按指定时间、路线学习驾车。⑤实习期驾驶大型客车、电车、起重车和带挂车的汽车时，无正式驾驶员并坐监督指导。⑥实习期驾驶执行任务的警车、消防车、工程救险车、救护车和载运危险品的车辆。⑦持学习驾驶证及实习期在高速公路上驾车。⑧驾驶员持审验不合格的驾驶证。⑨使用各种专用机械车、特种车的人员无国家有关部门核发的有效操作证。⑩公安交通管理部门规定的其他属于无有效驾驶证的情况。

根据《中华人民共和国道路交通管理条例》的规定："机动车驾驶员，必须经过车辆管理机关考试合格，领取驾驶证，方准驾驶车辆。"

综上，李某虽考试合格，但未领取驾驶证。在这种情况下，驾驶车辆应按无证驾车论处，属于上述责任免除条款中规定的无有效驾驶证中的无驾驶证情形。最后，本案采纳了上述第二种意见，保险人拒绝赔付李某此次事故损失。

4. "准驾不符"出险，保险公司该如何赔付？

【案情介绍】

2008 年张某私人购买了一台中型客车载客营运，挂靠于湖南省桂阳县交通运输服务中心。从 2009 年起到 2013 年一直在中国人民财产保险股份有限公司桂阳支公司购买交强险和其他保险。张某持有驾驶证和行驶证，其驾驶证为 B2 驾照，其中型客车要求 B1 驾照。2011 年 9 月 8 日，张某驾驶中型客车与受害人朱某驾驶的二轮摩托车在桂阳县拱极广场相撞，造成两车受损和朱某当场死亡的交通事故。桂阳县公安局交通警察大队对事故现场进行了勘查并作出了责任认定，认为张某与朱某负事故的同等责任。对于朱某的死亡赔偿损失，经郴州市劳动仲裁委员会调解，由张某一次性赔偿对朱某的各项损失 26 万余元，实际已支付 11 万余元，双方今后互不追究。朱某因交通事故死亡，其亲属向法院提起诉讼，要求中国人民保险集团股份有限公司桂阳支公司在交强险限额内支付损失费。法院判决中国人民保险集团股份有限公司桂阳支公司赔偿朱某亲属各项损失 11 万元。判决生效后，中国人民保险集团股份有限公司桂阳支公司支付了赔偿款，但认为交通事故发生时，张某开车系准驾不符，可视为无证驾驶，可向张某追偿。

【案情分析】

第一，驾驶的车辆与驾驶证规定的准驾车型不符可认定为无证驾驶。根据《中华人民共和国道路交通安全法》规定：驾驶人应当按照驾驶证载明的准驾车型驾驶机动车。同时，相关法规规定：驾驶与驾驶证准驾车型不符的机动车，在性质上应当属于无证驾驶；在适用处罚上，依据过罚相当的原则，可以按照未取得驾驶证而驾驶机动车的处罚规定适当从轻处罚。本案中，张某虽然取得了准驾车型为 B1 的机动车驾驶证，但 B2 准驾车型中不包括 B1 涵盖的中型普通客车，故张某违反了《道路交通安全法》规定。因此，对于驾驶与驾驶证准驾车型不符的机动车的行为，视为驾驶人未取得相应的驾驶资格。

第二，对准驾不符的情况，保险公司依法应在交强险责任限额范围内承担人身伤亡的赔偿责任。被保险车辆因交通事故造成本车人员、被保险人以外的受害人人身伤亡、财产损失的，受害人可依法要求保险公司在交通事故责任强制保险限额内直接向其作出赔偿，除受害人故意情形下，保险公司都应当在交强险限额内对受害人予以赔偿。本案中，受害人的人身损害部分在交强险限额内可直接要求保险公司承担赔偿责任。

第三，驾照与车型不符，保险公司赔偿后有权向驾驶司机追偿。依据现行法律规定，准驾不符应认定为无证驾驶。本案中，张某实际驾驶车辆与所持驾驶证载明的准驾车型不符而驾驶机动车发生交通事故致人死亡，属"未取得驾驶资格"驾驶机动车。本案中，驾驶人驾驶机动车，应当依法取得机动车驾驶证。驾驶人应当按照驾驶证载明的准驾车型驾驶机动车，未取得驾驶资格驾驶机动车致人损害的，保险公司向受害人垫付抢救费用后，有权向致害人追偿。

5. 驾驶员无从业资格证出险，保险公司该不该赔付？

【案情介绍】

王某驾驶重型专项作业车，在行驶过程中与薛某驾驶的小型普通客车相碰撞，致该车乘坐人吴某受伤后死亡，交警部门作出事故认定书认定：王某应负本起事故的主要责任，薛某应负本起事故的次要责任，吴某无责任。陈某系重型专项作业车的实际车主，王某系陈某雇佣的驾驶员。陈某为重型专项作业车向某保险分公司投保了交强险和赔偿限额为 50 万元的商业三责险。王某持有准驾车型为 A2 的机动车驾驶证，但未有证据证明王某持有相关专项作业车的从业资格证。吴某的亲属程某起诉至法院，要求陈某、王某与某保险公司三被告共同赔偿其因近亲属吴某交通事故死亡引起的各项损失 206497.90 元。

江苏省盐城市亭湖区人民法院经审理判决：一、某保险公司在交强险限额内赔偿程某因其近亲属吴某交通事故死亡所引起的各项损失人民币 111500 元。二、某保险公司在商业三责险限额内赔偿程某因其近亲属吴某交通事故死亡所引起的各项损失人民币 76723.47 元。三、陈某赔偿程某因其近亲属吴某交通事故死亡所引起的各项损失人民币 13539.43 元，扣除王某垫付款人民币 9000 元，陈某赔偿程某因其近亲属吴某交通事故死亡所引起的各项损失人民币 4539.43 元。四、王某对陈某上述赔偿程某的款项负连带责任。

某保险公司不服此判决，上诉称：按照合同约定，无从业资格证就不存在在商业三责险范围内赔偿的问题。此外，商业三责险在本案中一并处理系适用法律不当，请求二审法院撤销一审判决第二、第三项内容，改判上诉人在商业三责险范围内不承担赔偿责任。

盐城中院终审判决：驳回保险公司的上诉，维持原判。

【案情分析】

肇事车辆驾驶员王某持有准驾车型为 A2 的机动车驾驶证，表明王某具有驾驶员资格，其无从业资格证并不代表其失去了驾驶车辆的资格，也未有证据证实无从业资格证即显著增加了承保车辆运行的危险程度。保险公司与投保人陈某订立的商业三责险合同，采用的是保险公司提供的格式条款，该格式条款中关于无相关从业资格证、许可证等证书即可免除保险人在商业三责险中赔偿责任的规定，系免除保险人依法应承担的义务并加重投保人、被保险人责任的免责条款，应当认定无效。《保险法》第六十五条第二款规定，责任保险的被保险人给第三者造成损害，被保险人对第三者应负的赔偿责任确定的，根据被保险人的请求，保险人应当直接向该第三者赔偿保险金。一审法院将商业三责险在本案中一并处理，减轻了当事人的诉累，并无不当。

6. 持部队驾照驾驶地方车辆出险，保险公司该不该赔付？

【案情介绍】

武警驾驶员何某驾驶地方单位的桑塔纳轿车（系保险车辆）自兰州驶往白银。当车行至国道 109 线某处，该车从右侧路面外飞出，撞在路外的土山上，车辆翻在路面，造成大面积损坏及变形。车上三名乘坐人员和驾驶员何某不同程度受伤。此事故经当地交警部门责任认定何某负事故全部责任，而对何某所持有的武警驾驶证是否为有效驾驶证，并未作出认定。事故处理完毕后，车辆投保单位持交警部门出具的责任认定书和武警驾驶员何某的驾驶证等相关手续到承保的保险公司要求索赔。保险公司依"无有效驾驶执照"的责任免除规定，拒绝赔付被保险人的事故损失。

【案情分析】

《机动车辆保险条款》明确规定，无有效驾驶证为除外责任，且此条款已背书在车辆投保单和保险单之后。《关于机动车辆保险条款解释》规定被保险人允许的合格驾驶员有两层含义：其一是指被保险人允许的驾驶员；其二是合格驾驶员必须持有效驾驶执照。只有两个条件同时具备的驾驶员在使用保险车辆发生保险事故造成损失时,保险人才予以赔偿。又明确了车辆损失和第三者责任险共同的责任免除,其中规定:"对持军队或武警部队驾驶证驾驶地方车辆者,视为无有效驾驶证。"何某作为武警驾驶员,持武警驾驶证驾驶地方车辆,根据上述规定,明显属于无有效驾驶证。因此保险公司依"无有效驾驶执照"的责任免除规定,拒绝赔付被保险人的事故损失。

8.7　保险单证相关理赔案例分析

1. 条款变更未通知,保险公司被判赔付

【案情介绍】

王某为其所有的车辆向某保险公司投保了车辆损失险,保险期限为 1 年。同年 8 月王某驾驶车辆发生交通事故,造成车辆损坏。王某随即向保险公司索赔,在领取赔款时,发现在条款规定之外又被扣除了 10% 的免赔额。保险公司解释是因为当地保险主管部门发文规定:对于持实习驾驶证肇事者,要在现行条款的按责任扣除免赔基础上加扣 10%。但在投保单上均未出现上述规定的特别约定,王某便向当地法院起诉,要求保险公司赔偿被额外扣除的 10% 的免赔额。法院经审理后判令被告保险公司补偿原告王某额外扣除的 10% 的免赔额。

【案情分析】

根据《保险法》第十七条的规定:"订立保险合同,保险人应当向投保人说明保险合同的条款内容,并可以就保险标的或者被保险人的有关情况提出询问,投保人应当如实告知。"根据《保险法》第五条的规定:"保险活动当事人行使权利、履行义务应当遵循诚实信用原则。"保险公司对此案例的处理表明其违反了诚实信用原则,被保险人被剥夺了知悉权,有失合同的公平性。

如果保险公司的某些规定,如本案中接到当地保险主管部门发文规定:对于持实习驾驶证肇事者,要在现行条款的按责任扣除免赔基础上加扣 10%,是在投保行为结束之后的保险有效期内生效的,根据《保险法》第二十一条的规定:"在保险合同有效期内,投保人和保险人经协商同意,可以变更保险合同的有关内容。变更保险合同的,应当由保险人在原保险单或者其他保险凭证上批注或者附贴批单,或者由投保人和保险人订立变更的书面协议。"保险公司就应当书面通知被保险人,必要时还应在原保险合同上加以批改,并经投保人确认,才算尽到了承保工作应尽的职责。因此,本案中在被保险人不知悉有关新规定的情况下,是不可以免赔的。

在投保过程中,如果投保人填写了投保单之后,保险公司核保后,在投保单的特别约定栏目内增加了原投保单以外的新内容,就必须将增加了新内容的投保单重新交给投保人并加以确认接受,合同才是成立有效的。特别要强调的是不可疏忽投保人的重新确认这一行为,而在实际操作中当事人双方却容易疏忽这一点,以致日后产生纠纷。这需要引起保险公司和投保人双方的关注,准确体现保险合同的公平性。

2. 代理人开具假保单，保险公司该不该赔付？

【案情介绍】

灵山客运中心一辆汽车在北京门头沟路 326 路西辛房站西倒车时，将行人赵某撞倒受伤。因该车已在某保险公司投保了全部险种的车辆保险，灵山客运中心在赔偿了行人赵某损失后，持投保车辆的保单等材料到设在门头沟的保险业务代理处要求赔偿，保险公司代理人唐某收取了相关材料，口头承诺予以赔偿，但一直不兑现。灵山客运中心无奈将保险公司诉至法院，要求保险公司赔偿经济损失 71741 元。而被告保险公司称其与原告灵山客运中心之间并无真实保险合同。保险公司代理人唐某因涉嫌诈骗被北京市公安局依法逮捕。唐某承认交给灵山客运中心的保单是他擅自印制的，加盖的公章也是擅自刻制的，且收取灵山客运中心的保险费未出具收据，该笔费用已用于个人消费。故保险公司不同意原告的诉讼请求。法院最后判决：灵山客运中心诉讼请求合理，应予以支持。被告某保险公司全额赔偿原告北京市灵山客运中心的事故损失，即向原告支付 71741 元。

【案情分析】

保险公司与代理人直接存有代理关系。代理人以被代理中国人民保险集团股份有限公司险公司的名义所出具的保单内容，未超出代理协议约定的范围，故代理人基于代理权限所实施行为的后果应由保险公司承担。

投保人灵山客运中心在以前就曾在保险人处投过此类保险，此保险合同属再次投保，其有理由相信保单是真实的，其投保行为应受到法律保护。因为保险业务代理处有固定场所并挂牌经营，投保人再次办理保险手续是由代理机构的工作人员在营业场所具体实施完成，投保人无法定义务了解工作人员的有关情况。灵山客运中心对该保单的真伪性并不承担核实责任。在此保险单为凭，可证明投保行为已实施完成。

作为保险公司应预见到以兼业保险代理人办保险业务的方法拓展市场所带来的风险。在庭审过程中，保险公司所出示证据不能够证明投保人和犯罪嫌疑人有恶意串通骗保行为。保险公司对代理机构监管不力，致使唐某能够利用工作之便骗取钱款，即使唐某未将保险费交给公司，保险公司也应对代理行为后果承担保险责任。

3. 单独投保附加险，保险公司该不该赔付？

【案情介绍】

张某在为其新购买的一辆面包车投保汽车保险时，保险公司的业务员称面包车价值较低，建议他只投保第三者责任险和盗抢险即可，不必投保车辆损失险。张某便与保险公司签订了投保第三者责任险和车辆盗抢险的保险合同。2010 年 10 月 6 日张某将面包车停放在自家楼前一辆桑塔纳旁。当晚，桑塔纳轿车起火引燃了张某的面包车。张某以此向保险公司提出索赔，而保险公司以张某只投保了第三者责任险和盗抢险而未投保车损险为由拒绝赔付。张某认为自己投保的险种是保险公司的业务员帮助选定的，没有投保车辆损失险，是听从保险公司业务员的指导做出的决定，对此保险公司应当负责，便将保险公司诉至法院。法院在审理后判决保险公司应承担赔偿责任。

【案情分析】

张某与保险公司签订的投保第三者责任险和盗抢险的保险合同是无效的保险合同，此合同无效是由保险人过错导致，保险人应承担损害赔偿责任。

首先，"附加险不能独立保险"是保险合同无效的原因。根据保险监管机关颁布的《机动车辆保险条款》的规定，车辆保险分为基本险和附加险，但附加险不能独立保险。基本险分为车辆损失险和第三者责任险，附加险包括盗抢险等。盗抢险作为车辆损失险的附加险，应在投保车损险的基础上方可投保。而本案中保险标的投保的是第三者责任险和车辆盗抢险，保险人在没有承保车损险的基础上就承保了车辆盗抢险，明显违反了车险条款的规定，缺少车辆保险合同的生效要件，应为无效保险合同。

同时，保险人违反《合同法》上的先合同义务是承担损害赔偿责任的法律依据。根据《合同法》规定，过错方违反诚信原则，即合同法上的先合同义务而导致合同无效的，应当承担损害赔偿责任。结合本案，正是由于保险公司业务员的过错而导致保险合同无效，故保险公司应承担损害赔偿责任。

4. 代理人出错少收保费，保险公司该如何赔付？

【案情介绍】

某建筑公司为一辆奔驰轿车向江苏省盐城市郊区某保险代办处投保了机动车辆保险。承保时，保险代理人误将该车以国产车计收保费，少收保费 482 元。保险公司发现这一情况后，遂通知投保人补缴保费，但遭拒绝。无奈下，保险公司单方面向投保人出具了保险批单，批注："如果出险，我司按比例赔偿。"合同有效期内，该奔驰轿车不幸出险，投保人向保险公司申请全额赔偿，但保险公司只同意按比例赔偿，遂引发纠纷。

【案情分析】

本案所产生的纠纷是因为保险代理人工作失误所导致的，保险公司应该按全额赔偿，理由有四个方面：第一，最大诚信原则使然。保险合同是最大诚信合同，如实告知、弃权、禁止反言系保险最大诚信原则的内容。保险公司单方面出具批单的反悔行为是违反禁止反言的，违背了最大诚信原则，不具法律效力。第二，保险公司单方面出具保险批单不影响合同的履行。法理上，生效合同只有双方在其中重要问题上均犯有同样错误才影响其法律效力。本案中保险代理人错用费率系单方错误，不影响合同效力。第三，该合同自始至终具有法律约束力。第四，保险公司不得因代理人承保错误推卸赔偿责任。

保险费率是保险代理人在业务操作时所必须准确掌握的，保险代理人有准确适用费率的义务。法律上，保险公司少收保费的损失应当由有过错的保险代理人承担，不能因投保人少交保险费而按比例赔偿。保险公司在收取补偿保费无果的情况下，只能按照奔驰进口车的全额给付，而不是按比例赔付。

5. 车辆转卖未办理批改手续，保险公司该不该赔付？

【案情介绍】

某年 3 月，陈某将其私有的一辆东风牌汽车向其所在地的某保险公司投保了车辆损失险和第三者责任险，总保险金额为 11 万元，保险期限为 1 年。同年 11 月，陈某将该车卖给个体运输户李某。过户后，陈某委托李某到保险公司办理批改手续，保险公司经办人找到该车保险单存根后，给李某办了保险证。同年 12 月该车出险，造成车辆损失和第三者人身伤害，经济损失达 1.98 万元。李某遂向保险公司提出索赔。保险公司在处理此案时，发现李某未办理过户批改手续，以此为由拒绝全额赔付损失，但考虑到李某不存在骗取保险金的图谋，愿通融赔付其经济损失5000元。李某不服，以拥有的保险证为根据，起诉到法院。法院审理后判决保险公司不承担任何责任。

【案情分析】

本案的焦点是陈某未依法律程序转让保险合同，由于没有办理合同过户批改手续，该保险合同的转让是无效的，保险公司有权拒绝赔付。理由如下：第一，该保险合同的客体已随投保人陈某的出售而自动消失，此保险合同因缺少客体而没有法律效力。第二，陈某在出售保险标的时，要是该合同继续有效，必须事先以书面形式通知保险人，经保险人同意，并对保单签订批注后方才有效。否则，保险合同从保险标的的所有权转移时即行终止。第三，陈某作为该车的投保方，未在出售该车给李某前书面通知保险公司，其行为已构成违约。因此，从陈某向李某出售该车起，保险公司对该车的保险责任也就终止了，无论是陈某还是李某均无权向保险公司要求给付赔偿。第四，保险公司工作人员在给李某补办保险证时，保险公司对该车的保险责任早已在陈某向李某出售该车时终止了。也就是说，保险公司对该车的保险责任终止在前，李某补办保险证在后。

所以，即使保险公司工作人员在为李某补办保险证的过程中有过错，也不能因此而认定保险公司应对该车继续承担保险责任。

6. 违反特别约定，保险公司该不该赔付？

【案情介绍】

赵某为其新买的奥迪轿车向某财产保险公司投保了车辆保险，保险金额34万元。因为新车还没有领取牌照，投保时投保单上没有填写牌照号码。保险公司在保险单正本"特别约定"一栏中盖上了红色长方形图章，其内容是"领取牌照三日内通知保险公司，过期不负保险责任"。但赵某从交警部门领取牌照后一直没有通知保险公司。后来，该车在保险期限内发生保险事故，损失金额为人民币20万元，赵某依保险单向保险公司索赔。保险公司认为赵某违反了"特别约定"中的义务，做出了拒绝赔偿的决定。赵某不服，向法院起诉，法院审理后判决赵某败诉。

【案情分析】

本案中保单载明的"特别约定"是合同的要件，是合同的基础。如果投保人违反该约定，保险人可以宣布保险合同自始无效。保险人之所以约定该项内容，其原因是保险车辆应当具有合法的手续，如果没有牌照号码，被保险人和其他人员有可能利用该保单进行欺诈，将别的车辆冒充保险车辆来索赔。机动车辆保险条款也有类似规定：保险车辆必须有交通管理部门核发的行驶证和号牌，并经检验合格，否则保险单无效。

赵某履行"特别约定"的义务是轻而易举的，在公安机关核发牌照后给保险公司打电话提交牌照号码，或者开车到保险公司说明，对赵某而言都不是件困难的事。由于赵某没有认真阅读和学习保单规定的义务，痛失保险赔款。其教训应为广大投保人和被保险人吸取。

思考题

1. 四川省金堂县王某花费20000元买了一辆二手面包车，并向保险公司投保了车辆损失险，保险金额为 2 万元。在保险期限内，该面包车发生事故，车辆受损，造成经济损失 13332 元。王某向保险公司索赔全部损失，保险公司认为这辆二手车没有按照新车购置价 40000 元进行足额投保，所以只能赔付车损的一半。而王某认为自己购买的二手车当时的实际价值只有 20000 元，是足额投保，保险公司应当在 20000 元车损保险金额内进行赔付，便起诉到法院。金堂县人民法院一审判决保险公司如数赔偿王某车损 13332 元。请对法院的判决结果进行分析。

2. 某单位的一辆桑塔纳轿车在某保险公司投保了机动车辆保险，同年 6 月于一饭馆门前被盗，但因盗车人驾车技术不熟练，再加上心里紧张，在饭馆拐弯处与一辆富康轿车相撞，致使双方车辆严重受损，并造成对方车上一名乘客重伤。后经交管部门裁定，盗车人应负全部责任，但因盗车人无经济赔偿能力，交管部门让该车车主垫付。被保险人垫付后，即向保险公司提出索赔。那么，保险公司应该如何赔付呢？

3. 某地个体运输户王某于某年 12 月份将一辆 16 座面包车向当地保险公司投保车辆损失险和第三者责任险，保险期限 1 年，保险金额为 12 万元，应付保费 2850 元。当保险单填妥向王某收费时，王某声称钱未带够，因急于出车，要求先将保险单给他，下午再将其余的钱交来，在征得经办人同意后，便交了保费 1000 元，将保险单带走。但事后王某并未如约补交保险费，保险经办人曾多次催收，并表示如再拖欠不交，出事后就不负责赔偿，均被其敷衍搪塞，一直未收到余款。次年 4 月，保险车辆在行驶途中翻车，造成 6 万余元的损失，王某向保险公司提出索赔。保险公司应该如何赔付呢？

第9章　汽车保险相关业务拓展

9.1　汽车消费贷款及其保险

1.汽车消费贷款业务的产生与发展

汽车金融服务最初起始于汽车制造商在 20 世纪 20 年代前后向用户提供的汽车销售分期付款。最早的汽车金融服务机构是 1919 年美国通用汽车设立的通用汽车票据承兑公司,该公司专门承兑或贴现通用汽车经销商的应收账款票据。由于设立了专门的汽车金融服务机构,分离了汽车制造和销售环节的资金,使得汽车销售空前增长。此后,一些大型汽车制造商开始设立金融机构对经销商和客户融资,银行也开始介入这一领域,由此逐步形成了汽车金融服务体系。至今国外汽车金融服务发展已经有近百年的历史,其发展水平已经相当完善。

随着我国人均 GDP 的增长,许多居民具备了购车能力,消费观念的更新也令大量的城市消费者把目光投向消费信贷。在此种形势下,中国人民银行于 1998 年 9 月 11 日颁布了《汽车消费贷款管理办法》,我国的汽车消费贷款应运而生。我国工、农、中、建、交五大国有银行首先开办了汽车贷款业务,之后,各商业银行陆续开办了该项业务。2003 年 10 月 3 日我国出台了《汽车金融公司管理办法》,并在同年底首批 3 家汽车金融公司进行筹建,分别为上海通用汽车金融有限责任公司、大众汽车金融(中国)有限公司、丰田汽车金融(中国)有限公司。2004 年 8 月 17 日中国人民银行和中国银监会联合发布了《汽车贷款管理办法》,取代了1998 年的《汽车消费贷款管理办法》。至此,国内汽车消费贷款市场从无到有,从单一的国有银行参与到专业的外资汽车金融机构加入,国内汽车贷款市场迅猛发展。据统计,截至 2014年底,我国金融机构汽车消费金融产品余额达到 3200 亿元,逐渐形成以商业银行为主、专业汽车金融机构为辅,其他金融机构为补充的格局。

2.汽车消费贷款的概念及意义

(1)消费贷款的概念

消费贷款又称消费信贷,是指金融机构对消费者个人发放的用于购买耐用消费品,或支付其他费用的货币贷款,其中金融机构是指以银行为代表的各种融资服务机构。消费者个人既包括以家庭为单位的消费群体,又包括以个人为单位的消费主体。耐用消费品或其他费用支出，是指用于购买那些具有较高价值的，不易被低价值商品替代的，具有较充足的商品供应能力和普及趋势的生活消费品，以及用于教育、医疗、旅游等生活消费方面的较高价值费用的支付。消费贷款一般分为分期偿还贷款、周转贷款、一次性偿还贷款 3 种形式。

（2）汽车消费贷款的概念

汽车消费贷款是银行和财务公司（也称金融公司）等金融机构，为购买汽车的购车者发放的人民币担保贷款。具体来说，汽车消费贷款，是指借款人（购车人）以抵押、质押、向保险公司投保或第三方保证等方式为条件，向可以开办汽车消费贷款业务的银行或财务公司申请贷款，用于支付购车款，再由购车人分期向其归还本金、利息的一种消费贷款。

目前汽车消费贷款常用的业务种类有以车供车贷款、住房抵押汽车消费贷款、有价证券质押汽车消费贷款。

以车供车贷款，是指申请者不愿或不能采取房屋抵押、有价证券质押的形式申请汽车消费贷款，可向保险公司购买履约保证保险，收到保险公司出具的履约保证保险承保确认书，申请者便可到银行办理汽车消费贷款，凭银行出具的贷款通知书到汽车经销商处提取车辆。

住房抵押汽车消费贷款，是指以已出契证的自有产权住房作抵押，提交有关申请资料，交齐首期款并办妥房产抵押登记手续，而获得的汽车消费贷款。

有价证券质押汽车消费贷款，是指以银行开具的定期本、外币存单、银行承销的国库券或其他有价证券等作质押，申请的汽车消费贷款。

（3）汽车消费贷款的意义

汽车消费贷款产生的意义主要在于两个方面：一方面，它可以促进汽车工业快速发展，刺激国民消费，推动国家经济增长。据统计，在全球汽车销售量中，70% 的新车是通过贷款销售的。在美国，这一比例高达 80%，每年仅新车贷款产生的利息收入就高达 200 亿美元，如果没有汽车贷款，美国每年新车销售量至少要减少 30%。另一方面，它对金融行业业务创新、分散风险能起到积极作用。传统的信贷经营体制使商业银行过分依赖企业贷款，风险相对集中。资产负债管理原则中的分散化原理要求金融资产应尽可能地分散到各种不同的具体形态上，而汽车消费贷款正是这一原理的具体应用。同时，随着汽车消费贷款的发展，专业化的汽车金融公司应运而生，这既丰富了金融行业的构成，又降低了整个行业的风险性。

3. 汽车消费贷款的类型与模式

（1）汽车消费贷款的类型

1）银行提供的汽车消费担保贷款

汽车消费担保贷款是商业银行与汽车经销商向对购买汽车的借款人发放的用于消费者购买汽车所支付购车款的人民币担保贷款。

①汽车抵押贷款。

购买汽车的借款人以其抵押物（一般限定为房产）作为获得贷款的条件。贷款人与抵押人签订抵押合同后双方必须依照有关法律规定办理抵押物登记。抵押合同从自抵押物登记之日起生效，到借款人还清全部汽车贷款本息时终止，合同期间借款人不得转移对该抵押物的财产占有权。

②汽车按揭贷款。

借款人在购买汽车时按规定支付不少于 20% 的首付款后，银行将借款人所购汽车的产权转给银行作为还款的保证，然后由银行贷款为其垫付其余的购车款项。在还清所贷购车款之前，该辆汽车的所有权作为债务担保抵押给贷款银行，在还清全部按揭的本息后，银行将该汽车的所有权转回给购车者。

③汽车质押贷款。

汽车质押贷款是银行允许购车借款者以其本人或第三人的动产作为质押物发放贷款。动产质押是指购车债务人将其本人的动产移交贷款银行，暂时归银行所有，以该移交的动产作为购车贷款的债权担保。当债务人不履行还贷时，贷款银行有权依法以该抵押动产折价或拍卖、变卖该动产，获得的价款优先用于还贷。

④第三方担保贷款。

第三方担保贷款是经销商以其自身较高的商业信誉，为合格的汽车消费贷款申请人提供第三方全程担保，银行对在特约经销商处购买汽车的借款人提供的贷款。

2）分期付款形式的汽车消费信贷

分期付款是分期偿还本金和利息的贷款。分期付款在信贷契约中的三个重要内容：①首期支付款；②契约期限；③利息与费用。分期偿还汽车消费贷款的期限通常是2~5年。

汽车分期付款是购车借款人在支付一定比例的首付款后，由经销商为其垫付余款，借款按月分期偿还所垫付余款的本金和利息。这种方式大多采用担保形式，以保证分期付款资金的安全。

3）分期付款的类型

分期付款有两种类型：第一种是汽车的生产企业或汽车的经销商，以自己的资产直接向购车的消费者提供的分期付款方式，风险由经销商一家承担；第二种是由银行通过向汽车经销商提供贷款，经销商间接地向借款购车的消费者提供分期付款信贷服务，风险由银行和经销商双方共同承担。

（2）消费贷款的模式

1）直客模式

直客模式是由银行、专业资信调查公司、保险公司、汽车经销商四方联合。银行直接面对客户，在对客户的信贷进行审核、评定合格后，银行与客户签订信贷协议，客户将在银行设立的汽车消费信贷机构中获得一个车贷的额度，使用该车贷额度就可以到汽车市场上选购自己满意的产品。

2）间客模式

以经销商为主体的间客模式由银行、保险公司与经销商三方联手。该模式的特点是由经销商为购车者办理贷款手续，负责对贷款购车者进行资信调查，以经销商自身资产为客户承担连带责任保证，并代银行收缴贷款本息，而购车者可以享受到经销商提供的一站式服务。

在实际操作中，以经销商为主体的间客模式的汽车消费信贷又有两种不同的模式：①银行不是直接面对消费者，而是把钱贷给信誉较高的汽车生产企业或汽车经销商，再由该汽车生产企业或经销商贷给消费者；②银行、保险公司与经销商三方合作，通过经销商做中介贷款给购车者。

以非银行金融机构为主体的间客模式由非银行金融机构组织对购车者进行资信调查、担保、审批工作，并向购车者提供分期付款。这些非银行金融机构通常为汽车生产企业的财务公司或金融公司。

4.汽车消费贷款业务介绍

（1）申请汽车消费贷款必须符合的条件

1）个人需要提供的资料

①借款人如实填写的《汽车消费贷款申请表》。

②合法有效的身份证明：本人身份证、户口本及其他有效居留证件。已婚者还应当提供配偶的身份证明材料。

③目前供职单位出具的收入证明、有效的财产证明、纳税证明。

④与特约经销商签订的购车合同或协议。

⑤购车的自有资金证明，已预付给特约经销商的应提供收款收据。

⑥担保资料。

2）法人需要提供的资料

①企业法人营业执照或事业法人执照，法人代码证，法定代表人证明文件。

②与经销商签订的购车合同或协议。

③经审计的上一年度及近期的财务表，人民银行颁发的《贷款卡》或《贷款证》。

④出租汽车公司等须出具出租汽车营运许可证（或称经营指标）。

⑤担保所需的证明或文件包括抵（质）押物清单和有处分权人（含财产共有人）同意抵、质押的证明，由权威部门出具的抵押物所有权或使用权证明，书面估价证明，同意保险的文件，质押物须提供权力证明文件，保证人同意履行连带责任保证的文件、有关资信证明材料。

⑥缴付首期购车款的付款证明。

（2）贷款期限、额度和利率

①汽车消费贷款期限最长不超过5年（含5年，下同）。

②汽车消费贷款利率按照中国人民银行规定的同期贷款利率执行。

③借款人的借款额应符合以下规定：

a.以质押方式申请贷款的，或银行、保险公司提供连带责任保证的，首期付款不得少于购车款的20%，借款额最高不得超过购车款的80%。

b.以所购车辆或其他不动产抵押申请贷款的，首期付款额不得少于购车款的30%，借款额最高不得超过购车款的70%。

c.以第三方保证方式申请贷款的（银行、保险公司除外），首期付款额不得少于购车款的40%，借款额最高不得超过购车款的60%。

（3）办理汽车消费贷款的程序

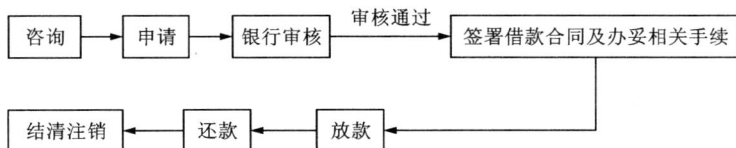

图9-1 汽车消费贷款的办理程序

①客户咨询，领取贷款的有关资料。

②客户递交申请资料，客户填写申请表格，向经办行或委托受理网点递交有关资料。

③贷款人委托经销商对借款人进行调查了解。借款人与经销商签订购车合同、交首付款等。

④资格审查在受理客户申请后，对借款人的资信情况、偿还能力、材料的真实性进行审查，并在规定的时间内给予申请人明确答复。

⑤办理手续经审查符合贷款条件后，贷款人即与客户签订借款合同、担保合同，并办理必要的抵押登记手续和保险手续。

⑥贷款通知，贷款人通知经销商和客户，由经销商协助客户办理购车所需的各种手续，客户提车，贷款人发放贷款，将贷款全额划入经销商账户。

⑦按期还款，客户按借款合同约定的还款日期、还款方式偿还本息。客户按合同规定全部归还贷款本息后，贷款人将退还客户被收押的有关单证。

(4)汽车贷款的还款方式

对于期限在1年以内的贷款，客户应在贷款到期日一次性还本付息、利随本清；对于期限在1年以上的贷款，客户可选择按月"等额本息"或"等额本金"还款方式。每月还本付息额计算公式如表9－1所示。

表9－1　汽车贷款的还款方式计算公式表

	每月还本付息额
等额本息还款法	［贷款总额×月利率×$(1+月利率)^{还款月数}$］／［$(1+月利率)^{还款总月数}-1$］
等额本金还款法	（贷款本金/还款总月数）+（贷款本金－已归还本金累计额）×月利率

(5)申请汽车消费贷款注意的四个细节

1)免息车贷不免手续费

现在不少汽车金融公司都推出了免息车贷，然而在手续费方面却有着不同的规定，收取的手续费价格也有所不同。如果要购买的车型是免息同时又免手续费，那么是比较实惠的，若是需要收取手续费，则必须认真计算衡量。车贷的手续费一般是车款总额的4%～7%，并且是在交第一次月供的同时一次性交清手续费，如果手续费过高，那么不妨考虑别的车贷类型。

2)申请车贷前仔细阅读相关保险条款

贷款购车就意味着在没有付清银行贷款前，车子是抵押给银行的。银行为了降低风险，一般都会在车贷合同上要求购车者必须购买一些车险作为贷款的条件。这些保险的保费并不一定完全符合购车者的要求，甚至可能过高，所以在申请车贷时必须认真阅读相关保险条款。

3)零利率贷款购车限制多

不少厂家联合汽车贷款机构推出了零利率贷款购车活动，尤其是某些高档车。但是一般零利率贷款购车有两个限制：一是零利率购车不能享受相关活动的现金优惠，而有时这些现金优惠的额度较大；二是零利率贷款购车容易受时间和地域还有经销商的限制，并不是每次都是统一搞活动。如果想要零利率贷款购车，上述两个方面必须综合考虑。

4）认真考虑上浮车款和贷款利率

一般来说，如果是免息贷款，那么总车款会有一定比例的上浮，现款购车和贷款购车的价格不可能是一样的。在这种情况下，就要计算上浮的金额有多大，是不是超过了商业贷款购车的利息总额，如果超过了，不妨申请商业车贷，没有超过，则可申请免息贷款。

9.2　汽车消费贷款保证保险

随着汽车消费贷款业务的迅速增长及市场规模的扩大，汽车消费贷款的风险问题已成为商业银行日益重视的课题。为此，汽车消费贷款保证保险的推出，能够帮助银行有效锁定风险，同时为保险公司创造新的效益增长点，还能使贷款购车者更加简便地办理汽车消费贷款。

1. 汽车消费贷款保证保险概述

汽车消费贷款保证保险是指购车人为获得银行的按揭贷款，到保险公司购买的险种，保险合同签订后，如果借款人不能按约还款，由保险公司向银行承担赔偿损失责任的一种保险。

保证与保险是不同的法律关系，前者为担保关系，后者为保险关系，在适用法律上有所不同。随着社会发展，经济活动丰富多彩，应运而生的汽车消费贷款保证保险（简称"车贷险"）合同便是将前两者与汽车消费贷款融于一体。

根据车贷险业务的内容，可以看出：①保险承保主体为财产保险公司；②保险以特定危险为对象，投保人不履行贷款合同中还本付息义务即产生风险；③保险对贷款人发生的损失承担赔偿责任。

2. 汽车消费贷款保证保险条款的基本内容

（1）基本概念

1）投保人

汽车消费贷款保证保险的投保人是指根据中国人民银行《汽车消费贷款管理办法》规定，与被保险人订立《汽车消费贷款合同》，贷款购买汽车的中国公民、企事业单位法人。

2）被保险人

汽车消费贷款保证保险的被保险人是指为投保人提供贷款的国有商业银行或经中国人民银行批准经营汽车消费贷款业务的其他金融机构。

3）保险责任事故

投保人逾期未能按《汽车消费贷款合同》规定的期限偿还欠款满一个月的，视为保险责任事故发生。

保险责任事故发生后 6 个月，投保人不能履行规定的还款责任，保险人负责偿还投保人的欠款，但是下列几种情况可以免除相应责任：

①由于下列原因造成投保人不按期偿还欠款，导致被保险人的贷款损失时，保险人不负责赔偿：

a.战争、军事行动、暴动、政府扣压、核爆炸、核辐射或放射性污染；

b.因投保人的违法行为、民事侵权行为或经济纠纷致使其车辆及其他财产被罚没、查封、扣押、抵债及车辆被转卖、转让的；

c.因所购车辆的质量问题及车辆价格变动致使投保人拒付或拖欠车款的。

②由于被保险人对投保人提供的材料审查不严或双方签订的《汽车消费贷款合同》及其附件内容进行修订而事先未征得保险人书面同意，导致被保险人不能按期收回贷款的损失。

③由于投保人不履行《汽车消费贷款合同》规定的还款义务而致的罚息、违约金，保险人不负责赔偿。

（2）保险期间和保险金额

①汽车消费贷款保证保险期间是从投保人获得贷款之日起，至还清全部贷款本息之次日止，但最长不得超过《汽车消费贷款合同》规定的最后还款日后的1个月。

②汽车消费贷款保证保险金额为投保人的贷款金额（不含利息、罚息及违约金）。

（3）相关方义务

1）投保人义务

投保人必须在本合同生效前履行以下义务：

①一次性缴清全部保费。

②依法办理抵押物登记。

③按中国人民银行《汽车消费贷款管理办法》的规定为抵押车辆办理车辆损失险、交强险、第三者责任险、盗抢险、自燃险等保险，且保险期间至少比汽车消费贷款期限长6个月，不得中断或中途退保。

2）被保险人义务

①被保险人发放汽车消费贷款的对象必须为贷款购车的最终用户。

②被保险人应按中国人民银行《汽车消费贷款管理办法》严格审查投保人的资信情况，在确认其资信良好的情况下，方可同意向其贷款。

资信审查时应向投保人收取以下证明文件，并将其复印件提供给保险人，内容包括：个人的身份证及户籍证明原件、工作单位人事及工资证明或居委会出具的长期居住证明、法人的营业执照、税务资信证明等。

③被保险人应严格遵守国家法律、法规，做好欠款的催收工作和催收记录。

④被保险人与投保人所签订的《汽车消费贷款合同》内容如有变动，须事先征得保险人的书面同意。

⑤被保险人在获得保险赔偿的同时，应将其有关追偿权利书面转让给保险人，并协助保险人向投保人追偿欠款。

⑥被保险人如不履行上述规定的各项义务，保险人有权解除保险责任。

（4）赔偿处理

①当发生保险责任范围内的保险事故时，被保险人应立即书面通知保险人，如属刑事案件，应及时向公安机关报案。

②被保险人索赔时应先行处分抵押物抵减欠款，抵减欠款不足部分由保险人按保险条款规定的赔偿办法予以赔偿。被保险人索赔时如不能处分抵押物，应向保险人依法转让抵押物的抵押权，并对投保人提起法律诉讼。

③被保险人索赔时，应向保险人提供以下有效单证：

a. 索赔申请书；

b. 汽车消费贷款保证保险和汽车保险保单正本；

c.《汽车消费贷款合同》(副本)；

d.《抵押合同》；

e. 被保险人签发的《逾期款项催收通知书》；

f. 未按期付款损失清单；

g. 保险人根据案情要求提供的其他相关证明材料。

④在符合规定的赔偿金额内实行 20% 的免赔率。

⑤关于抵押物的处分及价款的清偿顺序按《抵押合同》的规定处理。

(5)其他事项

①该保险合同生效后，不得中途退保。

②发生保险责任事故后，被保险人从通知保险人发生保险事故当日起 6 个月内不向保险人提交规定的单证，或者从保险人书面通知之日起 1 年内不领取应得的赔款，即视为自愿放弃权益。

③在汽车发生全损后，投保人获得的汽车保险赔偿金应优先用于偿还汽车消费贷款。

④保险人和被保险人因本保险项下发生的纠纷和争议应协商解决。如协商不成，可向人民法院提起诉讼。除事先另有约定外，诉讼应在保险人所在地进行。

⑤费率规章规定投保人所买保险的保险期间和费率如表 9 - 2 所示。

表 9 - 2　费率表

保险期间	1 年	2 年	3 年	4 年	5 年
费率	1%	2%	3%	4%	5%

投保人所交保险费按下式计算：

$$保险费 = 保险金额 \times 保险费率$$

式中，保险期间不足 6 个月的，按 6 个月计算，费率为 0.5%；保险期间超过 6 个月不满 1 年的，按 1 年计算，即费率为 1%。

例如：保险期间为 2012 年 4 月 1 日至 2013 年 7 月 1 日，实际保险期间为 1 年 3 个月，但保险费按 1 年 6 个月计算，费率为 1% + 0.5%，即 1.5%；若保险期间为 2012 年 4 月 1 日至 2015 年 11 月 1 日，保险期间为 2 年 7 个月，但保费按 3 年整计算，费率为 2% + 1%，即 3%。

(6)变更协议

①因履行保险合同发生争议的，由当事人协商解决。协商不成的，提交保险单载明的仲裁机构仲裁。保险单未载明仲裁机构或者争议发生后未达成仲裁协议的，可向人民法院起诉。

②有关本条款的争议处理受中国法院管辖，适用中华人民共和国的法律。

9.3 汽车分期付款售车信用保险

1. 汽车概述

分期付款售车是我国汽车销售行业采取的多种汽车销售方式之一，为确保汽车销售商开展的分期付款销售汽车业务的顺利进行，也为了让保险业适应当前国内汽车销售的新变化、寻找新的车险业务增长点，我国设立了汽车分期付款售车信用保险这一特别约定保险。汽车分期付款售车信用保险与前述汽车消费贷款保证保险最大的区别在于汽车分期付款售车信用保险的被保险人是汽车销售商，而汽车消费贷款保证保险的被保险人是为投保人提供贷款的国有商业银行或经中国人民银行批准经营汽车消费贷款业务的其他金融机构。保险公司制发的单据，用于客户在分期购车时投保的信用险。

2. 基本内容

（1）保险双方界定

1）投保人、被保险人

汽车分期付款售车信用保险的投保人、被保险人是分期付款的售车人。

2）担保人

汽车分期付款售车信用保险的担保人是指按照被保险人的要求，接受分期付款购车人的请求，为分期付款购车人所欠债务承担连带责任者。

（2）保险责任与责任除外

①购车人在规定的还款期限到期3个月后未履行或仅部分履行规定的还款责任，保险人负责偿还该到期部分的欠款或其差额。

②如购车人连续两期未偿还到期欠款，保险人代购车人向被保险人清偿第1期欠款后，于第2期还款期限到期3个月后，向被保险人清偿购车人所有的欠款。

③由于下列原因造成购车人不按期偿还欠款，导致被保险人的经济损失时，保险人不负责赔偿：

a. 战争、军事行动、核爆炸、核辐射或放射性污染；

b. 因购车人的违法犯罪行为以及经济纠纷致使其车辆及其他财产被罚没、查封、扣押、抵债的；

c. 因所购车辆的质量问题致使购车人拒付或拖欠车款的；

d. 因车辆价格变动致使购车人拒付或拖欠车款的；

e. 被保险人对购车人资信调查的材料不真实或售车手续不全的；

f. 被保险人在分期付款售车过程中有故意和违法行为的。

（3）保险期间和保险金额及相关费率

1）保险期间

保险期间是指从购车人支付规定的首期付款日起，至清偿全部贷款之次日止，或至该份购车合同规定的合同期满日为止，二者以先发生为准，但最长不超过3年。

2）保险金额

保险金额为购车人首期付款（不低于售车单价的30%）后尚欠的购车款额（含资金使用费）。

$$保险费 = 保险金额 \times 保险费率$$

3）保险费率

汽车分期付款售车信用保险的保险费率如下所述：6个月，0.06%；7～12个月，1%；1年，1%；1年3个月，1.25%；1年6个月，1.50%；1年6个月，1.50%；2年，2%；2年3个月，2.25%；2年6个月，2.25%；2年9个月，2.75%；3年，3%。

（4）赔偿处理

①当发生保险责任范围内的保险事故时，被保险人应立即书面通知保险人，如属刑事案件，应同时向公安机关报案。

②被保险人索赔时应交回抵押车辆，由保险人按汽车分期付款售车信用保险条款试用条款第23条和第24条办法处分抵押物抵减欠款，抵减欠款不足部分由保险人按汽车分期付款售车信用保险条款试用条款赔偿办法予以赔偿。

③若被保险人无法收回抵押车辆，应向担保人追偿，若担保人拒绝承担连带责任时，被保险人可向人民法院提起诉讼。

④被保险人索赔时，根据出险情况，需提供以下有效证明文件索赔申请书（应注明购车人未履行按期偿还余款和担保人未履行连带责任的原因、索赔金额及计算方法）、分期付款购车合同、保单正本、被保险人签发的《逾期款项催收通知书》、未按期付款损失清单、代收款银行提供的代收款情况证明、向担保人发出的索赔文件、县级及以上公安机关出具的立案证明、法院受理证明、产品质量检验报告或裁决书，保险人要求提供的其他相关文件。

⑤在下列情况下，每车实行免赔：

a. 如购车人在规定的还款期限到期3个月后未履行或仅部分履行规定的还款责任，保险人负责偿还该到期部分的欠款或其差额，在这种情况下：

$$赔款金额 = 当期应付购车款或差额 \times (1 - 20\%)$$

b. 如购车人连续两期未偿还到期欠款，保险人代购车人向被保险人清偿第一期欠款后，于第二期还款期限到期3个月后，向被保险人清偿购车人所有的欠款，在这种情况下：

$$赔款金额 = 逾期款收回欠款金额 \times (1 - 20\%)$$

⑥被保险人在获得保险赔偿的同时，应将其有关追偿权益书面转让给保险人，并积极主动协助保险人向购车人或担保人追偿欠款。

（5）被保险人义务

①被保险人应要求购车人提供具有担保资格的担保人，并以所购汽车作为抵押。

②被保险人应严格遵守购车合同、抵押合同、质押合同等有关必备合同的规定。

③被保险人应严格审查购车人和担保人的资信情况，在确认其资信良好的情况下，方可按分期付款方式销售车辆。

资信审查时向购车人和担保人收取以下证明文件，并予以登记，内容包括个人的身份证及户籍证明原件、工作单位人事及工资证明或居委会出具的长期居住证明、法人的营业执照、税务登记证复印件、营业场所证明、法人代表身份证明、单位的开户行、户名及账号，银行及税务资信证明等。保险人有权要求被保险人提供上述证明文件。

④被保险人应按时向保险人交纳保险费。

⑤被保险人应严格遵守国家法律、法规及《分期付款购买汽车合同》中的责任和义务，经常检查分期付款合同的执行情况，做好欠款的催收工作和催收记录，对保险人提出的防损建议，应认真考虑并付诸实施。

⑥被保险人的《分期付款购买汽车合同》如有变动，须事先征得保险人的书面同意。如被保险人改变经营方式对购车人分期付款产生较大影响，应及时书面通知保险人。

⑦被保险人不履行保险条款规定的各项义务，保险人有权终止保险合同或拒绝赔偿。

（6）追偿及抵押物处分

①保险人支付保险赔款之后，即取代被保险人的地位，行使对购车人的追偿权利，包括接管为被保险人债权而设计的任何抵押物。

②保险人有权按下列任何一种方式处分抵押物拍卖、转让、兑现或其他合理的方式。

③抵押物经处分后，按下列顺序分配价款：

a.支付处分费和税金；

b.清偿被保险人应得款项；

c.清偿保险人应得的所有款项；

d.如上述款项仍有余额，该余额应归还购车人。如上述款项不足清偿欠款，被保险人应积极协助保险人向购车人追偿。

（7）其他事项

①对超出保险金额或保险期间的任何欠款，保险人不承担任何赔偿责任。

②保险人对购车人因未能按期履行合同引起的罚息和违约金不承担赔偿责任。

③发生保险责任事故后，被保险人从通知保险人发生保险责任事故当日起3个月内不向保险人提交规定的单证，或者从保险人书面通知之日起1年内不领取应得的赔款，即视为自愿放弃权益。

④保险人赔偿后，若发现是属于被保险人的欺骗等行为造成保险人错赔的，保险人有权追回赔款。

⑤本保险一经承保，投保人不得中途退保。

⑥保险人和被保险人应本着"实事求是、公平合理"的原则协商解决本条款项下发生的纠纷和争议。如协商不成，可提交工商行政管理部门进行调解、仲裁，或向法院提起诉讼。除事先另有约定外，仲裁或诉讼应在保险人所在地进行。

9.4 汽车消费贷款保证保险办理程序

1. 汽车消费贷款保证保险承保实务

（1）展业

1）展业准备

①学习掌握汽车消费贷款保证保险的基本知识。

②进行市场调查并选择合适的保险对象。

a.调查与分析本区域内银行、汽车生产商、销售商和社会大众对汽车消费信贷的态度，合理预测市场发展前景；

b.调查分析与预测个人和法人对汽车消费贷款的实际购买力、参与程度以及当地的汽车年销售量等情况；

c.了解银行、销售商、购车人对汽车消费贷款保证保险的态度、需求、希望及与保险公司合作的方式；

d.调查分析实施消费贷款售车的车型、销售价格及变化趋势。

③与选定的银行、销售商、公证机关、公安交通管理部门等签订合作协议，明确合作方式、各方的职责、权利及义务。

④展业材料准备与培训。根据合作协议，向有关合作方及时提供汽车消费贷款保证保险的条款、费率规章、投保单及其他有关资料。对银行与销售商的相关业务人员进行培训，使他们掌握汽车消费贷款保证保险的有关规定，能够指导投保人正确填写投保单。

2）展业宣传

备齐保险条款与相关资料以后，向银行、汽车生产商、销售商和贷款购车人做好宣传。重点宣传汽车消费贷款保证保险的特点、优势及本公司的网络优势、技术优势、实力水平、信用优势和服务优势。

（2）受理投保

1）指导填写投保单

①业务人员应依法履行告知义务，按照法律所要求的内容对保险条款及其含义进行告知，特别对保险条款中的责任免除事项、被保险人的义务，以及其他容易引起争议的部分，应予以解释和说明。

②业务人员应提示投保人履行如实告知义务，特别是对可能涉及保险人是否同意承保或承保时需要特别约定的情况应详细询问。

③业务人员在投保人提出投保申请时，应要求其按照汽车消费贷款保证保险条款的规定提供必需的证明材料。

2）收取投保单及其相关资信证明并初步审核

业务人员应对填写完整的投保单和所附的资信证明材料进行初步审查，必要时要调查核实；对于审核无误的投保单，由业务负责人签署"拟同意承保"意见后交投保人。如果合作协议有明确规定，可直接交给银行或销售商。业务人员对投保单初步审查的内容如下：

①审核证明文件或材料是否齐全，是否符合银行制定的汽车消费贷款管理办法。

②在审核时，对于存在疑点或证明材料有涂改、伪造等痕迹的，应通过派出所、居委会或开户银行予以核实。必要时可以通过汽车消费贷款保证保险问询表予以落实，并让汽车消费贷款购车人确认后，附贴在投保单上。

（3）核保

核保的内容如下：

①对受理投保单时初步审查的有关内容进行复核。

②审核投保单的保险金额是否符合保险条款规定，投保人购车的首付款是否符合规定。

③审核贷款合同和购车合同是否合法并真实有效，银行与销售商在办理消费贷款和购车手续时，是否按照规定严格把关。

④审核投保人是否按照保险条款的规定为汽车消费贷款所购的车辆办理了规定的保险。

⑤审核贷款协议是否明确按月、按季分期偿还贷款，不得接受1年1次的还款方式。

⑥审核投保人是否按照与银行签订的抵押、质押或保证意向书，办理了有关抵押、质押或保证手续。

⑦审核投保人所购车辆的用途与还款来源。

对上述核保内容审核以后，应签署核保意见，明确是否同意承保，或是否需要补充材料以及是否需要特别约定等。如果核保后同意承保，应将贷款合同、购车合同和相关证明材料复印一套留存。

（4）缮制保险单证

①缮制汽车消费贷款保证保险保单，保险期间应长于贷款期限，保险金额不得低于贷款金额。

②根据贷款金额、贷款期限等正确选择费率并计算保险费。

③汽车消费贷款保证保险不单独出具保险证，但为明示需要，应在车辆基本险与附加险的保险证上标注"保证保险"字样。

④复核人员按照规定程序和内容，对保险单证进行复核并签章。

（5）收取保险费

财务人员按照保单核收保险费并出具保险费收据。投保人应一次交清保证保险的保险费。

（6）签发保险单证

保险费收取后，业务人员在保险单证上加盖公章，将保险单正本交与被保险人。

（7）归档管理

保险单副本一联交投保人，一联交财务，剩下一联连同保费收据业务联、复印的贷款合同、购车合同及有关证明材料等整理归档。

2. 汽车消费贷款保证保险合同的变更、终止、解除

（1）合同变更

①变更事项包括变更保险期限、变更购车人住址和电话，或购车单位联系地址、银行账户及联系电话、变更其他不影响车辆还款和抵押物登记的事项。

②变更申请。购车人在保险期限内发生变更事项，应及时提出申请。

③办理批改。在办理批改时，应注意审核批改事项是否将产生意外风险，从而决定是否接受批改申请。

（2）合同终止

遇有下列情况之一，则汽车消费贷款保证保险的合同终止：

①贷款购车人提前偿还所欠贷款。

②贷款所购车辆因发生车辆损失险、盗抢险或自燃损失险等车辆保险责任范围内的全损事故获得保险赔偿，并且赔款足以偿还贷款的。

③因履行保证保险赔偿责任。

④保证保险期满。

（3）合同解除

下列情形之一发生时，保险合同将被解除：

①投保人违反保险法或担保法等法律法规，保险人可以发出书面通知解除合同。

②被保险人违反国家相关法律法规和消费贷款规定的，保险人有权解除合同。

③投保人根据国家相关的法律法规，提出解除合同。

④投保人未按期足额缴纳汽车保险保费，且被保险人未履行代缴义务的，保险人有权解除合同。

⑤法律法规规定的其他解除合同的事由。

（4）办理收退费

①经保险人同意延长保险期限的，根据延长后的实际期限选定费率，补收保险费。

②投保人提前清偿贷款，按照实际还贷时间按月计算保险费，多收部分退还投保人。

③贷款所购车辆因发生车辆损失险、盗抢险或自燃损失险责任范围内的全损事故获得保险赔偿，并且已优先清偿贷款的，保证保险合同终止，并退还从清偿贷款之日至保证保险合同期满的全部保险费。

3. 汽车消费贷款保证保险的理赔实务

（1）接受报案

①接受报案人员在接到报案时，应按照报案部分的要求，对报案人进行询问，并填写《报案记录》，通知业务人员。

②业务人员根据报案记录，尽快查阅承保记录，将符合理赔的案件登入《保证保险报案登记簿》。

③业务人员在接受报案的同时，需向被保险人提供《索赔申请书》和《索赔须知》。并指导其详细填写《索赔申请书》。同时向被保险人收取下述原始单证：

a. 汽车消费贷款保证保险保单和汽车保险单正本；

b.《汽车消费贷款合同》（副本）；

c.《抵押合同》或《质押合同》或《保证合同》；

d. 被保险人签发的《逾期款项催收通知书》；

e. 未按期付款损失清单。

（2）查抄底单

业务人员根据出险通知，应尽快查抄汽车消费贷款保证保险保单与批单、汽车保险的保单与批单，并在所抄单证上注明抄单时间和出险内容。

（3）立案

①业务人员应根据被保险人提供的有关资料进行初步分析，提出是否立案的意见与理由，向业务负责人报告。

②业务负责人接到报告后，应及时提出处理意见。

③业务人员根据负责人的处理意见办理立案或不立案的手续。立案的，应在汽车消费贷款保证保险保单上做出标记；不予立案的，应以书面形式通知被保险人。

（4）调查

1）调查要求

调查工作必须双人进行，应着重第一手材料的调查。所有调查结果应做出书面记录。

2）调查方式与重点

①对已经掌握的书面材料进行分析，确认被保险人提供的书面材料是否全面真实。

②向被保险人取证，了解投保人逾期未还款的具体原因及被保险人催收还款的工作情况。

③向个人投保人的工作单位或所在居委会（村委会）调查，了解投保人收入变动情况向法人投保人的上级单位或行政主管部门了解其经营情况。

④向有关单位和个人调查抵押物的当前状况。

⑤通过其他途径调查，并结合以上调查结果，明确是否存在保险条款所载明的责任免除事项，投保人、被保险人是否有违反条款规定义务的行为。

（5）制作调查报告

调查人员在调查结束后应写出调查报告，全面详细地记录调查结果并作出分析。

（6）确定保险责任

业务人员应根据调查报告和收集的有关材料，依照条款和有关规定，全面分析，确定是否属于保险责任。形成处理意见后报地方市级分公司车险部门审定，拒赔案件应逐级上报省级公司审定。

（7）抵押物处理

①保险事故发生后，保险人应及时通知被保险人做好抵押物处理的准备工作。

②保险人应与被保险人、投保人（抵押人）共同对抵押物进行估价，或共同委托第三人进行估价。所估价值由各方同意后签订《估价协议书》。协议书所确定的金额为处理抵押物的最低金额。

③被保险人按照《估价协议书》规定处理抵押物，所得价款优先用于偿还欠款。

④被保险人不能处分抵押物的，应对投保人提起诉讼，抵押物的抵押权转归保险人，保险人应会同被保险人办理抵押权转移的各项手续。

（8）赔款理算

理赔人员根据前述条款的规定，依据调查报告、索赔通知书和估价协议等有关材料进行赔款理算，具体计算如下：

①抵押物已由被保险人处理的：

$$赔款 = （保险金额 - 已偿贷款 - 抵押物的处分金额）×80\%$$

②抵押物抵押权转归保险人的：

$$赔款 = （保险金额 - 已偿贷款）×80\%$$

③抵押物灭失且不属于汽车保险赔款责任的，且投保人未提供新的抵押物的，保险费也按照上式计算。

上述公式中的"已偿贷款"，不包括投保人已经偿还的贷款利息；"抵押物的处分金额"是指抵押物处分后，被保险人实际得到的金额，即扣除处分抵押物所需的费用及其他相关费用后的余额。

投保人以其所购车辆作为贷款抵押物，因逾期未还款车辆依抵押合同被处分后，投保人为其投保的汽车保险的保险责任即行终止，被保险人应按照保险合同的规定，为投保人办理汽车剩余保险期间保险费的退费手续。

贷款所购车辆发生车辆损失险、盗抢险，以及自燃损失险保险责任范围内的全损事故后，汽车保险的被保险人应得到的赔款，应优先用于偿还汽车消费贷款。此时，汽车保险的理赔人员，应书面通知贷款银行向保险公司提出"优先偿还贷款申请"，并书面通知汽车保险的被保险人，要按照合同的规定将赔款优先用于偿还贷款。优先偿还的范围仅限于所欠的贷款本金。优先偿还贷款后的赔款余额应交汽车保险的被保险人。赔款优先清偿贷款后，汽车消费贷款保证保险合同即行终止。保险人应按照汽车消费贷款保证保险理赔实务规程中关于收退费的规定，为投保人办理汽车消费贷款保证保险退费。

（9）缮制赔款计算书

计算完赔款以后，要缮制赔款计算书。赔款计算书应该分险别、项目计算，并列明计算公式，赔款计算书应尽量用计算机出单，应做到项目齐全、计算准确。手工缮制的，应确保字迹工整、清晰，不得涂改。

业务负责人审核无误后，在赔款计算书上签署意见和日期，然后送交核赔人员。

（10）核赔

核定赔款的主要内容如下所述。

1）审核单证

①审核被保险人提供的单证、证明及相关材料是否齐全、有效，有无涂改、伪造等。

②审核经办人员是否规范填写有关单证，必备的单证是否齐全等。

③审核相关签章是否齐全。

2）核定保险责任

主要审核是否属于保险责任。

3）审核赔付计算

审核赔付计算是否准确。属于本公司核赔权限的，审核完成后，核赔人员签字并报领导审批。属于上级公司核赔的，核赔人员提出核赔意见，经领导签字后报上级公司核赔。在完成各种核赔和审批手续后，转入赔付结案程序。

（11）结案登记与清分

①业务人员根据核赔的审批金额填发《赔款通知书》及赔款收据，被保险人在收到《赔款通知书》后在赔款收据上签章，财务部门即可支付赔款。在被保险人领取赔款时，业务人员应在保险单正、副本上加盖"××××年××月××日出险，赔款已付"字样的印章。

②赔付结案时，应进行理赔单据的清分。一联赔款收据交被保险人；一联赔款收据连同一联赔款计算书送财务部门作付款凭证；一联赔款收据和一联赔款计算书或赔案审批表，连同全案的其他材料作为赔案案卷。

③被保险人领取赔款后，业务人员按照赔案编号，输录《汽车消费贷款保证保险赔案结案登记》。

（12）理赔案卷管理

理赔案卷要按照一案二卷整理、装订、登记、保管。理赔案卷应单证齐全，编排有序，目录清楚，装订整齐。一般的汽车消费贷款保证保险的理赔案卷单证应包括赔款计算书、赔案审批表、出险通知书、索赔申请书、汽车消费贷款保证保险的保险单及批单的抄件、抵押合同、调查报告、估价协议书、权益转让书，以及其他有关的证明与材料。

（13）客户回访服务与统计分析

1）客户回访

①汽车消费贷款保证保险业务要指定专人负责，对客户应每半年回访一次，做好跟踪服务，及时掌握购车人（投保人）、被保险人的需求与动态。

②要建立客户回访、登记制度，实行一车一户管理制，及时记录还款情况。

③与银行建立并保持定期联络制度，协助银行做好汽车消费贷款还款跟踪服务。

④建立汽车消费贷款购车人与所购车辆档案，内容包括购车人的基本资信情况、车辆使用情况、安全驾驶记录、保险赔款记录、还款记录等。

2）统计分析

①按期做好不同车型、不同车辆价格范围、不同职业与地域的购车人、不同销售商、银行等方面的专项量化分析，报上级公司。

②各省级分公司对专项统计的业务报表和汽车消费贷款保证保险的经营情况分析，应按照季度上报总公司，由总公司上报中国保监会。

思考题

1. 说明我国个人申请汽车消费贷款的条件有哪些。

2. 简述汽车分期付款保证保险的含义。

3. 汽车消费贷款保证保险和汽车分期付款售车信用保险的保险责任和除外责任分别是什么？

4. 进行实地调研，了解我国汽车信贷市场现状及存在的主要问题。

第 10 章　汽车保险电子商务

10.1　保险电子商务发展趋势

1. 保险电子商务

从狭义上讲，保险电子商务是指保险公司或保险中介机构通过电子方式为客户提供有关保险产品和服务的信息，并实现在线投保、承保、理赔等一系列保险业务，直接完成保险产品的销售和服务工作。从广义上讲，保险电子商务还包括保险公司内部基于计算机和互联网为主的电子信息技术的经营管理活动，对公司员工和代理人的培训，以及保险公司之间以及保险公司与公司股东、保险监管、税务、工商管理等机构之间的信息交流活动。

保险行业实施电子商务具有以下优势。

(1)有利于减少营销成本，提高工作效率

首先，保险公司工作人员可以充分运用电话、互联网等工具与客户联系，提高工作效率，节省大量的人力与物力。其次，传统的保险营销渠道以代理为主，中介环节众多。通过电子商务，保险公司可以直接面向客户销售保险产品，摆脱对代理商的依赖，节省高额的中介代理费用，从而降低营销成本。同时由于省略了中介环节烦琐的业务流程，大大提高了保险公司的工作效率。

(2)有利于宣传企业良好形象

保险公司可以利用网络对公司的经营理念、企业文化等进行宣传，向客户树立良好的企业形象，吸引更多客户。此外，还可以利用网络普及保险知识，提高人们的保险意识，有利于保险行业的长远发展。

(3)有利于提高客户服务水平

电子商务的开放性、交互性特点为服务的创新提供了有利条件。借助电子商务，保险公司与客户之间的交流可以突破时间和空间的限制，客户能够非常便捷地了解保险公司和保险产品的相关信息，随时随地获得在线咨询、投保、理赔等服务。同时保险公司也能从客户方获得反馈信息，及时了解市场需求，进行产品和服务的创新，从而有利于更好地提高服务水平。

(4)有利于加强内部信息管理

实施保险电子商务，保险公司的工作人员可以迅速获得相关信息和指令，甚至实现办公自动化，从而提高工作效率。同时，由于保险经营中所涉及的保险对象的广泛性、复杂性和长期性，保险企业需要处理的数据量比一般企业更大，对信息管理系统的要求也更强，借助计算机和互联网技术可以为保险企业提供更为先进、安全、可靠的信息管理平台。

2. 保险电子商务的发展趋势

我国保险电子商务的发展趋势有以下几点：

（1）保险电子商务相关政策法规将进一步完善

我国的保险电子商务仍处于发展初期，相关的法律法规很不完善，要使保险电子商务能够长期稳健发展，必须使其业务运作和风险防范做到有法可依，有关立法机关和监管部门已经意识到这点，电子签名、信用制度、信息安全、个人隐私等相关方面的法律法规将得到进一步完善。

（2）保险公司内部信息化基础建设将进一步加强

电子商务的发展应与信息化的发展阶段相适应，保险行业已经意识到信息化基础是电子商务发展的基石，因此各保险公司不再一拥而上发展电子商务，而是着眼长远，首先逐步提高内部的信息化水平，为保险电子商务的发展提供一个良好的竞争环境。

（3）保险电子商务服务水平将进一步提升

发展保险电子商务成功的关键在于能让消费者得到优质、全面的服务。保险公司已不再只是将目光集中在保单的销售上，他们更加注重为消费者提供优质的服务，开始通过电子商务对保险产品购买及服务的整个业务过程提供具体支持，逐步扩大服务范围，提升服务水平。

10.2 汽车保险电话营销

1. 保险电话营销

保险电话营销是以电话为主要沟通手段，借助网络、传真、短信、邮寄递送等辅助方式，通过保险公司专用电话营销号码，以保险公司名义与客户直接联系，并运用公司自动化信息管理技术和专业化运行平台，完成保险产品的推介、咨询、报价以及保单条件确认等主要营销过程的业务。

保险电话营销的业务流程总体可以分为两个阶段，如图 10－1 所示。第一阶段是呼叫中心呼叫阶段，其职能包括客户接触、公司介绍、产品说明、价格咨询、异议处理、生成订单、客户回访七个步骤。第二阶段是落地机构递送阶段，其职能包括接受订单、预约客户、打印派送三个步骤。

2. 汽车保险电话营销的发展

电话营销起源于美国，是由电话订购、货到付款的购物方式演变而来，进而发展成以电话询问的方式引导顾客来购买商品的电话销售。电话销售在车险行业的应用始于英国Direct－Line 保险公司，目前在发达国家车险电话营销早已成为主流。

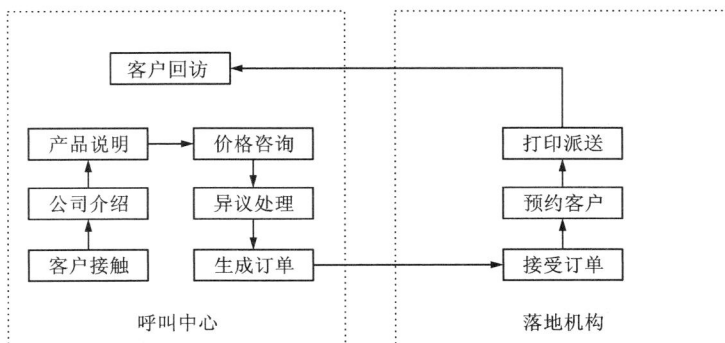

图 10－1　保险电话营销的业务流程

在我国，车险电话营销是车险营销渠道创新的代表。对于车险电话营销，监管部门和保险公司均寄予了厚望，希望通过电销渠道解决销售成本居高不下、客户信息失真、续保率低、业务波动等一系列经营问题，并为公司及行业建立起经营公开透明、价格直接惠及客户、服务优质便捷的新行业规则。

2007 年 4 月，中国保监会出台了《关于规范财产保险公司电话营销专用产品开发和管理的通知》，明确规定电话营销渠道可以销售经中国保监会批准或备案的保险产品或电销专用产品，从而为电销渠道专用产品的开发提供了政策支持，为国内电销渠道业务的发展带来了机遇。

同年，我国的平安保险率先将电话营销引入车险领域，并获准使用车险电话销售专用产品。随后车险电话营销在国内获得了快速的发展，中国人民保险集团股份有限公司、中国太平洋、中国大地财险等公司也相继开展了车险的电话投保业务。

3. 汽车保险电话营销的特点

（1）费用低

通过电话营销，保险公司可以直接向客户销售车险产品，从而省略了传统营销渠道主要通过代理商进行销售的中介环节，将节省下来的高额代理费用部分让利给客户。对客户来说，购买同样的车险产品，通过电话投保比传统渠道能获得更多的优惠。对保险公司来说，电话营销有效地降低了营销成本，同时可以获得更大的客户群体和利润。

（2）投保方便，效率高

对客户来说，只需致电保险公司的电话销售中心，专业的车险电话营销人员可以用较少的时间完成对车险条款的说明，同时客户不需要自己填写投保单，只需在电话里核对相关车辆信息，由电话营销人员录入相关信息，在出单后即可由快递公司或公司送单人员递送保险单，客户只需要在投保单上签字。这样的投保方式比传统的投保方式简便许多，节省了客户大量的时间。对保险公司来说，电话营销的工作效率比传统的营销方式要高得多。一个电话营销人员每天能拨打 60～80 通电话，远远高于传统的与客户面对面的营销方式。因此对于分散性的个人车险业务，通过电话营销效率将极大地提高。

（3）管理规范

区别于传统渠道，车险电话营销渠道的展业过程实现了由"非现场管理"向"现场管理"的转变，将对于业务人员的考核由简单的"结果导向"延伸至"过程管理与结果导向相结合"的管理方式。保险公司对电话营销的业务流程都制订了比较规范的操作标准，并可以对电话营销过程进行监控。一方面有利于政府监管机构对保险公司的监管，另一方面可以保护投保人、被保险人的合法利益不受侵害。

（4）有利于发展忠诚客户

传统的车险营销渠道主要通过汽车经销商、汽车维修商、保险中介等代理商进行销售，大量的客户资料掌握在这些代理商手中。而车险电话营销可以让保险公司直接面对客户，摆脱了对代理商的依赖，直接掌握客户资料容易形成大量忠诚度高的客户，改变了以往保险公司"有保单无客户"的尴尬，使保险公司获得更多的自主性。而且车险电话营销掌握的客户资料较为准确详尽，有利于公司不断完善客户信息，对客户的风险状况进行有效评估，从而发掘优质目标客户。

10.3　汽车保险网络营销

1. 汽车保险网络营销概述

网络营销是企业为实现自身利益最大化，通过运用互联网技术创建网络销售环境，在线协调企业与客户关系满足企业与客户双方需求为最终目的的过程。网络营销方式是一种新型营销方式，是借助了互联网这一营销平台，使得信息的传递更加便捷快速，是传统营销理论的一种应用形态。网络营销可以帮助企业降低投入成本、提高经营效率，从而有助于企业在激烈的市场竞争中获取竞争优势。据第 36 次《中国互联网络发展状况统计报告》显示，截至2015 年 6 月，我国互联网普及率已达48.8%，网民规模已达 6.68 亿，其中超过 3.74 亿的网民使用网络购物，人均网络购物消费已突破千元，这意味着网络营销在我国具有巨大的发展空间。在这样的互联网环境下，网络营销已被各行各业的企业广泛接受，成为了重要的营销方式。

保险行业也不例外，互联网技术的发展和普及催生了网络保险的产生，网络保险指保险公司或网上保险中介机构通过互联网为客户提供有关保险产品和服务的信息，实现网上投保、承保、理赔、赔偿或给付，直接完成保险产品的销售和服务的全方位商业活动。我国保险业网络营销虽然起步较晚，并处于起步阶段，但这一新型的营销渠道已得到广大保险公司的普遍重视。一方面企业为应对保险业竞争，迫切需要一种能够降低经营管理成本、提高投保率的营销方式；另一方面中国保险客户对互联网依赖程度不断增强及其投保意识的不断提高，为保险业实施网络营销提供了较大的需求潜力。

汽车保险作为发展最快的保险险种之一，其收入已经超过财险总收入的 70%，是财险公司的重要收入来源。在当前车险产品保费上涨空间有限、业务创新困难的前提下，车险网络营销作为新型营销方式已被广泛使用，成为保险公司重要的营销方式。

2. 汽车保险网络营销的现状

国外主要的发达国家由于互联网普及率高，车险行业起步早，车险网络营销的发展已经比较成熟，具有如下特点：

①实现电子商务全流程化。从投保到核保、报案、理赔、支付全流程通过电子商务实现。

②在线理赔。提供电子商务的在线理赔服务。

③配套相关服务支持。客户实现在线自主续保、在线修改保单、了解汽车修理过程。

④提供多种支付方式。如：在线支付、电话支付、邮件支付等。

⑤综合性经营，整合除保险之外的投资、银行等金融业务综合性网站。

⑥营销渠道信息化很成熟。如：保险营销员联系客户均是通过互联网实现。

目前国内的车险网络营销按业务实现模式可以分为两类：一类通过仅能进行咨询的信息交互平台实现，即投保人在网络上填写信息后通过电话完成交易（保险公司电话主动呼出或客户呼入），被称为"网电联动"销售。另一类通过能完成投保全部流程和服务的销售平台实现，即通过网络完成包括咨询、险种选择、在线支付和出单等投保服务，是真正意义上的全流程车险网络营销，被称为"独立业务"销售。

第一类模式仍然是现阶段国内车险网络营销的主要模式，以某保险公司的车险业务网络营销流程为例，如图 10 - 2 所示。该公司车险业务网络营销流程主要采用线上与线下相结合的方式进行，关键环节由人工辅助网络完成。首先客户在线选择车险产品、输入保险标的及个人信息后，由公司网络营销工作人员通过系统获取客户联络方式，以电话介入的方式向客户提供详细咨询、保费保额费率确定等服务。其次生成电子保单后，公司采用线下人工方式送达投保单。对于投保所涉金额较大、公司承保风险较高、需要采用复杂技术进行鉴定的复杂产品仍然采用线下核保。

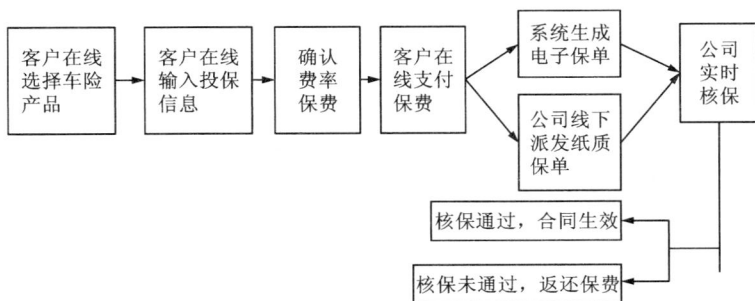

图 10 - 2　某保险公司的车险业务网络营销流程

由于受到安全性、风险控制和网上支付等问题的困扰，"网电联动"营销模式的主要的作用还是仅仅局限于条款费率信息发布以及客户信息的收集，最终保险业务的完成还是需要配合核保人员核保、快递保单等操作，并非完整的网上交易过程，交易实际还是主要依靠传统的手工方式，过程长、效率低，并不能说是真正意义上完全的电子商务平台。

3. 汽车保险全流程网络营销

在车险市场上，随着保险主体的持续增多，车辆保险产品的同质化，车辆保险市场正逐渐由原先的垄断竞争向自由竞争转变，车险市场竞争的重心转向成本管控，在各家公司严控理赔成本的同时，以代理佣金为主的展业成本居高不下，成为困扰各保险公司的难题。车险代理的高额佣金，其实质是抬高车险市场的交易费用，降低市场的效率，背离了中介的原有职能，直接后果是我国车险的全行业亏损，严重影响车险市场的健康发展。形成这种局面的主要原因是各保险公司的营销渠道单一、过度依赖车险代理。应该加强营销渠道建设，促进业务渠道的多元化，摆脱车险对代理的过度依赖，以此来促进机动车辆保险市场的健康发展。

车险核保条件简单，便于计算机自动处理，符合全流程网络营销的条件，一般只需输入驾驶员、车辆、行驶区域等必要信息后，投保系统就能根据预设的公式自动计算出保费，因而适合对个人提供网络自助服务。

全流程的网上车险营销包括登录网站、投保信息录入、网站自动计算保费、投保人用电子签名作投保单确认、网上保费支付、保险人将含有电子签名的保险合同最终发送给投保人等几个步骤。由于有电子签名确保网上交易的安全，投保人只需取得具有保险人电子签名的保险合同文件即代表保险合同签署完成，而不必以纸质保单作为合同凭证。整个过程全部可以通过网络完成，不需投保人前往保险公司的营业部或代理处进行面对面的柜台交易，高效而且可靠。

通过全流程网络营销的自动实时报价，车险的价格信息可以准确无误地传递给投保人，并且由于传递过程不经过中介渠道，车险价格更新信息可以通过网络无延迟地发布出去，这就避免了中介渠道造成的价格信息扭曲，使市场的价格信息更透明，有利于市场效率的提高，有助于规范车险代理市场，打击高额佣金、埋单等危害市场健康的行径。因此，推行车险的全流程网络营销能够规范市场秩序，为改革的深入创造条件，从而推动车险费率改革的进程。

全流程的网络营销的电子化建设虽然初期投入较大，但网络营销后期成本降低，分摊到每张保单的成本将随着签单数量的增加而不断下降。随着电子签名法的普及、数字认证服务业的发展、网络购物用户数量的增长，车险网络营销的安全性、用户认可度等问题都将逐渐得到解决。

10.4 汽车保险与车联网

1. 车联网技术

车联网技术是指通过装载在车辆上的无线电子设备，运用有线和无线通信网络，实现对所有车辆的属性、属地等运行状态进行信息提取和有效利用，对被提取信息进行分析处理，与其他信息服务平台互联共享，对车辆和相关人员进行有效监管和提供综合服务的互动式综合信息平台系统。随着车联网技术的发展，它在交通管理、交通安全、信息娱乐服务、物流运输、汽车保险等相关领域显现出了广阔的应用前景和巨大的商业价值。

2. 车联网给汽车保险带来的机遇

车联网技术在汽车保险领域的应用首先体现在将给车险定价模式带来重大变革。车险定价模式可分为从车费率模式和从人费率模式两种类型。从车费率模式是指在确定车险费率过程中以机动车辆的风险因子包括车辆类型、使用性质、购置价格等作为影响费率因素的模式。从人费率模式是指在确定保险费率的过程中以驾驶员的风险因子包括静态属性、驾驶技能、驾驶行为习惯等作为影响费率因素的模式。

传统的车险费率厘定模式以从车费率模式为主，主要依据车辆和驾驶员的静态属性，如车型、购置价格、年龄、性别等进行车险定价，对于续期的保费也仅仅根据上一年的出险情况有一定的浮动比例，而忽视了驾驶员的驾驶技能、驾驶行为习惯等对交通事故的影响。有关事故的影响因素研究已经表明驾驶技能和驾驶行为习惯，如疲劳驾驶、违章驾驶、超速行驶等因素在驾驶员的驾驶安全风险中占有极其重要的位置。据交通统计资料表明，在交通事故的三大原因中，因车辆因素引起的交通事故仅占总事故的 5%，而驾驶员因素引起的交通事故比例则高达 90% 以上。传统的车险定价模式不能全面评估驾驶员的驾驶风险，造成不同驾驶风险的驾驶员的保费是一样的，这导致了大多数低风险的驾驶者为少数高风险的驾驶者埋单的现象。这显然与汽车保险奖优惩劣的原则相违背，不利于驾驶员良好的安全意识和驾驶行为习惯的养成。此外，单一的车险定价模式也使得车险产品同质化现象严重，抑制了保险公司创新经营和改善服务的积极性，不利于保险公司在竞争日趋激烈的车险市场占据有利之地。

过去由于受技术方面的限制，驾驶员的驾驶行为习惯相关的数据很难获取，无法对驾驶员的驾驶风险进行精确地评估。而借助车联网技术，保险公司可以通过车载终端收集到包括行驶里程、驾驶时间、车速、急减速次数、急转弯次数等在内的大量数据，然后对这些与驾驶行为习惯有关的数据进行挖掘分析，评定驾驶员的驾驶风险等级，最后针对不同驾驶风险等级的驾驶员进行差异化的保险定价，使得驾驶行为习惯较安全的驾驶员能够获得更多的保费优惠，称为基于使用的车险(usage based insurance，UBI)，也叫作基于驾驶行为的车险。UBI将从车费率模式与从人费率模式相结合，综合考虑车辆和驾驶员的静态属性、驾驶技能、驾驶行为习惯等风险因子，使得车险定价更加科学、公平、精细。一方面，UBI 有助于保险公司实现精准定价，给低风险驾驶员提供高折扣的保费优惠，从而扩大优质客户目标市场，另一方面，UBI 针对低风险驾驶员的保费优惠可以激励驾驶员培养良好安全的驾驶行为习惯，从而减少交通事故的发生，产生良好的个人和社会效应。

其次，车联网技术有助于降低保险公司的车险理赔成本。首先，保险公司通过车联网可以对驾驶员进行主动的风险管理和干预，促使驾驶员改善驾驶行为，减少交通事故的发生，从而直接减少车险理赔支出；其次，借助车联网反馈的实时数据，可以实现车辆远程查勘定损与理赔，降低保险公司的人力物力成本；最后，通过实时跟踪监测车辆行驶轨迹和驾驶行为，车联网可以帮助保险公司准确确定事故责任和损失，有效识别欺诈和骗赔行为，降低车险理赔成本。

此外，车联网还有助于优化保险公司的车险服务。以往保险公司与客户之间的互动只是在续保或发生事故理赔时才产生。通过车联网，保险公司可以在整个保单期间为客户提供一些增值服务，比如：车辆状态监控、行车安全预警、安全驾驶建议、紧急道路救援、行车报告、保养提醒等，有助于提高客户满意度和忠诚度，使得保险公司更加注重改善自己的服务质量来提高续保率，能有效地改变现有车险产品同质化程度高、只靠价格战取胜的局面，从而优化车险市场的竞争模式。

3. 国内外车联网保险的发展现状

对于国内保险行业来说，车联网保险还是新鲜事物，而在国际市场车联网保险产品近年来的发展非常迅速，欧美发达国家比如美国、英国、意大利、法国等的车联网保险已经比较成熟。比如美国主要的大型保险公司中大部分已经推出了车联网保险产品，中小型保险公司也都在积极研发。表 10 - 1 列出了国际市场主要保险公司的车联网保险产品。欧美发达国家车联网保险的发展已经历了技术萌芽期、期望膨胀期以及泡沫化的谷底期，目前正处于稳步爬升的光明期。车联网保险产品由起初只针对特定客户，正在逐步向所有客户提供车联网保险服务转变，向低风险驾驶员提供的保费优惠折扣也越来越高。

表 10 - 1　国际市场主要保险公司的车联网保险产品

保险公司	国家	数据采集技术	数据传输技术	定价风险因子
GMAC Insurance	美国	Onstar	GPRS	里程
Aioi	日本	G - Book	GPRS	里程、车况、时间
Hollard	南非	GPS 记录仪	GPRS	时间、位置、速度
Sara	意大利	GPS 记录仪	GPRS	实际行驶里程或天数
WGV - Online	德国	GPS 记录仪	GPRS	超速
MAPFRE	西班牙	GPS 记录仪	GPRS	里程、时间、道路等级、平均行驶距离、平均速度、夜间驾驶比例
Progressive	美国	OBDII 接口记录仪	GPRS	时间、里程、车速、急加/减速次数
State Farm	美国	OBDII 接口记录仪	GPRS	时间、里程、超速次数、急加/减速次数、转向
Liberty Matual	美国	带加速度计的 GPS 记录仪	GPRS	超速、急刹车、急转弯

目前我国对车联网保险还处于探索阶段，市场上还仍未出现成熟的车联网保险产品，但是很多保险公司已经意识到车联网保险的巨大潜能，已有不少大中型保险公司开始纷纷加入到车联网保险产品的研发中。随着国内商业车险费率市场化改革的进一步推行以及车联网技术的不断成熟，国内车联网保险将迎来新的发展契机。

4. 车联网保险面临的挑战

同时，在广阔的应用前景和巨大的商业价值背后，车联网保险的发展也面临着不少挑战。

（1）投入成本高

首先，车联网保险对大数据的采集、存储、分析、处理依赖于车载终端设备和网络信息平台，必然需要大量的硬件投入。其次，车联网保险涉及信息科学、电子工程、交通安全等多个专业领域，需要引进相关领域的专业人才，增加了保险公司的人力资源成本。因此，研发应用车联网保险产品相比传统车险产品的投入成本高得多，对于中小型保险公司而言存在着较大的风险。

（2）隐私保护问题

保险公司向低风险驾驶员提供高折扣保费优惠的前提是驾驶员必须提供驾驶时间、车辆位置、行车轨迹等隐私数据，这会使得一些驾驶员出于保护自身隐私的需要对车联网保险产品产生抵触情绪，从而降低与保险公司合作的意愿。

虽然面临着投入成本高、隐私保护问题等发展挑战，但因为车联网保险在帮助保险公司实现精准定价、降低车险理赔成本、优化车险服务等方面的利好，同时能带来安全驾驶、绿色交通等正面的社会效应，未来仍将有较为广阔的发展空间。车联网保险具有很强的技术性，其发展不可急功近利，通过有序开展外部合作，共享行业资源，加强理论和技术研究，培养专门人才，为车联网保险的持续健康发展奠定坚实基础。

10.5　汽车保险公司信息管理

1. 汽车保险公司信息管理概述

2006 年 7 月 1 日机动车交通事故责任强制保险的正式实施，极大地促进了汽车保险的普及。目前，汽车保险已成为我国财产保险业务中增长最快、所占比例最大的保险品种。据公安部交管局统计，截至 2015 年底，我国汽车保有量高达 1.72 亿辆，由此带来的庞大的汽车保险业务量为保险公司的信息管理工作提出了巨大的挑战。

传统的汽车保险信息管理以纸质信息管理为主，比如信息的提交与审核是以纸质信息进行传递。这样的信息管理模式存在着众多的问题：

①人力成本高。在传统的保险业务模式中，一个保单从生成、填报、审核、审批到缴费，中间需要经手的内勤人员太多，造成人力成本过高。

②信息存储与查询困难。在传统的保险业务模式中，生成的各种业务信息都以纸质材料呈现，不易存储，查询起来也十分不便，信息管理工作量大，而且纸质信息还容易受损和丢失。

③效率低下。由于保单都是纸质运作和存储，业务进度需要人为推进，造成信息传递不及时，工作效率低下，使得保险公司的时间成本上升。

④信息分析不足。客户信息是极其重要的资源，有效地利用好客户信息，可以为保险业务的开展和推广起到重要的作用。在传统的保险业务模式中，客户信息主要掌握在展业人员手中，分散的大量客户信息不便于保险公司进行统一分析，从而发现潜在和优质客户，同时客户信息得不到共享。

随着科学技术的全面进步，以计算机和互联网为基础的电子信息技术的高速发展，给各行各业带来了巨大的机遇,汽车保险行业也不例外。在信息管理方面,电子信息技术与传统的信息管理模式相比,具有无可比拟的优势,比如:成本低、查找方便、可靠性高、存储量大、保密性好、寿命长等。

2. 国内外汽车保险公司信息管理的发展现状

国外发达国家的汽车保险起步早,同时计算机和互联网的普及率高,因此电子信息技术较早地应用在了汽车保险行业。早在20世纪80年代,国外发达国家为了解决大量的汽车保险客户的信息管理问题,提高管理和查询的效率,就已经出现了成熟的汽车保险信息管理系统。比如美国保险巨头前进保险公司的理赔处理信息系统,当发生车辆事故案件时,在获取事故车辆的位置后,系统运用GPS定位技术实时查询所有查勘人员的位置信息,并结合他们的当班任务,挑选距离最近同时又可以安排时间的查勘人员前往事故现场,大大加快了车险查勘的工作效率。日本的安田火灾海上保险公司在车险业务中使用24小时工作的车险受理系统,该系统连接了全国范围内所有的理赔中心和理赔终端,当客户出险被公司受理后,可以通过全国任何一台理赔终端获得案件理赔的最新处理信息,并在7个工作日内获得赔款,极大地缩短了保险理赔的处理时间。目前国外发达国家已经建成了功能较为完善的汽车保险信息管理系统,基本上实现了从保险申请到理赔全过程的信息管理工作。

我国汽车保险起步晚,信息化程度低,在汽车保险信息管理的发展上远远落后于发达国家。甚至到了21世纪初期,我国的保险公司在业务处理中仍然主要依赖传统的手工操作和纸质传递,即使少数大中型保险公司运用了电子信息技术,也仅仅是停留在简单操作和数据保存的层面上。

但是随着我国汽车保险的快速发展,国内保险公司积极向发达国家保险公司学习先进的技术手段和经验,在汽车保险信息管理方面也逐渐取得了一些成绩。中国人民保险集团股份有限公司从早期开始使用核心业务管理系统,采用分省省集中数据的方式进行数据管理。在1999年设立了现代化的全国呼叫中心并正式投入使用。随后建立了车辆配件价格查询定损系统,大大缩短了定损的工作量和处理时间。个别省市还实现了GPS实时调度系统,利用移动网络将事故车辆的GPS定位数据传送到保险公司的数据库中,从而快速获得事故车辆的位置,迅速派遣相应的查勘定损人员到事故现场。部分发达地区还实现了客户关系管理系统,通过理赔系统和承保系统的互动,实现了客户信息的共享和分析。

3. 汽车保险信息管理系统

车险信息管理系统应具有友好的工作界面、操作人性化、简单易行、系统流程规范有序,使保险公司工作人员能够从复杂的人工操作和繁杂的流程中解脱出来,从而高效地处理车险业务。系统应具有良好的运行效率,在实际车险信息管理中能够准确高效地处理大量数据,信息查询灵活方便,满足保险公司对各类信息的管理需求。系统还应具备较高的可靠性和安全性,同时维护方便。

车险信息管理系统通常包括以下主要功能:

(1)客户信息管理

客户信息管理是车险信息管理系统其他功能的基础功能。客户信息包括个人信息、车辆信息、保险信息等,客户信息管理就是对这些信息进行维护和管理,具体可以进行客户信息的录入、修改、删除等操作管理，还可以通过普通查询和批量查询两种方式对客户信息进行查询。

（2）保单信息管理

保单信息主要包括被保险人姓名、身份证号码、车牌号码、登记日期、赔偿限额、保费合计、保险期限等信息。保单信息管理是车险信息管理系统的重要功能，主要包括客户购买保险时，录入保单信息；在发生事故出险后，通过查询快速了解到保单的基本情况；最后还能对保单信息进行修改、删除、统计等操作管理。

（3）理赔信息管理

理赔信息管理是车险信息管理系统的核心功能，包括立案管理、查勘管理、定损管理、结案管理四个子功能：

①立案管理：当接到报案时，报案受理工作人员首先具体询问案件详细情况，并进入系统数据库核查客户的保险信息，以确定报案是否属于受理范围。案件被受理后，则应填写案件详细情况，生成流转单上传至系统，系统传递案件信息至调度专员。调度专员查看到案件相关信息，并向与出险地较近的查勘专员将调度指令输入系统，完成调度任务。

②查勘管理：查勘专员接受调度指令后前往案件现场进行查勘。随后将案件基本信息如出险地点、出险原因、有无人员伤亡等和车辆受损详情包括现场照片、受损部位标的等录入到系统中。最后，通过与报案人协商，在系统中完成对车辆定损时间和地点的选择，系统会及时提醒相关人员按时到达定损地点。

③定损管理：定损专员根据之前的查勘结果制订具体的维修方案，包括在系统中逐项确定所需更换配件的型号，再通过系统查询配件价格，完成维修方案和报价详情，最后提交系统供部门主管进行审核。

④结案管理：相关主管审核车险理赔方案是否合理，并将审核结果输入系统。通过审核的案件会流转至核赔人员处，核赔人员查看到任务后落实具体的赔偿，当赔偿工作结束后在系统中进行结案归档操作。

此外车险信息管理系统还包括员工信息管理、统计信息管理、系统管理等辅助功能。

通过车险信息管理系统的实施，首先有助于保险公司实现无纸化办公，使得车险业务流程更加规范、高效，降低工作人员的劳动强度，大大提高工作效率，从而降低保险公司的运行成本。其次借助计算机和互联网，车险信息的传递与共享更加快捷方便，数据信息的存储更加安全、可靠、稳定，信息的查询也非常容易，同时便于保险公司对大量信息进行统计处理分析，以更好地开展车险业务。

思考题

1. 保险行业为什么要实施电子商务？

2. 车险电话营销跟传统车险营销渠道相比，具有哪些优势？

3. 全流程车险网络营销主要包括哪些步骤？

4. 车联网技术给汽车保险带来了哪些机遇与挑战？

5. 车险信息管理系统主要包括哪些功能？

第 11 章　汽车保险欺诈与反欺诈

近年来，随着国民经济的高速发展，我国汽车保有量逐年增加，汽车保险也随之得到迅猛的发展。但是，当前日益增多的汽车保险欺诈骗、赔现象已严重干扰了我国汽车保险业的健康发展。据统计，汽车保险欺诈金额占理赔总额的 20%～30%。过高的欺诈金额会直接导致赔付率过高，间接导致汽车保费的提高。汽车保险欺诈、骗赔等犯罪活动严重危害保险事业的健康发展，影响了社会的安定，对保险公司的经营效益和车主的保费支出都会造成较大影响。

汽车保险从业人员应充分了解汽车保险欺诈的成因、形式及预防措施，并能有效识别，保护受欺诈当事人的合法利益。

11.1　汽车保险欺诈的基本知识

1. 汽车保险欺诈的概念

狭义的汽车保险欺诈，是指投保人、被保险人不遵守诚信原则，故意隐瞒有关保险车辆的真实情况，或歪曲、掩盖真实情况，夸大损失程度；或故意制造、捏造保险事故，造成保险标的损害，以谋取保险赔偿金的行为。其法律特征是：①行为人在主观上有违法犯罪的故意，即有诈骗、非法获取保险赔偿的目的；②主体的特殊性，即实施诈骗行为的人必须是汽车保险合同的投保人、被保险人或受益人；③行为人在客观上必须实施了利用汽车保险合同进行诈骗的行为；④诈骗行为的结果侵害了受法律保护的金融保险秩序。

2. 汽车保险欺诈的影响

近年来，随着保险业的蓬勃发展，保险欺诈有逐步扩大的趋势，因欺诈而导致的支出占总赔款的比例不断攀升。

据统计，车险赔付率只有控制在 60% 以内，保险公司的经营才能保本或盈利。然而，实际上目前我国的车险业务却是出现大面积的亏损，部分省份的车险综合赔付率高达 73%。与其他保险诈骗相比，车险骗赔具有金额小、数量多、随机性大的特征，更难被发现。

由于保险欺诈现象的存在，保险业不得不将其作为一种不可避免的风险因素而接受，在经营过程中进行了种种必要的规避。在计算保险费时，迫不得已地要将保险欺诈考虑在内，这不但增加了普通消费者的负担，也给保险业的正常经营和理赔增加了难度，从而给保险业的健康发展造成了负面影响。

"投保容易理赔难"的说法,有一部分就来源于因保险欺诈而引起的保险公司拒赔案件,其他被保险人不明就里,受到舆论的影响而得出了这样一个片面的结论。这给保险公司的经营声誉造成了巨大的无形损害,影响了下一步的继续展业。车险骗赔不仅增加了保险公司的经营风险,也对投保人的保险权益造成了极大的损害。

3. 汽车保险欺诈的分类

汽车保险欺诈的种类多种多样,可按不同标准对汽车保险欺诈进行分类:

(1)按保险标的不同分类

按保险标汽车保险欺诈可分为汽车损失保险中的欺诈、汽车责任保险中的欺诈和汽车消费信贷保证保险中的欺诈。

(2)按欺诈发生的环节不同分类

按欺诈发生的环节汽车保险欺诈可分为理赔欺诈和承保欺诈。理赔欺诈是保险欺诈中的最为常见的形式,也是承保欺诈的终结形式。承保欺诈是由投保人在承保环节实施的欺诈,如对具有特别高的风险的车辆采取隐瞒事实的方法骗取承保资格等。

(3)按实施主体不同分类

按实施主体汽车保险欺诈又可分为投保人(含被保险人)实施的欺诈、保险人实施的欺诈和第三人(主要是保险中介机构或其他人)实施的欺诈。

(4)按实施主体数量不同分类

按实施主体数量汽车保险欺诈可分为单一主体欺诈和集团欺诈。

(5)按实施主体隶属关系的不同分类

按实施主体隶属关系汽车保险欺诈又可分为外部人欺诈和内部人欺诈。内部人是指保险公司内部人员。外部人指的是保险公司以外所有与保险业务经营有关的单位和个人。

(6)按保险欺诈发生是否存在事先策划分类

按保险欺诈发生是否存在事先策划汽车保险欺诈可分为有计划的欺诈和机会主义欺诈。

(7)按欺诈的具体对象不同分类

按欺诈的具体对象汽车保险欺诈可分为保费欺诈、赔付欺诈。

(8)按欺诈的程度不同分类

按欺诈的程度汽车保险欺诈可分为硬欺诈和软欺诈,硬欺诈是指故意虚构保险事故和虚构人身伤害。软欺诈通常是由单个人实施的,他在向保险人索赔时往往存在严重误述或夸大其词。在硬欺诈的情形下,当事人所宣称的交通事故、人身伤害根本就不存在;在软欺诈情形下,虽然存在着交通事故、人身伤害,但索赔材料中存在着虚假成分,令人难以甄别。例如,在人伤交通事故中,受害人往往声称自己的颈部、腰部、皮肤软组织等受到伤害,因为这类病症通常存在着确诊难、治疗时间长、医疗费用不确定等情形,这类软欺诈容易成为保险公司反欺诈中的难点。

11.2 汽车保险欺诈的原因分析

保险欺诈是伴随着保险业的产生而存在的一种传统犯罪。由于保险当事人双方的权利和义务要求是不对等的，发生了保险事故，保险人需要付出比保险费多很多倍的赔款。如果没有发生保险事故，投保人缴纳的保险费就转移给了保险人。这就是保险欺诈的物质基础，它引诱了某些缺乏道德以及因种种原因需要解脱困境的人或集体铤而走险。而汽车保险欺诈往往又具有很大的隐蔽性，其形成原因也相当复杂，有社会的、个人道德方面的因素，也有保险条款、公司运作与监管方面的因素。

1. 汽车保险欺诈的动机

（1）保险欺诈的动机
①将保险除外责任的损失转化为保险责任内的损失。
②故意制造或扩大保险责任内的损失而谋取利益。
（2）保险欺诈的可行性
保险标的的承保环节包括险种设定、保险标的的检验、条款责任告知等。车险理赔业务环节包括发生事故、现场查勘、事故责任认定、车辆定损、修理、索赔等。在上述业务环节中，保险公司只能对少数环节进行控制，但当事人在上述各个环节中都存在着作假欺诈的可能性。例如，保险标的的检验一般由业务员或代理人操作，这就有可能出现标的在脱保期间出险，业务员为完成出单任务故意隐瞒事实，为投保人续保后虚假报案提供便利。再例如，保险标的出险后，部分事故未进行现场查勘或现场查勘环节未能完整取证，这就为投保人故意扩大损失留下了漏洞。

2. 汽车保险欺诈的成本

骗保行为的成本包括行为暴露后的声誉损失、经济损失及承担的法律后果。
①经济损失。故意未如实告知，保险人发现后可解除保险合同，对合同解除前发生的事故不承担赔付责任，并且不退还所交保费。
②法律后果。对于通过各种非法手段骗取保险金的，如数额较大，就构成保险诈骗罪，行为人要承担相应的刑事责任。
③声誉损失。骗保失败被公布，将失去个人、企业信用，遭受公众、舆论谴责，并对其未来造成影响。

3. 汽车保险欺诈的原因

汽车保险欺诈的产生与蔓延以及骗保案件的屡禁不止、居高不下，究其原因，除作案人追求金钱的欲望极度膨胀以及存在侥幸心理等个人因素外，还有不少客观因素，主要有以下几种：
1）利益的驱动
高回报产生的强力诱惑。保险合同可以使投保人支出少量的保费，获得上百倍于保费的保险保障。低成本高收益在一定程度上为保险欺诈提供了动力源泉，促使他们期望诈骗成功而一夜暴富。

汽车修理的利润主要有两大块：一块是工时费，通常利润可以达到 30%；另一块是材料费，正常利润是 25%，而如果进行骗保则可达 150%~250%，甚至更高。因此一些汽修厂利用自己既了解保险知识，又懂汽车构造的有利条件，在事故车辆维修时做手脚，偷梁换柱，以次充好，一方面向保险公司报损，索要更换部件和维修的高额费用，另一方面却用较低档的材料为客户修车，从中牟取暴利。

目前，车险的销售主要是通过代理人进行的。车主在保险公司授权的代理公司购买了保险，就盲目地认为该公司也有权为自己理赔，经销商也就顺势向客户做出承诺。而修理厂方面也不甘落后地承诺可以提供一条龙服务，其中当然包括理赔。于是出于方便的考虑，客户往往会选择在自己的爱车发生损坏事故时，将车直接送到修理厂维修并委托修理厂代为向保险公司索赔修理费用，留下自己的驾照、行驶本、身份证等重要证件，这就给别有用心的汽修厂工作人员以可乘之机。

2）保险意识的偏差

保险是指投保人根据合同的约定，向保险人支付保险费，保险人对于合同约定的可能发生的事故造成的财产损失承担赔偿保险金责任，或者当被保险人死亡、伤残、疾病或达到合同约定的年龄、期限时承担给付保险金责任的商业保险行为。从表面看，保险与赌博存在着许多相似之处，都可能以较小的支出获得较大的回报。投保人的心态不同，会产生不同的动机，实施不同的行为，造成不同的社会效果，演绎出不同的法律关系。保险提供的补偿以损失发生为前提，补偿额以损失价值为上限，不存在通过保险获得期望利润的可能。社会公众对保险认识的局限，往往造成比较多的投保人从个人的投资回报和利益角度来看待保险，因而，不少人的保险意识存在偏差，认为投保得不到赔偿就是"吃亏"，更有一些铤而走险的不法分子，抱着赌博的心态投保，投机取巧，以虚构保险标的、编造保险事故、夸大损失程度或故意制造保险事故等手段，致使保险人陷入错误认识而向其支付保险金，从中获取不正当的利益。这种行为的存在，给保险公司的正常经营构成威胁，影响着保险人的偿付能力。正因如此，我国新《刑法》制定了保险诈骗罪，以严厉打击这种不法行为，保证我国保险业的健康发展。

3）保险法制观念不强

由于我国保险业刚刚起步，相关法律法规不健全，在百姓心中，保险欺诈被看成一种可以原谅的过错，人们甚至认为通过不正当手段从保险公司骗取保险金并非是违法的事，即使欺诈行为被识破，其声誉也不会受到多大影响。这种行为在司法机关工作人员中也有很多模糊认识，他们总将保险欺诈视为保户与保险公司的经济纠纷，最多认定为是保户不当得利，通常不作为违法犯罪来打击处理，客观上助长了骗保的不法之徒的嚣张气焰。

4）司法支持力度不够

目前保险公司在发现骗赔行为时原则上要以具体案情为依据，先向公安部门报案，待警方初步调查后再做决定。涉案金额如果达不到立案标准，就只能通过到法院起诉来解决。但这样的诉讼案从立案到结案通常得半年左右，费时费力，往往保险公司都不会选择。同时，在车险理赔过程中，保险公司查勘和核赔工作的难度非常大，由于保险公司调查工作的成本比较高，案例发生的随意性较强，再加上各保险公司之间信息资源的闭塞，除非有人举报，要想大量查处骗赔案件，确实存在着一定的困难。况且保险公司都没有侦查权，理赔部门的调查工作往往还需要社会相关部门的支持与协作，如检察院、法院、公安机关、医院等。但是在具体调查核赔的过程中，并不是所有的相关部门都支持保险公司的工作。由于保险公司的调查权没有相应的、明确的法律支持，调查人员的法律地位也不明确，以致定损、核查工作大大受阻。这样，诈骗者不仅有诈骗可能成功的侥幸心理，而且知道，即使诈骗被人发现，也只不过同不诈骗一样领不到保险金，而无其他伤筋痛骨之虑。因此，在目前的法律环境下，骗赔失败可能受到的惩罚，相对于骗赔成功的获利而言，难以对犯罪分子形成足够的威慑，这就使得骗赔者更加有恃无恐。

5）保险公司内在管理及制度的不完善

由于专业人才的匮乏，大多数保险公司的车险理赔部门缺乏足够的专业人员，无法辨识机动车辆保险欺诈分子及其团伙的伎俩，或者虽对欺诈者的行动有所察觉，却不知用何种有效手段揭发和制止其犯罪行为。此外，由于缺乏具有保险专业知识的专业经营者，使得保险公司经营管理存在漏洞。

机动车辆保险经营的特殊性为犯罪分子提供了可乘之机，机动车辆保险险种多，交通事故涉及对象广泛且不确定，出险频率高，出险现场远近不一，涉案金额不大，保险公司理赔人员有时尽管对某些赔案有所怀疑，碍于无法调查取证或取证成本过高，也就不了了之，这些特点都为机动车辆保险骗保者提供了可乘之机和作案空间。

核保核赔缺乏必要的内控机制。一些保险公司采取粗放式经营，抱着"捡到篮里都是菜"的态度，不能在核保前对保险标的进行科学的风险评估，发生赔案时，第一现场查勘率不高，识别真假的能力不强。随着市场上机动车保有量的激增，机动车出险率大幅上升，理赔人员工作繁忙，难以有效地甄别骗赔案件。再加上一些保险公司为争夺市场份额，采取粗放式经营，导致代理人在招揽客户时置规章条例于不顾，只重数量不求质量，为日后的骗保埋下隐患。更有一些保险公司理赔人员缺乏职业道德，见利忘义，与汽修厂勾结串通，里应外合，更使得保险公司防不胜防。另外，保险人之间不能进行有效率的信息交流与数据共享，保险公司视对方为竞争对手，很少互相通报骗保骗赔情况，使居心不良的欺诈行为屡屡得逞。一些保险公司被诈骗后，为顾及自己的信誉和影响，采取不张扬的做法，使保险欺诈者更有恃无恐。往往一次事故，骗取多次赔款。

6）整个社会尚缺乏诚信体系和健全的监控机制

由于不了解机动车辆保险欺诈行为的法律后果，很多人把机动车辆保险欺诈当做一种取得经济效益的手段。现阶段，很多人并不了解我国《保险法》和《刑法》对保险诈骗犯罪的处罚规定，不了解该行为的法律后果，以为这不过是与保险公司玩游戏，是一种高明的生财方式。除非涉及人身安全，否则不认为机动车辆保险欺诈是一种违法犯罪，甚至有人在网站上公开发文指引人们如何骗赔。

对于不构成刑事责任的小额骗赔案件，保险公司只能以拒赔处理，对当事人不能做任何惩罚措施，也没有任何教育、惩治的作用。如果在一个信用体系完善的社会，骗保等不诚信的事实一经确认，当事人的信用就会有不良记录，进而连带影响其所有的社会活动，这样不仅对于骗赔，甚至对其他的社会诈骗行为都有很强的威慑作用。

4. 汽车保险欺诈的表现形式及特点

（1）汽车保险欺诈的表现形式

1）保险人方面

保险人欺诈的表现，包括保险公司的经营管理问题和保险公司从业人员的欺诈两个方面。

①保险公司的经营管理问题。保险公司普遍存在擅自提高保险费、恶性竞争，增加经营成本的现象。部分保险公司的分支机构随意降低承保条件或扩大承保责任，又故意不履行说明义务，出险后为控制赔付率而设置障碍，增加投保人的获赔条件，少赔、惜赔、拖赔及物理拒赔，往往又引起理赔纠纷，小额赔款解决，如遇到大案又要求补交保险费，补报案、补赔等层出不穷，严重影响了保险公司的声誉。

②保险公司从业人员的欺诈。保险从业人员普遍素质较低也是保险欺诈行为蔓延的一个重要原因，保险工作专业性要求很强，不仅需要较高的政治思想素质，而且需要较强的专业素质。个别从业人员经不住金钱的诱惑，同其他欺诈者内外勾结，共同骗取保险金，一些保险公司的雇员或代理人为了促销，获取高额佣金或收入，不惜采取欺诈手段，恶意误导，诱使投保人上当，还有部分雇员利用保险公司内部管理上的漏洞收取保险费后占为己有，损害公司和投保人的利益。

2）投保人方面

随着保险人服务水平的提升和理赔速度的加快及国家对交通事故处理的根本性改革，再加上目前相关法律法规、道德舆论对保险骗赔的现象缺乏有效的约束力，以及骗赔失败后可能受到的惩罚相对于骗赔成功所获得的经济利益不足以形成有效威慑，因此机动车辆出险率大幅上升，理赔人员工作繁忙，致使一部分别有用心的人乘机以各种手段进行骗赔，使车险骗赔案件呈上升趋势。

3）保险代理人方面

车辆保险的销售主要是通过代理的方式，车险的代理人通常由汽车销售商和维修厂来充当。车主在保险公司授权的汽车销售代理商、代理公司处购买了保险后，通常就理解为该公司也有权为自己进行理赔，销售商往往也对此许下承诺，但销售商在收到受损车辆后还是要送到修理厂。在修理厂方面，当人们进行汽车的日常维修与保养时，修理厂为招揽客户，承诺可以提供一条龙服务，其中包括汽车保险与理赔。

保险代理人对保险公司的欺诈概括起来，有编造事故和原因、制造事故、扩大损失、重复索赔四类骗保形式，其中扩大损失和重复索赔属于常见形式，主要有以下两种情况：①在收到客户的受损车辆后，以较低档的材料给客户修理，却以高档价格向保险公司索赔；②故意加大险损，车主将车放在修理厂离开后，修理厂就将受损的车辆二次撞击，造成较大的损害，拍成照片按照严重损害程度向保险公司索赔，这样原本几百元的损失，修理厂可以向保险公司要到几千元的赔偿费用甚至更高。而车主却一无所知，车主得到的只是少部分的费用，而修理厂骗取的却是高额的保险赔偿金。

（2）汽车保险欺诈的特点

由于车辆保险的理赔程序相对简单，不法分子容易编造或故意制造保险事故，这也是车辆保险诈骗屡屡得逞的重要原因。此外，车辆保险诈骗案件大多涉案金额较低，达不到立案标准，使得此类案件行为人的违法成本较低。由于保险诈骗行为复杂多样，调查取证比较困难。对于涉案金额较小的案件，一些规模较小的保险公司在理赔时，由于人力、财力不足而无法进行详尽的理赔调查，对于涉案金额较大的案件，不法分子往往是团伙作案，欺诈行为较为隐蔽而难以发现。目前，我国汽车保险欺诈主要有如下特点：

①职业化。犯罪分子为追求共同的犯罪目的结成犯罪团伙，有组织有分工，手段专业，每一个环节都有专人负责。

②智能化。保险诈骗犯罪分子大都具有比较丰富的社会经验，有些甚至具有比较丰富的保险法律和保险业务方面的专门知识，熟悉保险制度的各个环节和经营活动。他们善于钻法律的空子，披上"合法"的外衣进行犯罪活动。

③多元化。汽车保险诈骗手法花样繁多、诡秘多变，有故意制造虚假的交通事故的，有故意与其他违章车辆发生碰撞事故的，有串通交警出具虚假事故责任认定书的，有伪造、变造修理发票，故意夸大损失程度的。

④联合化。犯罪分子善于拉拢各方面的关系，结成利益共同体，让负责事故责任认定的交通警察、财产损失的鉴定人员及汽车修理人员出具虚假的证明文件。

11.3 汽车保险欺诈识别与防范

1. 汽车保险欺诈的手段及案例分析

汽车保险欺诈的表现形式及特征有以下几类：虚假告知、不够诚信；出险在先，投保在后；改变用途，出险索赔；无中生有，谎报出险；编造原因、隐瞒真相；报案不实、夸大损失；二次撞击、扩大损失；故意造案，骗取赔款；移花接木、混淆视听；二险多报、重复索赔；顶替他人、冒充索赔；内外勾结、狼狈为奸；肇事逃逸、事后索赔等。

每个骗保形式有不同的特征，分析它们的特征，对辨别假案具有重要意义。这些诈骗形式有的发生在投保时，大多发生在出险后。

(1)虚假告知，不够诚信

根据保险的最大诚信原则、如实告知是投保人必须履行的义务之一，包括与保险标的有关的所有有利与不利的事实，以便保险人确定是否承保以及保费、保险金额的高低。

在投保人购买保险时，应该如实告知标的实际情况，如标的车的使用性质、是否有损坏、标的车的来历证明、新车购置价格。有的投保人在购买保险时，标的车是营运性质的，投保人为了降低保费，谎称标的车是非营运性的。车主没有如实告知保险公司标的车的实际性能状况、有无大修情况、是否能够安全行驶。在指定驾驶员时，没有如实告知该驾驶员的身体健康情况、有无驾驶经验、有无出险经过等。

(2)出险在先，投保在后

出险在先，投保在后指汽车出险时尚未投保，出险后才予以投保，然后伪装成在合同期内出的险，以达到获取汽车保险赔款的目的。

实施先险后保时，采用的手段有两种：一是伪造出险日期；二是伪造保险日期。伪造出险日期，一般通过人际关系，由有关单位出具假证明或伪造、变造事故证明，待投保后，再按正常程序向保险人报案索赔。这类案件保险人即使去现场复勘,若不深入调查了解,也很难察觉。伪造保险日期,一般是投保人串通保险签单人员,内外勾结,利用"倒签单"的手法,将起保日期提前。有的车辆在到期脱保后要求保险人按上年保单终止日续保也属此类。无论采取何种手段,先险后保案件有一个明显的特点,即投保时间与向保险公司报案的时间很接近,因此,对两个时间比较接近的保险案件应当警惕。

（3）改变用途,出险索赔

个别客户的汽车,起初是按照非营运性质投保的。但在经过一段时间之后,却改变了用途,开始从事营运工作。

案例:

【案情介绍】

①承保情况。被保险人:李某;车牌号码:辽 B×××;厂牌型号:雪弗兰赛欧;投保险种:车辆损失险、第三者责任险、交强险;使用性质:非营运性家庭自用汽车;保险期限:2011 年 6 月 15 日零时至 2012 年 6 月 14 日。

②出险情况。李某驾驶标的车于 2011 年 10 月 2 日在大连火车站附近撞到路边石头,标的车前杠及大灯受损。出险时,车上除李某外,还有一名乘员,该乘员坐在副驾驶位,头部受轻伤。

③查勘情况。接到报案后,保险公司查勘人员赶赴现场,发现车上有很多行李,怀疑司机趁"十一"黄金周期间跑黑出租,对当事人进行了如下笔录,如图 11 - 1 所示。

保险公司询问笔录

问驾驶员:这个车子是你自己的吗?

答:车子是我自己的。

问驾驶员:你送这个人来赶火车吗?

答:是啊,我送他来火车站,一不小心,刚才就是为了躲一辆车,那车……

问驾驶员:受伤那个人和你什么关系?

答:一个远房亲戚。

问驾驶员:哦,谢谢你。

问伤员:你怎么样了?不严重吧?

答:还好,就是头碰了下,今天运气真背,赶火车的……

问伤员:他送你来火车站?

答:是的。他拉我来的。现在出了事,火车误了,又要耽误一天。

问伤员:你们认识?

答:不认识,我坐他车从××到火车站收我 9 块钱,我看挺便宜的,就让他拉了,哪知道出了这种事,真倒霉。

图 11 - 1　询问笔录

【案情分析】

本案中,询问笔录的重点要放在车子是否是非营运车用于营运。当伤者说出了收钱运送的事实后，笔录就可以结束了。最后让双方按手印，这样就可以作为一个拒赔的法律上承认的证据了。这个询问过程最好是分开来同时进行，以免事前串通。

（4）无中生有，谎报出险

无中生有，谎报出险是指投保人、被保险人或受益人，在保险期限内对并未发生的损失向保险公司提出索赔的行为。被保险人通过制造虚假事故，更换报废零部件，将单方事故伪造成双方事故，被保险人将本不属于保险索赔范围的事故，通过制造虚假事故，达到骗取理赔款的欺诈目的。

这类情况投保人往往需要采用证人作伪证，制造虚假事故现场、证明材料等手段。

案例：

【案情介绍】

①承包情况。被保险人：梁某；车牌号码：辽A×××××；厂牌型号：本田 CRV 轿车；投保险种：车辆损失险、第三者责任险、车上人员责任险、盗抢险、不计免赔率特约条款及交强险；保险期限：2009 年 4 月 29 日零时至 2010 年 4 月 28 日 24 时。

②出险情况。2010 年 1 月 4 日，驾驶员王某向保险公司报案称：当日其驾驶辽A×××
×号本田轿车，行驶到抚顺市望花区新钢大门时与一辆大货车相撞，车辆右前方受损。事故现场已被交警清理，双方车辆在事故停车场。

③查勘情况。接报案后，保险公司立即派出查勘人员与驾驶员王某取得联系。查勘人员对事故车辆承保情况进行了核实，并对双方车辆的碰撞痕迹、事故原因等进行了分析。调查过程中，查勘人员对驾驶员王某进行了询问。王某称自己是被保险人梁某的好朋友，驾车行驶过程中由于采取措施不当，造成了事故的发生。随后，查勘人员又对被保险人梁某进行了询问，被保险人梁某与驾驶员王某所述情况基本一致。但在进一步的调查取证过程中，查勘员却发现了一个重要线索，驾驶员王某是抚顺本田维修站的机修工人，事故发生时正在帮被保险人梁某试车。

④焦点问题。查勘人员通过对以上情况的综合分析，结合自己的查勘经验，怀疑该事故车存在维修期间出险的情况。

⑤解决问题的思路和方法。查勘人员回到公司后，调取了辽A××××号本田车的历史出险情况，发现该车在 2009 年 12 月 25 日发生过一起单方肇事事故，事故原因为行驶时路滑，左前部撞在马路台阶上，该案已结束。根据经验分析，该车的维修周期应该在 10 天左右，到这次出险之日，车辆应该还没有修好，第二起案件极有可能是维修期间维修工人试车时发生的，如果事故的真实情况如此，那么按照《家庭自用车损失保险条款》第六条第三款的规定，该案不属于保险责任。根据这种初步判断，查勘人员马上赶往驾驶员所在的本田维修站，果然发现该车的维修记录单，但是维修单中显示该车只有入场记录，没有出场记录。根据以上调查情况，基本可以认定标的车是在维修期间出险。

查勘人员根据掌握的情况，再次约见了被保险人梁某及驾驶员王某，告知双方一定要按照客观事实报案，以及捏造保险事故、隐瞒事实可能承担的法律后果。在事实面前，被保险人梁某道出了事故的真相：被保险人梁某和驾驶员王某并非朋友关系，2009 年 12 月 25 日出险后，车辆在本田维修站修理，2010 年 1 月 4 日，车辆修复后，王某驾驶标的车试车，试车过程中，因驾驶员王某操作不当，标的车再次发生事故后，驾驶员王某及本田维修站为减少损失，立即与被保险人梁某取得联系，向其说明情况，请求被保险人向其保险公司报案，本田维修站为此愿给予被保险人一定的经济补偿。

此案到此就水落石出了，像这种谎报出险、无中生有的假案，查勘员应该从碰撞痕迹真实与否来判断，定能找出真相。

（5）编造原因、隐瞒真相

事故发生后，对于所造成的经济损失，依据保险合同，或者属于免责范围，或者需要车主本人承担较高的比率。

案例：

【案情介绍】

①案情简介。2010 年 1 月 5 日，保险公司查勘人员接到调度称：某车于前日晚 9 时许，在姜堰溱潼镇为避让其他车辆致使本车冲至田间，造成本车车头受损、一人受伤，无其他损失，车辆已停放某停车场。

②查勘情况。接到报案后，查勘人员立即赶到停车场，经仔细观察车辆内外碰撞痕迹，发现车头受损严重，气囊因撞击而爆出，伤者在车内及左侧车身留下大量血迹，被保险车辆内有没有酒味。据停车场夜间清障人员反映，到达现场时本车上人员已经离开。保险公司查勘人员立即通过电话通知驾驶员沐某到保险公司，通过书面询问笔录了解具体出险情况及经过。

以下是驾驶员沐某反映的情况：

a. 出险时本车上两人。

b. 出险时沐某本人驾驶，未受伤；副驾驶座上人员受伤。副驾驶员座位上是被保险人，老板受伤后因车辆右侧有泥土，故从副驾驶座位爬到主驾驶位上出来的。查勘照片如图 11 - 2 至图 11 - 6 所示。

图 11 - 2　车辆损失情况

图 11 - 3　车辆左侧血迹

图 11 - 4　车内副驾驶座位血迹

图 11 - 5　车内主驾驶座位血迹

图 11-6　事发现场

图 11-7　副驾驶员座椅严重变形

③焦点问题。查勘人员根据查勘观察情况分析：本车应该为平行坠落，未发生侧翻，所有车门均可打开；受伤人员在事故发生的瞬间一般不会考虑地面泥土问题，而是本能地打开车门进行救护。副驾驶人员从主驾驶座位这边绕道出来显而易见违反常理。驾驶员座位上血迹较多可以基本肯定驾驶员应受伤；从左侧车上血迹来看，应为受伤人下车后还趴在左侧车身上从前向后挪动留下的痕迹。另外，副驾驶座椅后肯定至少有一位乘客在瞬间撞击座椅使座椅发生变形。基本可以断定车上不应是沐某笔录所称的两个人。

结合上述两个疑点，查勘人员初步判断该起事故的真正驾驶员并非沐某，事实真相很有可能是真正的驾驶员出于某种原因让沐某来顶替。

④处理结果。查勘人员做完查勘笔录后请驾驶员到大厅休息，并立即将此案汇报公司部门领导。在公司统一组织下，分成两个调查组同时开展工作，一组带沐某复勘事故第一现场，另一组到医院和交警队调查。在复勘第一现场时，发现沐某开始有些紧张，并与某一人频繁拨打电话。查勘人员请其将车停放至安全场所后做笔录，沐某随即驾车离开现场，称有事要先行回家。保险公司人员未答应并侧面施压，几分钟后沐某来电称不向保险公司索赔了！保险公司人员告知在完善相关书面手续后，可不追究相关情况。

(6) 报案不实、夸大损失

报案不实、夸大损失指出险汽车损失很小，被保险人却故意夸大损失程度或损失项目，以小抵大，骗取赔款。例如，被保险人将事故汽车上未损坏的零部件通过用损坏的零部件进行替换后再向保险公司报案的情形就属于此类诈骗。目前，一些汽车修理企业，为拉拢客户，有时会帮着客户进行欺诈骗赔。修理企业中与事故汽车同类型车辆的损坏零配件比较多，再加上专业人员的"参与帮助"，此类骗赔案件较难识别，这就要求车辆定损人员具有较强的专业知识和丰富的理赔经验。

案例：

【案情介绍】

一辆解放牌半挂车于2007年5月某日因制动失灵而翻车。查勘发现：①驾驶室前部及翻转机构整体变形严重。驾驶室前脸距地面1400 mm高度有宽度约30 mm的横向撞击痕迹，痕迹处有红色油漆擦痕。②右前制动气室缺少一支固定螺栓，左前制动气室软管折断。③水泵小循环出水管及暖风水管有陈旧性断裂痕迹。④发电机仅存断裂的支架及未装螺栓帽的下固定螺栓，调节器与发电机有两根连接线未接。⑤曲轴及风扇皮带轮槽锈迹较多，仅存的一根风扇三角皮带其侧面无运转摩擦痕迹。⑥发动机铝制水管前部断裂，排气歧管与排气管接口处断裂，飞轮壳与发动机后支架连接处断裂。空气滤清器上盖及空气滤清器芯缺失。车辆碰撞后水箱与风扇的摩擦痕迹不符，且水箱的变形情况与实车碰撞不符。⑧湿储气筒与气泵连接管未连接。⑨手制动手柄及连接杆件缺失。⑩挂车左后角侧栏板向车厢内变形。

另外，该车事故现场为东西方向道路，且东高西低，有轻微向左转弯。翻车地点左侧为深度约 80 mm 的沟，翻车时该车向左逆行翻入沟内，车头比车尾离路面远。

【案情分析】

①根据发电机缺失、水泵水管有陈旧性断裂痕迹、水箱陈旧且与风扇的摩擦痕迹不符、曲轴及风扇皮带轮槽锈迹较多、仅存的一根风扇三角皮带侧面无运转摩擦痕迹等，说明事故发生前发动机并未处于运转状态。

②制动气室缺少固定螺栓，制动气室软管折断，湿储气筒与气泵连接管未连接，手制动手柄及连接杆件缺失，挂车制动凸轮轴、制动气室推杆无运动痕迹等，进一步说明发动机未运转，且制动系统未工作，车辆不具备基本的运行条件。

（7）李代桃僵，冒名顶替

这是指驾驶员喝酒后驾驶标的车，造成标的车损失，找代替驾驶员向保险公司索赔的行为。

案例：

【案情介绍】

2011 年 3 月 7 日 9 时 35 分，被保险人陈晓良向盐城 95518 专线报案称：3 月 5 日 14 时 25 分，被保险车辆苏 J××××型别克轿车沿省道 226 线由北向南行驶至射阳县特庸镇派出所附近，撞上路边一行人，致其重伤送医院抢救，车辆受损被扣押至兴桥交警中队。

【案情分析】

接报案后，保险公司理赔组兵分三路展开处理调查。一路前往事发地点进行内查外调；另一路前往兴桥交警中队与办案交警取得联系并查勘事故车辆；还有一路前往抢救伤者的医院进行调查。据办案交警称：肇事驾驶员陈某，本县特庸镇人；伤者叫张某，1969 年 9 月 16 日出生，亭湖区黄尖镇人。事发后陈某向公安机关投案，但勘查人员经过对肇事车辆进行勘查，发现驾驶室座椅下有血迹。按理说应该是驾驶员陈某留下的，却与交警所说陈某未受伤矛盾；因此时伤者张某在昏迷抢救过程中，5 天后抢救无效死亡，勘查人员无法从受害方了解到真相；但另一组勘查人员则从事发地的目击者处了解到：事故发生后，驾驶员满嘴酒气，弃车逃逸。据此，保险公司认为肇事者有冒名顶替嫌疑，遂向公安机关提出质疑。经过对陈某重新审理，并告知伤者张某已死亡的利害关系，陈某不得不交代了事故的真相：驾驶员实为滕某，事发先一天晚上与朋友一起喝了很多酒；事发后弃车逃逸，找到朋友陈某冒名顶替投案。就这样，一起涉案金额高达 416825 元的骗赔案成功告破。

对于饮酒醉酒驾驶的案件，一方面要借助交警、医院的证明，另一方面，保险公司自己要多方展开调查，取得驾驶员饮酒驾驶的证据。

（8）故意造案，骗取赔款

这是指故意出险，造成损失，骗取赔款。

此类案件常见的有两种类型：一类是汽车趋于报废，价值较低，而车辆损失保险的保额又较高的情况。此时，被保险人在期望获取高额赔款的欲望驱动下，故意造成汽车出险。如价值 3 万元的旧车，装饰后以 10 万元投保，然后在偏僻地区将车推下山坡等。这类案件往往具有对出险时间、地点精心选择的特点，所以查处的难度较大，即使是骗案，也很难找到证据。

另一类是由于汽车保险条款将一些特殊情况的汽车损坏规定为责任免除，被保险人为获取赔款，故意造成保险责任范围内的事故，把不应赔偿的变成应赔偿的。如停放家属院中的汽车左侧大灯罩出现不明原因损坏，保险公司对此不予赔偿，车辆驾驶员于是故意撞墙，导致保险杠左侧、大灯、角灯等损坏，报案谎称自己不小心撞上的，保险公司如不能识别其诈骗企图，就很容易从车损险中给予赔偿。

(9)移花接木、混淆视听

在保险欺诈中，被"移"的可能是人，可能是车，也可能是事故发生的"责任"。这个车可能是车上某些零部件，也可能是整辆车。故把移花接木、混淆视听分为以下几个方面：

①无证驾驶或酒后驾驶发生事故后，找具有正常驾驶资格的人顶替真实驾驶员承担责任；受伤人员本是车上乘员，假装受伤的第三者。

②正常维修的车辆，被换上损坏了的旧件，然后假冒原车损坏件向保险公司索赔。

③一辆已经定损、索赔了的车，被换上另外一辆车的牌照后，再次索赔。

④故意混淆事故责任比率，改变保险公司承担事故责任的比率。

案例：

【案情介绍】

2008 年 12 月 23 日 16 时 30 分，保险公司接某修理厂报案，称 12 月 22 日凌晨 5 时 50 分，在保险公司承保的某环卫汽车队运送垃圾的车辆在行驶时垃圾箱突然升起，撞到桥上横梁，造成驾驶室前风窗玻璃破碎，飞出的玻璃碎片将正在桥下作业的装卸工眼睛扎伤。目前受损车辆正在其修理厂等待保险公司定损。

查核该车投保情况：仅承保第三者责任保险 15 万元，事故发生在保险期限内。

查勘定损员立即赶到修理厂予以查勘。由于该车未承保汽车损失保险，故主要目的系通过查勘确认事故经过。通过查勘和分析，车辆受损情况与客户所报的出险经过相吻合，驾驶室前风窗玻璃已被修理工清理。

与此同时，医疗核损员及时赶到医院进行人伤调查，伤者刘某面部弥漫性多处挫伤，左眼被扎伤失明，右眼周围多处皮肤挫伤，可能因左眼原因引起交叉感染，导致视力严重下降。由于该车未承保车上人员责任险，所以伤者受伤时的位置是能否构成保险责任的关键因素。伤者承认是环卫队的装卸工，但对于出险时的情况以不能清楚回忆为由不予回答。询问驾驶员陈某，为何发生事故后未报交警，他回答车队调度员让他把车开回车队。

另外，该客户于出事后 5 天通过派出所开具了"事故证明"，证明自己所说事故属实。

【案情分析】

本案存在以下疑点：

①该起事故为道路交通事故，客户却没有立即报警，而是在事故发生后的 5 天通过派出公所出具证明。

②该车仅承保了第三者责任保险，假如车上人员受伤，这不属保险责任。因此，客户存在想通过第三者责任保险方式报案，让保险公司承担赔偿责任的问题。

③事故发生的第二天，通过修理厂报案，破损的驾驶室前风窗玻璃已经清理，无法查勘受损情况。

④从伤者受伤情况分析(面部弥漫性多处挫伤)，不可能是驾驶室前风窗玻璃破损致车下人员受伤，而符合因车辆紧急停驶，驾驶室乘坐人员受惯性作用脱离座位，面部撞向前风窗玻璃而受伤的特征。

针对以上问题，查勘人员再次与客户沟通，重点查明第二个疑点。同时，查勘员比较诚恳地表明了自己的意见：首先，车辆在行驶时垃圾箱突然升起，说明客户没有做好车辆的维护和保养工作。根据汽车保险条款，此种情况下的事故损失，保险公司有权拒绝赔偿。其次，对伤者刘某的受伤情形有疑问，经过查勘分析，认为伤者刘某是在驾驶室受的伤，而该车没有承保车上人员责任险，故不构成保险责任；同时，车上人员不属于第三者，故也不属于第三者责任保险的保险责任。再次，如果客户不接受保险公司的结论，可以请有关鉴定机构予以鉴定。经过权衡，客户最终放弃了索赔。

(10)一险多报、重复索赔

一险多赔诈骗是汽车保险理赔工作中比较常见的现象。常见的一险多赔诈骗案有三种类型。

①一次事故向多个保险人索赔。一次事故向多个保险人索赔的属于重复投保的情况。投保人向多个保险公司购买了汽车保险，且并不将该情况通知各保险公司，待汽车发生事故后，持各公司的保险单分别索赔，以获取多重保险赔款。以前这种现象很疯狂，但是最近两年这种现象比较少了，因为这几年保险公司之间加强了信息交流，在保监会的组织下建立起了信息沟通平台，这在一定程度上，消灭了此类骗保的藏身之处。

②一次事故多次索赔。这是最常见的形式。投保人出险后向保险公司报案并获得赔偿后，并没有及时修车，这种现象多发生在小案件中，因为保险公司为了方便用户提出了一定额度下不要发票的便民措施，这就使得投保人在出险后即使不提供修车发票也可以获得赔偿。个别投保人出险获得赔偿后，隔一段时间再报案，有的查勘员没有查询历史出险记录，误把旧伤当成新伤，这就让骗保案件得逞。

③一次事故先由事故责任者给予赔偿，然后再向保险公司索赔。一次事故先由事故责任者给予赔偿，后再向保险公司索赔，这样的骗案数额一般不大，但在日常生活中很常见。出险的原因一般都是投保人被别人追尾或被别人所撞后第三方负事故责任，第三方已给予赔偿，然后投保人再到保险公司谎称事故是倒车造成的，并以此进行骗赔。对单方事故，尤其是对车辆尾部损坏的单方事故进行现场查勘时如果尽到了注意义务，可有效防止此类骗赔案件的发生。

(11)顶替他人、冒充索赔

这是指汽车出险后，造成了财产损失或人身伤亡。但由于某些原因，被保险人根本没有资格向保险公司索赔。但他在索赔时，却隐瞒了这些真实的原因，以骗取保险公司的赔付。比如，有的无照驾驶肇事，而叫原驾驶员报案索赔；有的酒后驾车出险，却开具虚假证明谎称当时是别的驾驶员开车，自己只是乘员；另外，一些单位投保时未将全部车辆参加保险，遇到未保险车辆发生事故时，为了减少损失，则将已保险但未出事故的同型号车辆牌照与未保险但发生事故的车辆牌照调换，将未保险的车辆顶替已保险的车辆向保险公司索赔，企图骗取赔款。

有这样一个案件，标的车是一辆雅阁，前部受损，撞到树上。乍一看只是普通的单方碰撞事故，没感觉有什么问题，车牌、车架号和被保险车辆吻合，碰撞痕迹清晰，高度一致，树旁还有碎屑，现场看不出什么破绽，照片为客户自拍的。客户当时出险时说有事，不能在现场等查勘员到来，说自己拍了现场照片。细看现场照片中的两张，发现这是一起冒充保险车辆骗取保险的假案子。车确实是撞到树上了，这辆车和标的车同一型号，该车主通过和标的车换车牌的形式拍碰撞现场，在拍车架号的时候用的是标的车的车架号。可惜，百密一疏，两张照片上的交强险标志和检验合格标志一个是上下贴的，一个是左右贴的。最后，公司做出了拒赔的决定。

（12）内外勾结、狼狈为奸

这是指保险公司内部的相关工作人员与汽车修理厂相互勾结，利用投保人因为发生小事故造成轻微损伤的标的车，通过再次碰撞的方式扩大损失；或者利用车主虽然投保了车损险，但与只是前来进行例行维护的汽车进行故意碰撞，以此相互勾结，骗取保险公司的高额赔偿。

内外勾结现象在各大保险公司均或多或少地存在，这也是很让保险公司头疼的一件事。通常的作案手法是：一辆汽车发生轻微的事故，由于事故轻微，在保险公司只会索赔到少量的保险费。修理厂赚不到修理费，保险公司定损员也拿不到提成。而当车辆发生交通事故后，为了省事图方便，有些事主经常将轻微的交通事故车辆交由修理厂处理，事主一般会将身份证、驾驶证、保单、银行卡等理赔必需的材料一并交给修理厂。有了这些资料和事故车之后，车辆损坏程度、向保险公司理赔多少钱，基本上都由修理厂和保险公司定损员说了算。本来只需要几百块的修理费用，再加重撞一下，就有可能变成几万块的修理费。正是在这种利益驱使下，双方勾结起来，把多起轻微的事故变成较大的车辆损失事故。拿到巨额修理费之后，修理厂和定损员按比例分成，最后这些费用均由保险公司买单。

案例：

【案情介绍】

某保险公司员工张某、列某两名犯罪嫌疑人向市公安局刑事侦查局投案自首。2006年至2007年期间，两人涉嫌制造虚假交通事故12起，骗取保险金50余万元。

2008年1月2日，某财产保险股份有限公司向市刑侦局报案称，该公司深圳分公司员工张某、列某伙同他人伪造虚假交通事故，骗保50余万元人民币。2008年4月，刑侦局立案侦查。

【案情分析】

原来，张某、列某为该财产保险股份有限公司深圳分公司查勘、定损员。2007年6月，张某一朋友发现小车前保险杠有轻微划痕，张某、列某将该车开至红树林路段，伪造了该车与另一小车相撞的交通事故现场。之后，张某冒充车主王某向保险公司报案，该事故由张某和列某二人查勘和定损。出险后，保险公司赔付了39565元，该笔钱被张某、列某以及某修车厂老板林泉等人瓜分。根据警方调查，张某和列某多次使用一辆粤B牌的皮卡车或其他套牌车作为作案工具，多次制造虚假的交通事故，并伙同汽车修理厂骗取保险金，经初步核实，二人共参与实施诈骗12次，涉嫌诈骗保险金50余万元。

对于此类情况，保险公司要加强管理与考核力度，发现一起，处理一起，不能让这种毒瘤在公司蔓延，还应在保险行业建立查勘员信用评价系统，让这种内外勾结的人无法在保险行业立足。

（13）多车共用一险

这是指多辆同一型号的车辆购买保险时只买一份保险，车辆出险时共用这份保险的保险，进行诈骗。

案例：

【案情介绍】

①承保情况。被保险人：永登县某石英砂场；车牌号码：甘 A×××× ；厂牌型号：豪运重型厢式汽车；投保险种：车辆损失险、第三者责任险、不计免赔率特约条款及交强险；保险期限：2010 年 8 月 15 日零时至 2011 年 8 月 14 日 24 时。

②出险情况。2010 年 10 月 15 日 20 时 15 分，桑某向保险公司报案称：其驾驶车辆甘××××于当日行驶至永登县富强堡时，车辆不慎侧翻，造成车辆损失。

③查勘情况。接到报案后，保险公司查勘人员连夜赶往事故现场进行查勘，查勘过程中发现，车辆的车架号、发动机号模糊不清，有明显的改动痕迹，车牌号颜色也有深有浅，在核对行驶证时，发现该车的登记日期与发证日期不同，不属于新车登记时发放的行驶证。在对驾驶员桑某做笔录询问车辆是否有过变更时，驾驶员桑某称车辆一直由他们单位使用，应该没有发生过变更，问其车架号、发动机号是否有过改动时，驾驶员也无法做出合理的解释。

④焦点问题。查勘时发现车辆的车架号、发动机号码模糊不清，有明显的改动痕迹，行驶证属补发证件，车辆又没有作过变更，综合考虑该车存在套牌的嫌疑。

⑤解决问题的思路和方法。针对以上几点，保险公司查勘人员调阅了该车的历史出险记录，该车在近三年已出险 20 次，出险频率非常高，在对每次出险的案件进行比对分析中发现，车辆的车架号、发动机号虽然号码一致，但是字形和字符间距有很多不同的地方，可以确定不是在同一辆车上拍下来的。

查勘人员将此情况向公司领导做了详细汇报，经研究确定，该案有套牌骗赔的重大嫌疑，被保险人单位应该还有一辆车牌号相同的车辆，保险公司决定派出专业调查人员对该案进行有针对性的深入调查。

调查人员决定先采取暗查的方式，在不惊动被保险人的情况下，对被保险人单位的车辆出入情况进行排查。调查人员在门前蹲守一段时间后，终于发现与出险车辆同一车牌、同一车型的"孪生"车辆。调查人员迅速拍照取证。调查人员又到车管所根据照片进行核实，同时核对验车照片，确定未出险车辆为真实的标的车。随后调查人员对被保险人单位的负责人刘某进行询问，在证据面前，刘某承认了套牌骗赔的事实。

通过以上案例的分析我们发现，只要善于总结，总能找到假案子的突破口，从突破口出发，顺藤摸瓜找到证据，让骗保者在证据面前亲口承认自己的诈骗行为，对骗保行为进行严惩，还保险市场正常的秩序。

2. 汽车保险欺诈及反欺诈技术应用

针对保险业务中的欺诈、骗赔行为，从司法角度来衡量应属违法犯罪行为。《刑法》第一百九十八条规定，有下列情形之一，进行保险诈骗活动，数额较大的，处五年以下有期徒刑或者拘役，并处一万元以上十万元以下罚金；数额巨大或者有其他严重情节的，处五年以上十年以下有期徒刑，并处二万元以上二十万元以下罚金；数额特别巨大或者有其他特别严重情节的，处十年以上有期徒刑，并处二万元以上二十万元以下罚金或者没收财产。

①投保人故意虚构保险标的，骗取保险金的。

②投保人、被保险人或者受益人对发生的保险事故编造虚假的原因或者夸大损失的程度，骗取保险金的。

③投保人、被保险人或者受益人编造未曾发生的保险事故，骗取保险金的。

④投保人、被保险人故意造成财产损失的保险事故，骗取保险金的。

⑤投保人、受益人故意造成被保险人死亡、伤残或者疾病，骗取保险金的。

有前款第四项、第五项所列行为，同时构成其他犯罪的，依照数罪并罚的规定处罚。单位犯第一款罪的，对单位判处罚金，并对其直接负责的主管人员和其他直接责任人员，处五年以下有期徒刑或者拘役；数额巨大或者有其他严重情节的，处五年以上十年以下有期徒刑；数额特别巨大或者有其他特别严重情节的，处十年以上有期徒刑。

保险事故的鉴定人、证明人、财产评估人故意提供虚假的证明文件，为他人诈骗提供条件的，以保险诈骗的共犯论处。

目前较多的是当事人有诈骗行为，但因意志外的原因，而使保险金未能获取，在保险公司未发生经济损失时，也就没有着手追究当事人的法律责任，而以合理的拒赔使其告终。如果当事人骗赔成功，保险人事后可以在有效期内发觉，保险人一般会积极主动运用司法措施来保护自己的正当利益。而在揭露犯罪证据时，保险人单靠行政手段和大众科学很难获取有利证据，所以需要刑事技术。狭义的刑事技术包括刑事照相、痕迹检验、文书检验、枪弹检验、指纹登记、外貌识别等。广义的还包括法医学检验、司法化学检验、司法物理检验、司法会计检验等。使用刑事技术为保险理赔服务，须遵守以下原则：在同犯罪作斗争中使用刑事技术合法性原则；使用刑事技术手段不应有损于公民的合法权益原则；使用刑事技术手段的人必须是法律指定原则；保护调查物完整性原则；真实客观及科学原则；严格保密原则。

在具体操作中，保险公司必须依靠当地司法部门提供技术帮助，而不能自己建立一支侦破骗赔案件的队伍。司法部门常用的勘察的技术有如下10种。

（1）现场勘察技术的应用

保险业务中现场勘察是指对保险标的物的损害所在场所以及遗留物进行调查与勘验的过程。执法部门的现场勘察是指对发生犯罪事件的场所以及遗留痕迹、物品进行的勘验，包括当场对事主以及有关群众进行的调查访问，包括实地勘验和调查访问。实地勘验要确定范围和顺序，先拍方位照片、全貌照片，然后随着勘察工作的开展，再拍中心照片和细目照片，可以动静结合进行。现场访问应根据不同的对象采用不同方法，要制作访问笔录。访问人和被访问人要在访问笔录上签名。

（2）法医学技术的应用

在保险欺诈中出现有关人员伤亡的情况，仅靠一般医学常识是不能识破当事人的阴谋诡计的，法医学可以帮助侦破保险欺诈中的人身伤亡事件。法医学鉴定人通过现场勘验、尸体检验、活体检验及法医学物证检验做出鉴定，有助于查明死伤原因和死亡时间，分析犯罪手段和过程，推断或认定致伤物，查清案件性质，为侦查提供线索，为审判提供线索，为审判提供证据，还可以提供法医鉴定，查明原因、性质和责任。

（3）文书检验技术的应用

对被保险人、受益人提供的有关索赔凭据，应审核其真实和有效性，如死亡证明、残疾证明、医疗费用票据等文件，其纸张、文字、印章、时间等内容都应检验方可防止保险欺诈。检验的主要任务是辨别文书的真伪，显现被掩盖或被烧毁的字迹内容和认定文书字迹是否某人亲笔书写。文书检验包括笔迹检验以及文书物质材料检验。

（4）司法会计检验技术的应用

在一般的保险业务理赔中，投保人、受益人等对自己的经济损失估计都要偏高，如何确认其真实损失，必须有清理账目、清仓查点和查封银行账户等手段，司法会计检验可以全面担负此项工作。主要内容有通过检验案件所涉及的财务会计资料及相关证据，对财务所表述的财务会计活动的内容进行量化分析，鉴别涉案财务会计资料是否齐全、正确、真实，并对财务事实进行鉴别和评断；揭示弊端账项与案件实质的关系，揭露舞弊行为的内容与后果；根据鉴定情况及结论，制作书面文件，作为司法机关侦查、审理案件的诉讼证据。常用方法对比鉴别法和平衡分析法。

（5）痕迹检验技术的应用

痕迹检验是应用专门的技术方法，对与犯罪事件有关的人或物留下的痕迹所进行的勘验和鉴定。例如，对手印、脚印、牙印、工具痕迹以及断离痕迹的检验等。任务是发现、提取和保全各种痕迹；研究痕迹形成的机制与其犯罪事件的联系；进行同一认定以确定痕迹是否属某一特定人或物所遗留。手印、脚印和牙印的鉴定可以确定身份，确定犯罪分子。工具痕迹是犯罪分子在犯罪活动中使用某种器械所留下的痕迹，工具痕迹能反映工具的种类和特定特征。车辆痕迹是指罪犯在犯罪活动中使用或盗窃车辆留下的行车痕迹。断离痕迹是痕迹检验中一类特殊的痕迹。例如，仪器上的零件被盗窃，就出现分离痕迹。

（6）视听技术的应用

视听资料可分为录音、录像、电子储存、从其他科技设备取得的信息资料等。视听资料虽然传达形象、直观、准确而客观，但在司法实践中仍可见到通过模仿、消磁、剪接叠影及电子计算机技术等手段，伪造和改变视听资料，这是视听技术鉴定所面临的任务。视听资料有利于收集、保存和使用。保险公司可以摄录保险欺诈者的"诈病"和自伤自残行为，在交涉、拒赔时可用以为据。

（7）毒物检验技术的应用

中毒案情包括自杀中毒、他杀中毒、意外中毒。疑为中毒事件时，法医检验一般要求解决是否中毒以及中何种毒物；是否达到中毒量、致死量；毒物何时、从何途径进入体内；中毒的性质为自杀、他杀或意外事故。检验中毒案件一般按下列顺序进行了解案情、勘察中毒现场、尸体检验、采取化验检材、实验室检验等。

（8）法医物证检验技术的应用

在反保险欺诈中，法医物证将面临借尸骗赔、借他人伤骗赔或借用动物损伤骗赔等。法医学物证检验是指应用法医学知识和特殊的实验室方法对与犯罪事件有关的人体组织液、分泌物、排泄物，如血痕、精斑、唾液斑、毛发、骨质等物证进行的检验，目的是为侦察提供线索。寻找物证一般在现场进行，提取时应记录其发现的地点、物证的名称、形状、大小等。

（9）司法精神病学的应用

精神病泛指严重的精神障碍，一般有以下特点：与现实不能保持恰当接触，以致患者不能正常料理、适应日常生活与工作；对自己的精神病状态无认识能力。常见的有精神分裂症、癫痫性精神病、躁狂抑郁性精神病、病态人格、精神发育不全、脑外伤性精神病、酒精中毒性精神病、老年性精神病、反应性精神病。

精神病学专家应司法机关的要求，对刑事被告人、被害人、在押罪犯、民事当事人以及证人等的精神状态所进行的鉴定，中心目的是判定被鉴定人是否患有精神病，从而明确被鉴定人是否具有责任能力和行为能力。新刑法典第十八条对醉酒人犯罪的刑事责任作了规定，该条第4款指出醉酒的人犯罪，应当负刑事责任。原因是醉酒之前，行为人应当预见或者已经预见到自己醉酒后可能实施有害于社会的行为，他在犯罪主观上具有罪过性，在醉酒的状态下，一般只减弱人的辨认能力和控制能力，而不能使其完全丧失这种能力，醉酒完全是人为的，是完全可以戒除的。

（10）临床医学检验技术的应用

由于临床医学检验能够客观固定并反映出伤病者的性能变化和组织形态的改变，所以保险公司十分重视临床医疗资料，在通常情况下保险理赔有关人身伤害内容时，主要依据材料就是临床医学检验的结果。临床医学检验一般分为医学主观能动检验、实验室检查、影像学检查、电生理检查等。在应用临床医学检验技术过程中要注意不要孤立地看待某些检验结果，要系统地分析、了解伤员症状与主诉；要掌握病伤员系统的体检结果；要看病伤员疾病的全过程；要掌握各种特殊检查和实验室检查结果的临床意义；不要仅满足一次检查，要根据情况复检。

11.4 汽车保险欺诈防范与调查

1. 汽车保险欺诈防范

面对汽车保险欺诈日益增多的客观现实，通过对其产生原因的分析，根据在实践中取得的经验和吸取的教训，可制定以下措施遏制汽车保险欺诈现象的蔓延。

（1）严格贯彻执行《保险法》及其他法律的有关规定

在我国《保险法》中，对保险欺诈行为作了具体规定，它们是预防和打击保险欺诈的重要武器。保险公司一方面要积极宣传《保险法》，增强投保人的法律观念，树立守法意识，提高投保人遵守《保险法》的自觉性，另一方面，保险公司要充分运用法律所赋予的权利，与保险欺诈行为作斗争，决不能怕失去投保人而姑息迁就，明知是保险欺诈，还搞通融赔付。

（2）加强风险评估，提高承保质量

加强风险评估，提高承保质量，是防止保险欺诈发生的第一道防线，也是保险公司比其他任何时候都有利于分辨良莠的机会。因此，当投保人提出投保申请后，保险人应严格审查申请书中所填写的各项内容和与保险标的有关的各种证明材料。必要时，应对保险标的进行详细的调查，以避免保险欺诈的发生。

（3）完善保险条款，剔除欺诈责任

通过制定保险单除外责任条款或限制承保范围条款，进行责任限制，以减少或剔除可能会有道德危险卷入的部分进行风险控制。但是，目前我国的许多保险条款均没有列明保险欺诈是除外责任，仅仅是在除外责任中笼统地规定被保险人的故意行为造成的损失，保险人不负赔偿责任。显然，这样的规定没有包含保险欺诈的全部内容，在保险实务中，有时欺诈行为的实施并不是投保人、被保险人或受益人，而是纯粹的第三者。

（4）建立科学的理赔程序，提高理赔人员素质

理赔是保险经营中的重要环节，搞好理赔有助于保险公司的健康发展。建立科学的理赔程序，提高理赔人员素质，对防止保险欺诈的发生有着举足轻重的作用。要想搞好理赔，除了承保和理赔相分离，建立专门的、高水平的理赔队伍以外，条件具备的还可以借助专业代理公司或者求助专家理赔小组。经验表明，专业代理公司和专家理赔小组更有利于提高承保和理赔质量，提高工作效率，降低相关成本。因为他们与保险公司相比，有充足的时间、充足的资金、丰富的资料和相应记录，与罪案调查当局有良好的关系，可以进行更为深入的调查。有资料显示，实行保险经营专业化是十分有效的。例如，美国一家保险公司以年薪50万美元聘用了保险欺诈专家小组，每年节省理赔费用近400万美元。

（5）及时现场查勘，严格审查

保险公司在接到投保人、被保险人或受益人关于保险事故发生的通知后，应尽可能快地进行现场查勘，弄清保险事故发生的原因和损失情况，对保险金请求人所提交的有关单证，要仔细审查是否齐全、属实。

（6）建立核赔制度，实行理赔监督

保险公司的各级理赔人员必须严格依照规定的程序和权限进行理赔，每一起理赔都必须经过主管领导或上级公司的审批，必要时还要经过专家论证，同时，要实行责任追究制度，一旦发现问题，不仅要追究当事人的责任，还要追究有关领导的责任，切实做到有法必依、有章必循。

（7）提高员工素质，加强内外监控

保险公司要对所有员工加强思想教育，增强风险意识，把防范和化解风险作为公司生存和发展的根本所在。首先，应进一步端正领导的指导思想，转变经营观念，增强风险意识，努力提高辨识、分析风险的能力，自觉克服重业务承保、轻风险防范，重速度发展、轻质量管理的不良作风。其次，要加强监督队伍建设，强化纪检监察、核实审计工作的职能。最后，要搞好业务培训，使全体员工都能知法、懂法、守法，并把个人利益同公司的整体利益联系起来，从根本上规范市场行为。

（8）建立保险资料数据库，发挥信息职能

信息管理是现代企业管理的一个重要特征。保险信息是保险企业的一个重要内容。实践证明，将与保险有关的资料进行收集整理，建立风险客户黑名单，建立保险资料数据库，对防止欺诈案件的发生有着不可忽视的作用。保险资料数据库的建立，不仅可以有助于保险公司了解他们顾客的历史，同时也有助于加强保险公司之间的业务联系，完善相应的服务，这对防止保险欺诈案件的发生是很有帮助的。

（9）加强行业监管，规范市场行为，密切行业之间的协作配合

各保险公司应充分加强行业自律，树立良好的行业形象。但是，防范保险欺诈，仅靠保险公司的单方面努力是不够的，还需要社会各界的通力合作。一方面，需要立法和司法机关加强立法，从严执法，这是遏制保险欺诈的有力保证；另一方面，保险监管部门要加强规范化管理，加大监管和打击力度，坚决制止并惩治不正当行为。与司法机关建立反欺诈工作机制，合作开展调查研究、平台建设、案件办理、信息交流以及风险防范工作，充分运用法律的、经济的、行政的多种手段，共同做好打击和防范保险欺诈的工作。

2. 汽车保险欺诈调查

保险诈骗是行为人故意实施的违法犯罪行为，此类案件大都是有预谋和有策划的，隐蔽性较强，而对构成犯罪的此类诈骗案件的管辖权属于公安机关。因此，为了有效地打击诈骗活动，保险人必须配合公安机关做好以下工作：

（1）及时查勘现场

事故现场会遗留各种痕迹的物证，记载着大量能够真实反映事故发生、发展过程的信息，但这些痕迹和物证极易受到自然或人为的破坏，所以，保险公司一定要及时查勘现场。

（2）认真调查事故经过

一方面，应围绕事故向投保人、被保险人、受益人及目击者进行调查，对事故发生的经过、原因、损失情况及投保人经营状况、个人品行、近期异常表现、保险标的状况等与事故有关的情况进行详细询问，并作调查记录。

另一方面，与负责事故处理或鉴定的有关部门密切配合，及时了解事故处理情况，提出涉嫌诈骗的疑点，争取公安部门的支持，配合调查取证。

（3）综合分析案情，寻找揭露诈骗的突破口

①分析投保动机。

②将有关时间联系起来分析。

③将现场痕迹物证及有关证据结合起来分析。

（4）委托专业机构，从事索赔调查

商务调查机构和信息咨询公司的人员在社会事务及案件调查上有着丰富的阅历和经验，可以通过这些机构的业务帮助、支持，有效识别保险欺诈。

（5）汽车火灾事故询问笔录

汽车火灾事故是造成损失较大的汽车保险事故。为了有效甄别案件真假，需要认真做好现场调查工作，同时需做好询问笔录。

3. 机动车辆保险欺诈标志识别

①投保时间与出险时间非常接近。

②对投保单证前后相连号码在时间上进行比较，推断是否先出险后投保。

③多次动员投保未能奏效，却又突然上门投保的。

④提供单证多处涂改，许多证明材料签署的时间比较集中。

⑤旧车超额投保。

⑥债务沉重，财务困难。

⑦所有权情况不清，多层转手。

⑧极其迫切地要求尽快处理赔案。

⑨索赔时间接近保期届满。

⑩原配车钥匙有加配痕迹。

⑪历史上索赔频次较高，事故类型相似。

⑫事故车辆损失严重，变形较大或外壳基本报废，而驾驶员或乘客却事先跳车或安然无恙。

⑬单方的火灾事故且损失严重,几近报废。

⑭车身大面积损坏。

⑮小车追尾大货车,损失严重而大货车无损,且大货车自行离开现场。

⑯单证异常齐全,或罕见有大量证据,或拖沓交证;单证很不齐全或资料含混不清。

⑰各种单证笔迹雷同或使用术语不标准、不规范。

⑱各类印章模糊,相关发票号码连号或号码相近或有涂改、笔迹有轻有重等。

⑲多年未出险的单车或少量车投保人突然发生重大事故却只有车损险损失。

⑳有关当事人或知情人突然去向不明或外出。

㉑拒绝形成文字记录,选择口头或电话与保险人联系。

㉒分期付款购车的全损、全车盗抢或重大事故。

㉓被保险人在赔偿金额上极易达成妥协。

㉔被保险人假托不计较赔多赔少的现象。

㉕具有不寻常的保险知识。

㉖事故发生在夜晚、假日等旁证较少的时段。

㉗事故的旁证与被保险人或驾驶人员关系密切。

㉘车辆偷盗现场有痕迹(玻璃碎片、汽车零件或碎片、漆痕、汽车被拖拉痕迹等)。

㉙被盗地点是经常停放车辆的地方。

㉚事故照片曝光。

㉛保险合同成立后迟迟不按约定缴费,而突然以现金方式主动缴费,不久报案索赔。

㉜将保费交业务人员,而业务人员却未及时解款和开具收据,其时间段又往往在假日或周末下班前不久标的车出险,报案索赔。

㉝监制保单要注意审查是否有中国保监会指定的防伪标识(正本加印有浅褐色防伪底纹)。

㉞电脑出单与手工出单并行的,要注意前后(如各 5 份)保单号码、印刷流水号及保险期限的顺序情况,如有疑点,应及时查阅保费是否收讫及进账日期。

思考题

1. 什么是汽车保险欺诈?

2. 汽车保险欺诈的成因是什么?

3. 汽车保险欺诈的常见表现形式有哪些?

4. 如何预防汽车保险欺诈的发生?

5. 如何规避来自汽车修理厂的保险欺诈?

6. 在酒后驾车的出险现场,应该如何询问?

7. 如何提高对汽车保险欺诈案件的识别能力?

参考文献

[1] 隗海林.汽车保险与理赔[M].北京：人民交通出版社，2006

[2] 王云鹏，鹿应荣.汽车保险与理赔[M].北京：机械工业出版社，2010

[3] 李昊.我国交强险分项责任限额制度的分析[D].云南大学，2015

[4] 宋凌巧.美国无过失汽车保险制度及对中国的借鉴[D].中国社会科学院研究生院，2014

[5] 章明纯，刘宁馨，朱铭来.台湾地区强制汽车责任保险制度的借鉴[J].中国物价，2014，07：88－91

[6] 张娜.两岸交强险制度比较研究[J].上海保险，2014，10：46－49

[7] 巴学明.我国机动车交通事故责任强制保险制度研究[D].甘肃政法学院，2014

[8] 吴浩，吕翔.汽车保险与理赔[M].南京：东南大学出版社，2015

[9] 梁军.汽车保险与理赔（第四版）[M].北京：人民交通出版社，2015

[10] 肖俊涛，王秀丽.汽车保险理赔精要与案例解析[M].成都：西南财经大学出版社，2015

[11] 孙凤英.机动车辆保险与理赔[M].北京：人民交通出版社，2011

[12] 董恩国，陈立辉.汽车保险与理赔[M].北京：北京理工大学出版社，2008

[13] 赵颖悟.汽车保险与理赔[M].北京：电子工业出版社，2015

[14] 黄玮，高鲜萍.汽车保险与理赔（普通高等院校汽车工程类规划教材）[M].北京：清华大学出版社，2014

[15] 付铁军.汽车保险与理赔（第3版）[M].北京：北京理工大学出版社，2012

[16] 董恩国，张蕾.汽车保险与理赔实务（第2版）[M].北京：机械工业出版社，2010

[17] 舒展.华安保险湖南分公司发展电子商务策略研究[D].长沙：湖南大学，2010

[18] 张欣.发展我国保险电子商务研究[D].长春：吉林大学，2008

[19] 唐金成，张西原.中外保险电子商务发展比较研究[J].区域金融研究，2009，(2)：46－48

[20] 柏学行.网上保险重新上路[J].电子商务世界，2007，(3)：126－128

[21] 满丹.华泰财险的车险电话营销问题分析[D].沈阳：辽宁大学，2012

[22] 张永亮.浅议我国车险电话营销发展及思考[J].上海保险，2012，(7)：27－28

[23] 白玉玮，刘杨.车险电话营销渠道刍议[J].现代财经，2010，30(6)：20－24

[24] 方晖.车险电话营销渠道建设浅析[J].市场周刊，2011，(5)：52－53

[25] 姜佩含.A公司车险网络营销的对策研究[D].昆明：昆明理工大学，2015

[26] 刘韬.保险公司网销系统的设计与实现[D].北京：北京交通大学，2014

[27] 武力超，林俊民.车险网络销售现状及发展建议[J].上海保险，2013，(5)：40－42

[28] 王佳来.车险市场全流程网络营销初探[J].世界经济情况，2008，(7)：55－57

[29] 朱爽.车联网环境下基于UBI的车险费率厘定模式与方法研究[D].北京：北京交通大学，2015

[30] 蒋寅，王洁.车联网业务与保险业务的融合创新[J].电信科学，2012，(6)：22－24

[31] 詹依楠.车联网时代车险定价模式研究[J].合作经济与科技，2015，(10)：126－127

[32] 王继君.汽车保险与车联网跨界发展分析[J].汽车实用技术，2015，(5)：140－142

［33］郁佳敏.车联网大数据时代汽车保险业的机遇和挑战［J］.南方金融,2013,(12):89-95

［34］朱仁栋.车联网保险与商业车险改革［J］.中国金融,2015,(8):63-64

［35］黄晓红.中国人民保险集团股份有限公司财险(PICC)车险业务信息管理系统的研究与分析［D］.云南大学,2015

［36］刘兴勤.某保险公司机动车保险管理信息系统［D］.电子科技大学,2012

［37］王崇.汽车保险管理系统的设计与实现［D］.电子科技大学,2014

［38］郑振宇.车险业务管理信息系统的分析与设计［D］.厦门大学,2014

［39］周柯宇.面向汽车保险与理赔管理的信息化系统设计与构建［D］.天津大学,2013

［40］李香.X保险公司车险理赔信息系统研究［D］.西安理工大学,2009

［41］陈坚鸣.中银保险车险理赔系统设计与实现［D］.电子科技大学,2013

［42］陈文乔.车险理赔系统的分析与设计［D］.云南大学,2013

图书在版编目(CIP)数据

汽车保险与理赔／汤沛，邬志军主编. —长沙：
中南大学出版社，2016.6(2022.12 重印)
ISBN 978-7-5487-2299-1

Ⅰ. ①汽… Ⅱ. ①汤… ②邬… Ⅲ. ①汽车保险—
理赔 Ⅳ. ①F842.63

中国版本图书馆 CIP 数据核字(2016)第 127757 号

汽车保险与理赔
QICHE BAOXIAN YU LIPEI

汤 沛 邬志军 主编

□责任编辑	刘颖维
□责任印制	唐 曦
□出版发行	中南大学出版社
	社址：长沙市麓山南路　　　邮编：410083
	发行科电话：0731-88876770　　传真：0731-88710482
□印　　装	长沙市宏发印刷有限公司

□开　　本	787 mm×1092 mm 1/16	□印张 16.75	□字数 424 千字
□版　　次	2016 年 8 月第 1 版	□印次 2022 年 12 月第 4 次印刷
□书　　号	ISBN 978-7-5487-2299-1
□定　　价	48.00 元

图书出现印装问题，请与经销商调换